U0157525

四川美术学院学术出版基金资助

制度与行为视角的城市空间增长研究

朱 猛 著

中国建筑工业出版社

图书在版编目（CIP）数据

制度与行为视角的城市空间增长研究 / 朱猛著. —
北京：中国建筑工业出版社，2023.5
ISBN 978-7-112-28720-8

Ⅰ.①制… Ⅱ.①朱… Ⅲ.①城市空间—空间规划—
研究 Ⅳ.①TU984.11

中国国家版本馆CIP数据核字（2023）第083686号

本书研究城市空间增长问题，将城市建设活动和城市规划活动置于社会整体经济活动内进行认识和分析，以城市规划专业活动为基础，运用经济学关于资源配置的相关理论、新制度经济学关于制度和行为研究的相关理论，研究空间资源配置和城市空间增长的相关问题。

本书适于城市规划及相关专业师生及从业者参考阅读。

责任编辑：杨　晓　唐　旭
书籍设计：锋尚设计
责任校对：李辰馨

制度与行为视角的城市空间增长研究
朱　猛　著
*
中国建筑工业出版社出版、发行（北京海淀三里河路9号）
各地新华书店、建筑书店经销
北京锋尚制版有限公司制版
北京中科印刷有限公司印刷
*
开本：787毫米×1092毫米　1/16　印张：14　字数：366千字
2023年6月第一版　2023年6月第一次印刷
定价：**68.00**元
ISBN 978-7-112-28720-8
（41024）

序言

自改革开放以来，中国的城镇化发展和城乡建设取得的成就举世瞩目。城市建设作为城市政治、社会、经济活动的空间投影，深入探索其背后的动力机制和发展规律，成为城市规划与相关学科理论研究和社会实践的重要课题。

在过去几十年中，中国在政治、经济、社会、民生发展等方面的制度环境转型，使得城市空间发展的动力机制不断变迁。相比于西方国家缓慢、渐进式的“改良性”转型过程，中国经历了从传统计划经济体制到社会主义市场经济体制的转型，同时伴随着全球化、城市化、信息化等多种力量的影响，在创新发展和道路探索的过程中，伴生出现相关矛盾和问题凸显。环顾世界，当前尚缺乏现成的系统理论，能够完整解释和回答中国城市发展过程中经济和社会相互间的深层次矛盾问题。中国的城市发展，体现出中国特色的基础构成和思维方式，探索和总结中国城市发展道路和范式，成为一个时期世界范围内城市研究中的前沿问题。

本书是朱猛在博士学位论文基础上修改完成的。朱猛进入山地人居环境团队较早。2001年，他还在本科三年级的时候，就跟随团队，与大家一道参与各种力所能及的学术和社会实践工作，得到了很大的锻炼，以及团队众多老师和师兄们对他的学术指引。随后，通过自己的学习努力，顺利获取建筑城规学院硕士和博士研究生的学习资历，并取得好成绩。在硕士阶段，他较好地完成了以《三峡库区迁建城市（镇）规划与实施调查研究》为题的硕士论文，作为主要研究参与人员，在老师的带领下，与师兄弟一起，共同完成了《三峡库区人居环境建设10年跟踪研究》一书。

在博士研究生阶段，立足于山地人居环境团队学术发展方向的拓展，老师曾与朱猛讨论，让他着眼于城市经济学的研究视角，探索当前城市发展的机制和规律问题。论文方向确定以后，朱猛努力进取，经历了大量的文献阅读和路径探索，并与导师和团队的老师和师兄弟多次讨论，深入研究框架和研究内容，在反复调研、资料吸取和深化修改中，形成论文，顺利通过评审和答辩。

本书聚焦于中国城市空间增长的过程，基于新制度主义的视角，构建“制度环境与主体行为”的分析框架。在制度变迁方面，梳理了与中国城市空间增长紧密相关的行政等级和行政区划制度、城市土地使用制度、城市空间规划制度等制度环境变迁过程；在行为主体方面，探讨了中国当前城市建设主体构成与行为特征，对作为城市建设主体的中央政府、地方政府、企业和居民的价值取向和空间利益的博弈进行分析。论文在评审阶段，听取了评审老师的建议，增加了重庆市的案例研究，分析了重庆城市空间在制度环境变迁和主体行为影响下市域城镇体系布局与主城区城市空间增长演变特征，并建立城市空间增长配置效应评价方法，展开重庆市的城市空间增长效应评价的实证研究。

目前，朱猛博士在四川美术学院建筑与环境艺术学院任教，继续进行人居环境方面的研究、教学与实践工作。朱猛有较高的学术志向，理论阅读广泛，思考深入，学术基础扎实，知识面广，好学不倦，谦虚踏实；经过多年在山地人居环境团队的培养和工作中的经历与实践，在社会认识和治学能力上也得到了很好的锻炼和提高。我很高兴看到朱猛博士的著作《制度与行为视角的城市空间增长研究》问世出版。希望朱猛能够坚守目标，建立信心，拓展视野，进一步明确学术方向，在今后的山地人居环境教学和学术研究的工作中，更上台阶，体现自己的学术志向和目标。

是为序。

赵万民

2023年初夏

前言

中国自改革开放之后，快速城镇化和经济高速增长催生了对城市空间的巨大需求。中国的城市空间增长，无论是在速度上还是规模上，都已经成为世界历史上最引人注目的事件之一。一方面，城市面貌和设施的改善日新月异，城市建设作为经济活动的重要组成部分同时推动了经济增长；另一方面，城市空间增长过程中产生了“冒进城市化”“过度建设”等问题，使城市空间增长的研究成为当前中国城市建设过程中敏感和重要的科学问题之一。

面对中国城市空间增长问题，局限于任何单一学科的研究都具有明显的局限性，在城市空间增长的解释与管控、提升城市空间配置效率等方面往往有心无力。因此，对城市空间增长的研究更大的挑战在于对产生这些问题的客观规律及其根源性的制度、机制的认识和反思，需要从多学科进行综合研究。

基于以上认识，本书研究中国城市空间增长问题，将城市建设活动和城市规划活动置于社会整体经济活动内进行认识和分析，以城市规划专业活动为基础，运用经济学关于资源配置的相关理论、新制度经济学关于制度和行为研究的相关理论，研究空间资源配置和城市空间增长的相关问题。

本书基于中国城市空间增长现实提出以下问题：中国转型时期，制度环境的变迁对城市空间增长起到了怎样的激励和约束作用？政府、企业、个人等行为主体在制度环境影响下，其行为模式导致城市空间增长有哪些特征？制度环境和主体行为相结合的影响机制是如何作用于城市空间增长进程的？带着这些疑问，本书以制度环境与主体行为的视角建立理论研究框架，并以重庆市为案例进行实证研究。

本书主要研究内容：第一，针对中国当前城市空间快速增长现象，结合城市规划、新古典经济学、新制度经济学等学科理论和分析方法，建立“制度环境与主体行为”的分析框架。第二，分析转型期中国城市空间增长制度背景与主体行为共同作用的机制；通过对城市空间增长紧密相关的行政区划制度、城市土地使用制度、城市空间规划制度等，从制度环境视角探讨城市空间增长现象的深层次原因；分析中国当前城市建设主体构成与行为特征，对作为城市建设主体的中央政府、地方政府、企业和居民的价值取向和空间利益的博弈进行分析，提出基于“制度与行为”视角的城市空间增长机制，并归纳出地方政府主导、企业主导和居民主导的几种城市空间增长模式。第三，案例分析中，以重庆市为主要研究对象，探讨“制度与主体”机制在城市空间增长中的作用过程，分析了重庆城市空间在制度环境变迁和主体行为影响下市域城镇体系布局与主城区城市空间增长演变特征；并建立城市空间增长配置效应评价方法，展开重庆市2004～2013年城市空间增长效应评价的实证研究；并针对重庆城市空间增长管控提出相关建议。

基于以上研究，作者得到了以下结论和体会：我国城市空间增长机制可以理解为在国家政治、经济、社会等制度环境变迁背景下，影响城市空间发展的各类行动主体的各自地位、相互关系，以及其在制度框架内各自行为选择基础上形成的城市空间资源配置过程；新中国成立以来城市空间配置所面临的制度环境演变，总体上可以概括为政治改革的分权化、经济改革的市场化以及由此产生的城市土地使用制度改革、城市空间规划制度等系列改革；这一过程中，完全政府主导资源配置的方式逐渐退出，市场机制逐渐发挥更加重要的作用，城市规划等相关空间规划协调城市空间资源配置的功能和效果逐渐增强。从城市空间增长的制度环境演变进程来看，在对城市空间增长的激励和约束机制中，体现出显著的“强激励、弱约束”特征；当前我国城市空间增长机制中，政府主导是最显著的特征；地方政府在为了满足城市经济发展目标、改善城市建成环境等驱动力作用下，以城市开发建设为手段，改善城市人居环境面貌，同时促进了我国城市空间的快速增长；基于“制度与行为”视角对重庆市城市空间增长进程的分析，在近代以来，尤其是1997年直辖以来的重庆城市空间增长进程中，在行政区划、土地制度和空间制度等制度环境改革的背景下，重庆各级地方政府发展策略与行为成为主导重庆市城市空间增长的主导力量，在此基础上形成了重庆市域城镇布局和主城区多中心组团式的布局结构。

由于知识和经验有限，本书难免存在不足和值得商榷之处。此外，我国的城镇化仍处在快速发展阶段，国家对城市建设发展的机构改革、重大制度调整仍在进行之中，从国家层面战略到整个社会对城市建设发展的认识仍在不停地探索和提升的阶段，许多新的问题和相关领域的研究有待进一步深入地观察和研究。本书仅仅起到抛砖引玉的作用，还有待学者和相关人员进一步思考及在实践中进行不断的总结与完善。

朱猛

于四川美术学院虎溪校区

目录

1 绪论

2 “制度与行为”视角的城市空间增长研究框架

3 城市空间增长的制度环境研究

4 城市空间增长的主体行为研究

7 重庆城市空间增长管理策略建议

8 结论

1

绪 论

1.1 研究缘起

中国自改革开放以来经济持续高速增长，被世人誉为“增长奇迹”，“经济增长引起空间演化”（藤田昌久、保罗·克鲁格曼、安东尼·维纳布尔斯，2005）。城镇化是空间资源的重新配置（周其仁，2014），在空间资源重新配置过程中，资本、技术和劳动力向城市集聚是空间演化最显著的特征。伴随经济高速增长的中国城市化和中国的城市增长，“无论是在速度上还是规模上，都已经成为世界历史上最引人注目的事件之一”（彼得·霍尔，2009）。

伴随中国的城市增长，一方面，城市建设作为经济活动的一部分，基础设施和城市建设的投资也推动了经济的增长，同时中国的基础设施和城市面貌的改善日新月异，史无前例地实现了世界上人口最多的发展中国家的快速稳定发展，避免了其他发展中国家出现的大量贫民窟、失业、城市贫困等社会问题。另一方面，城市空间增长中出现的一系列问题，产生了“冒进城市化”“过度建设”（陆大道，2007）等疑问和批评，城市空间增长的研究成为当前中国城市建设过程中敏感和重要的科学问题之一。

当前，我国正处于快速城市化发展阶段，同时，我国在经济、社会和政治等领域的剧烈变迁，从根本上改变着城市发展的动力基础（Ma，2001；Lin，2002），中国目前处于“转型”时期的基本事实，应该成为我们城市空间研究的基本出发点（吴缚龙、马润潮、张京祥，2007）。改革开放以后，特别是20世纪90年代以后，随着城市土地制度、财税制度、城市规划制度等一系列重大制度变革，共同而剧烈地作用于中国城市空间的增长过程，造成了中国城市化过程和转型期城市发展问题的复杂性，以及矛盾的尖锐性、短期集中性等特征（张京祥、罗震东、何建颐，2007），对城市空间增长的一系列问题的认识尚未全面达成共识，已达成共识的是中国目前的城市空间增长现象，这是以西方发达国家为基础的传统空间组织理论所无法解释的。因此，亟须对我国城市空间增长的现象和问题做出综合分析和全面认识。

基于以上事实，本书提出如下问题：中国转型时期，制度环境的变迁对城市空间增长起到了怎样的激励和约束作用？政府、企业、个人等行为主体在制度环境影响下，其行为模式导致城市空间增长有哪些特征？制度环境和主体行为相结合的影响机制是如何作用于城市空间增长进程的？基于以上提出的问题，本书针对中国城市空间增长问题，尝试沿着制度环境与主体行为的视角建立逻辑框架，并展开研究。

1.1.1 中国城市空间快速增长的现实性和必然性

新中国成立后六十多年的发展过程中，中国人口数量迅速增长，人口结构发生了重大变化。同时在相当长的一段时间里，政府运用行政手段对人口迁移进行干预和限制[①]，城市化进程受到影

---

① 新中国成立后，人口从农村向城市的迁移曾经一度频繁，但由于当时的中国农业生产落后、工业基础薄弱、物质供应紧张，整体社会经济发展水平无法支撑每个公民完全平等地享有社会资源，因此1958年1月国家颁布实施了《中华人民共和国户口登记条例》，划定了两种不同性质的户口——城市户口和农村户口，从此，户口登记成为控制城市人口数量的强有力的制度，城乡之间建立了真正意义上的城乡壁垒。从户籍制度实施到20世纪70年代，国家陆续制定了如粮食、石油、棉花等统购统销政策、城市居民生活消费品按户定量供应等系列与户籍制度配套的政策，至此，户籍制度对社会影响的范围越来越广泛，以人口转移为主要特征的城市化受到抑制。直至1984年，在农村改革推动下，户籍政策开始松动，出现了第一批自带口粮进入城镇务工的人口。城市化进程逐步回归正常。从1996年至今，城市化速度再次加速，中国正式进入快速城市化阶段。

响，城市化进程滞后于工业化进程、滞后于社会发展形成社会共识。自20世纪90年代以来，中国城镇化平均以每年1%的速度和1300万人次的规模向城镇聚集，截至2019年末，中国城市化水平超过60%（图1.1），成为21世纪人类社会最具影响力最显著的事件之一（J. E. Stiglitz，1999）。

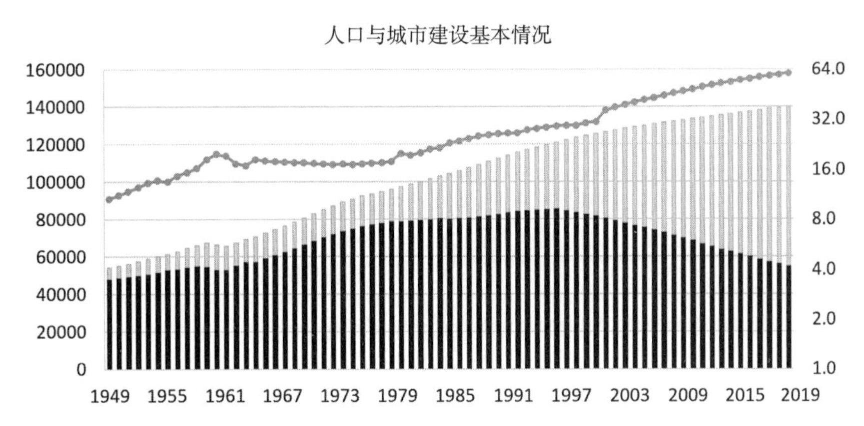

图1.1 中国1949～2019年城镇化水平

数据来源：根据历年统计年鉴整理。

自改革开放以来，经济增长、城市化水平提升等客观现实需要城市空间资源的支撑，致使城市空间快速增长。

从1949年到1978年期间，我国城市化水平呈缓慢增长的趋势，城市化率从10.6%增至17.9%，城市数目从136个增长至193个，城镇人口从6000万增长至1.7亿（顾朝林、于涛方、李王鸣，2008）。改革开放以后，城市化水平开始大幅提升，至2019年，中国城市总量增至672城，共有4座直辖市，293座地级市，375座县级市。从历年城市建设统计数据来看，我国城市建成区面积大幅增长，全国城市建成区面积，从1981年6720平方公里，增至2019年的60312平方公里，增长8.98倍。从1978年改革开放以后，一些城市建成区面积持续扩大（表1.1、图1.2）。

我国若干特大城市用地（建成区）扩展情况（1978～2015年）（单位：平方公里） 表1.1

城市	1978年	1997年	2003年	2013年	2015年	扩大倍数
上海	125.6	412.0	610.0	1563.0	1782.1	14.2
北京	190.4	488.0	580.0	1306.5	1633.2	8.6
广州	68.5	266.7	410.0	1023.6	1286.7	18.8
天津	90.8	380.0	420.0	797.1	1008.9	11.1
南京	78.4	198.0	260.0	713.0	963.8	12.3
杭州	28.3	105.0	196.0	471.4	589.1	20.8
重庆	58.3	190.0	438.1	1114.9	1319.2	22.6
西安	83.9	162.0	245.0	449.0	503.2	6.0

注：扩大倍数为2015年建成区面积与1978年建成区面积的比例。

数据来源：1. 姚士谋，等. 我国大城市区域空间规划与建设的思考[J]. 经济地理，2005，25（2）：211-214；2. 各省会城市统计年鉴和部分市政府网站公布数据。

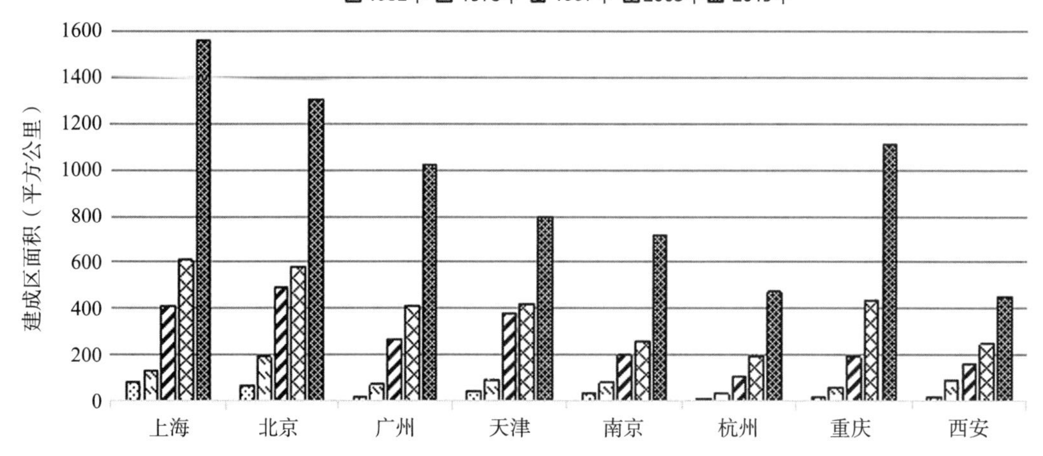

图1.2 我国若干特大城市用地（建成区）扩展情况（1952~2015年）

资料来源：1. 姚士谋，等. 我国大城市区域空间规划与建设的思考[J]. 经济地理，2005，25（2）：211-214；2. 各省会城市统计年鉴和部分市政府网站公布数据。

以城市土地开发、基础设施建设、房地产开发等行为作为主要内容的城市开发建设行为，为居住、经济活动提供了场所和空间，改善了城市环境，同时开发建设行为本身也为经济发展提供了动力，促进了经济增长。

按照世界城市化规律，我国目前正处于城市化加速时期，中国人口基数大，在达到城市化速度放缓的临界值之前至少还要经历10~20年的时间，在这一时期内，中国城市空间快速增长将仍然是一个必然趋势。

1.1.2 中国城市空间增长现象与问题引起普遍关注

基于城市空间增长现实性和必然性的分析，中国的城市建设与城市空间增长对社会发展做出了巨大贡献，提升了城市人居环境品质，但城市空间增长的同时也带来了一系列问题，亟须关注和解决。

1. 人口增长与空间增长不匹配，城市空间增长显著高于人口增长

快速城市化进程中，随着城市人口的快速增长、城市经济活动的提升，同时由于目前我国经济增长方式仍处于主要依赖增加生产要素投入的路径中，不断增加对城市建设用地的需求；从全国人口数量增长和建成区面积增长对比（图1.3）、全国人口增长率和建成区面积增长率的对比（图1.4）来看，都反映出城市空间增长显著高于城市人口增长的趋势。

如图1.3所示，比较1981~2019年城市人口数量和城市建成区面积可以发现，城市人口数量从1981年的20171万人增长至2019年的84843万人，增长4.18倍；我国城市建成区面积从1981年6720平方公里增长至2019年的60312平方公里，增长8.98倍，两者相差2倍多。从图1.4城市人口增长率和城市建成区面积增长率来看，城市人口增长率相对稳定，建成区面积增长率变化较大，从数据分布来看，城市建成区面积增长率显著高于人口数量增长率。

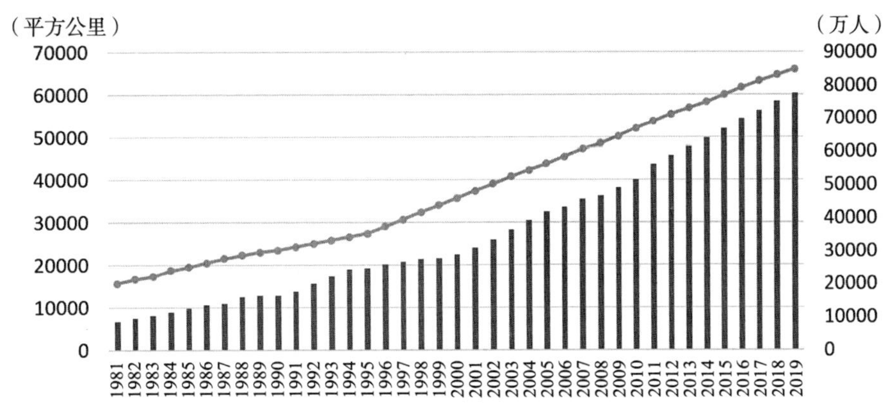

图1.3　全国城市人口数量和城市建成区面积增长（1981～2019年）

数据来源：根据历年统计年鉴整理。

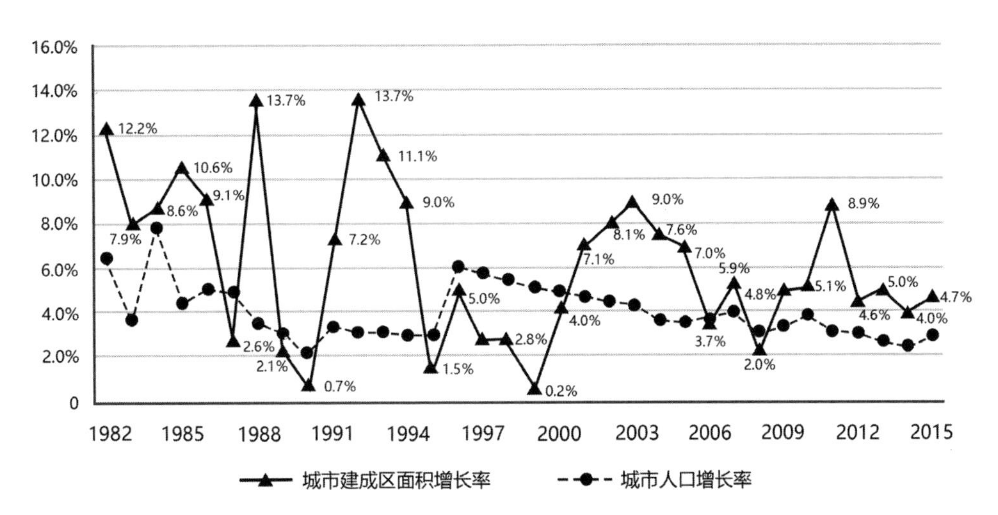

图1.4　全国城市人口和城市建成区面积增长率（1982～2019年）

数据来源：根据历年统计年鉴整理。

2．城市用地粗放型增长，土地利用效率低下

我国是资源相对短缺的人口大国，目前人均矿场、耕地、淡水和森林资源，分别只有世界水平的1/2、1/3、1/4和1/7，而资源使用效率却很低，我国国内生产总值的单位产值能耗是发达国家的3～4倍，能源平均利用方式只有30%。这是由于当前的土地等自然资源配置方式的市场化程度依然很低（邓卫，1997），许多资源仍然掌握在政府的手中。在现有地方政府政绩考核体制驱动下，大量资源向着资本密集型、高能耗、低产值的重化工业或低水平的加工工业倾斜（刘煜辉，2008）。同时，地方政府在城市建设中，为了追求建设效果，过多征用土地进行城市建设，不顾建设用地效益，修建大广场、宽马路、高尔夫球场等，造成了土地利用效率低下（郑伟元，2008；仇保兴，2012）。

城市建设用地是城市经济社会发展的物质载体，作为经济活动的资源要素，有着经济属性。在计划经济时期，城市建设用地属于行政划拨范围，由于忽视对土地作为生产要素的经济价值的关注，长期以来城市用地效益低下；在改革开放过后，城市建设用地采用行政划拨与使用权有偿出让的“双轨制”供应方式，城市建设用地经济价值逐步得到体现，但在一些城市建设用地类型划分中，土地往往作为招商引资的优惠条件，土地的价值和价格同样存在被低估的问题（张清勇，2006）。据不完全统计，北京和上海在1993年的人均GDP大致可达到首尔的1/4、东京的1/62和香港的1/11，但从地均GDP上看则分别占到首尔的1/14、东京的1/115和香港的1/53（邓卫，1999），研究表明产生上述现象的原因主要是经济发展模式的差异，其中对土地的粗放经营是主导原因。

3．城市建设用地不断扩张，对土地和环境承载力构成压力

我国人口数量多是人地关系矛盾的主要方面和根源，我国耕地面积总量，以及人均拥有量总体呈显著下降趋势。在城市空间增长过程中，从其他用途用地转换为城市建设用地是空间增长的主要特征。在我国人均耕地资源紧张的前提下，在追求资源配置高效益的目标导向下，将土地从农业用地转变为城市建设用地，以满足城市新增发展用地的需求，其中，新增加的城市建设用地，大部分来源是耕地，占所有新增建设用地的85.49%，其次是林地、草地和未利用土地（赵涛、庄大方、冯仁国，2004）。

现阶段我国人均耕地相当于世界人均耕地的40%，不足0.1公顷，我国以7%的耕地养活了占世界22%的人口，但同时，中国城市人口的迅速增长、耕地面积的疾速减少是目前发展所面临的重要问题（赵小汎、徐佳，2009）。虽然生态退耕和农业结构调整是造成耕地减少的主导原因，且耕地减少中只有14%左右是城乡建设用地，但是在这些城乡建设用地中，特别是新增用地部分，多为优质耕地，因此对粮食安全的保证也会产生严重的影响，从而促使城乡建设和耕地保护之间的矛盾逐步尖锐化。

城市是人类活动最密集、对生态系统影响最大的空间单元，城市空间的增长对生态系统造成很大压力。城市线性代谢的特征不同于自然物质循环的代谢，城市发展会破坏地球的生命支持系统，也会对广泛地理范围产生重要的环境影响。要保持城市生态圈功能的稳定，必须保持其资源输入和废弃物排出的速率与支撑环境系统的生成与消化速率相一致。如果城市需求超出生态圈的生成能力，或排除废弃物超出环境的消解能力，必然造成“输入—输出”的代谢失衡，体现为资源耗竭和污染（图1.5）。

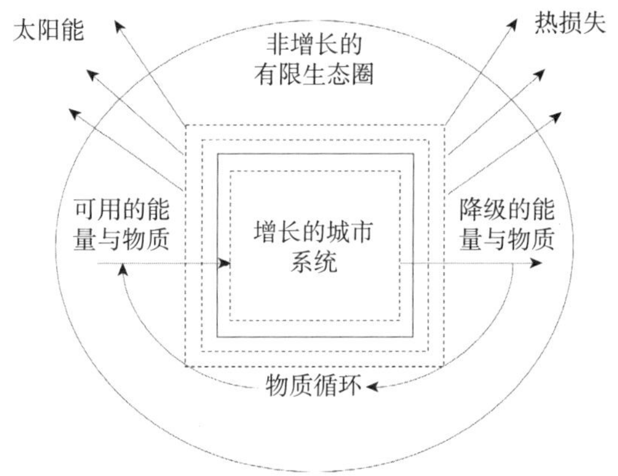

图1.5 城市生长与有限生态圈的关系

资料来源：顾朝林，于涛方，李王鸣，等. 中国城市化格局：格局、过程、机理[M]. 北京：科学出版社，2008：453.

4．城市用地结构和布局存在诸多不经济

从城市用地比例的构成来看，根据城市规划原理，城市用地结构的合理化分布是生活居住用地占40%～50%，产业用地（含工业用地）占20%～30%，生产和生活兼用的各种用地、道路和其他公共设施等占20%～30%。但从全国55个城市的统计资料和研究分析中得出，生产性用地占城市用地的63%，其中工业用地占到了27.5%（黄木易、吴次芳、岳文泽，2008）。因此，目前我国大多数城市在城市建设用地的构成比例中，普遍存在工业用地比例过大，而道路用地和商业用地比例普遍

过小的问题。

城市建设用地布局的不经济是由于城市建设用地配置机制和城市建设用地利用机制引起的。改革开放以前，我国的经济体制实行自上而下的严格的计划经济模式，政府是城市建设唯一的投资者和决策者，在这种情况下，虽然城市经济缺乏活力，城市建设进程缓慢，但更容易形成合理的城市布局。改革开放之后，城市投资建设主体多元化，政府不再是唯一的城市发展的实施主体，各种微观利益主体在市场运作中充满了“活力”，其经济行为的短期性、趋利性、不稳定性常常冲击着城市发展朝着合理的方向进行，使得城市空间增长在各个层面上趋于失控，造成城市空间布局多方面的不经济。

5. 区域间和区域内城市空间增长不均衡

中国幅员辽阔，地域自然环境差异较大，人居环境适宜性和水土环境的限制，决定了人口分布的不均匀。1935年，由胡焕庸先生提出的“瑷珲—腾冲”线（胡焕庸线），概括了中国东南稠密、西北稀疏的人口分布的基本空间格局（胡焕庸，1935）。“瑷珲—腾冲”线提出以后，在后续关于中国的人口分布的发展研究和对于以后的预测中，这一人口分布的总体格局没有发生根本改变（李仪俊，1983；徐建华、岳文泽，2001；王露、杨艳昭、封志明等，2014；毛其智、龙瀛、吴康，2015）。同时，在我国人口分布结构的基础上，为人类发展提供的城镇基础建设、城镇总体布局延续了东南稠密、西北稀疏的总体布局特征。

同时，我国在国家治理中，长期存在的东部、中部和西部社会经济水平的差异，决定了在城市空间增长中，东部、中部和西部的城市布局与空间增长同样存在显著的区域差异性特征。

从城镇建设用地增长总量来讲，20世纪90年代，中国城市（145个大中城市）建设用地的总增长面积为3534平方公里。这些扩张主要发生在东部沿海的12个省、市和自治区，它们占总扩张面积的75.3%，中部地区占14.5%，西部地区占10.2%（谈明洪、李秀彬、吕昌河，2004）。

城市建设用地的增长速度同样存在显著的区域差异。20世纪90年代，145个大中城市的建设用地面积扩张39.8%。其中位于东部沿海地区的城市增长速度最快，位于中部地区的城市增长速度最慢，分别为43.0%和17.8%。在发达国家，城市建设用地增长弹性系数为1.2，而在中国，尤其是东部较发达地区，近年来城市空间增长弹性系数却高达4.2，远高于世界发达地区的平均水平（谈明洪、李秀彬、吕昌河，2004）。顾朝林、于涛方、李王鸣等（2008）分析了按照城市人口等级分布的中国城镇体系布局，从中能够清晰地看出我国城镇空间布局和城镇发展的不均衡现象。

1.1.3 城市空间增长需要多学科综合研究

吴良镛（2001）先生在《人居环境科学导论》中谈到，“当今，（中国）城乡建设速度之快、规模之大、耗资之巨、涉及面之广、尺度之大等已远非生产力低下时期所能及，人居环境建设已成为重大的经济活动”。当今的建设行为，需要使用多学科融会贯通的思维方式进行研究。城市空间发展既是一种空间现象，也是一种经济现象（赵民、陶小马，2001），“若要真正改变混乱和失控的情况，使人类能有效地控制城市的发展，我们首先必须在思想认识上来一个转变，即在做规划时应当认识到我们面对的是动态城市的问题，应当‘为生长做规划’，应当积极考虑如何使城市更好地发展，而不是考虑如何去限制它、束缚它。”（吴良镛，2001）。

城市是空间要素的整合体，城市发展归根结底是对空间关系的整合，城市空间整合的优劣与否，取决于整体社会空间理念的选择与整合能力（张京祥、罗震东、何建颐，2007）。围绕我国城市化和城市空间发展问题，城市规划学、建筑学、地理学、社会学、经济学等众多学科进行综合研究。单一学科的研究无法从根本上解决城市空间增长过程出现的问题。如城市规划学，虽然有着完整的控制体系，但由于受制于制度环境和建设主体行为的影响，面对快速城市空间增长的管控，在实现对城市空间资源配置效率的有效管控方面常常显得有心无力[①]。因此，面对城市空间增长过程中出现的问题，更大的挑战在于对产生这些问题的客观规律的探讨并对根源性的制度、机制的认识和反思。

基于以上认识，本书研究城市空间增长问题，将城市建设活动和城市规划置于社会整体经济活动内进行认识和分析（图1.6）。

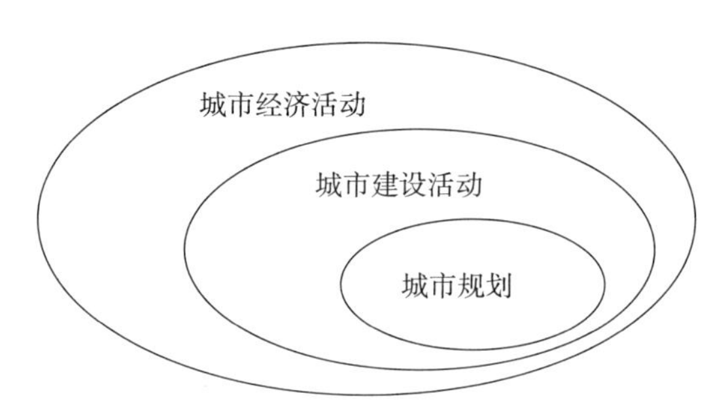

图1.6　城市经济活动、城市建设活动和城市规划的关系

在各学科的研究中，经济学对于城市发展客观规律制度性根源的研究有着不可替代的优势。这是因为，稀缺资源配置一直以来是经济学研究的重点。西方经济学经历了古典经济学、新古典经济学、凯恩斯主义、新自由主义、新制度经济学、行为经济学等发展阶段，各个时期的经济学中对于资源配置的观念和研究方法有各自不同的见解。经济学作为深刻、本质地认识社会和经济发展的思维方式，积累了丰富的成果积累，是各学科共同认识、解释城市发展问题本质的基础。

城市建设活动通过由城市规划活动、工程建设等活动具体实现，但过程中受到制度环境的约束，并受建设主体行为方式的影响。从经济学的角度看，城市规划从本质上来说是政府对城市的开发和发展的一种干预手段，是一种资源配置的方式，城市规划通过制定各种有关空间准许的规则来实施对空间的配置，从而可以实现对社会利益分配的调节，达到实现社会公平的目的，因而城市规划往往会与计划调控、财政杠杆、土地使用制度和税收等多种公共干预手段联系到一起，它们共同构成了城市空间资源配置的框架。

因此，运用经济学的思维方式和研究思路，对城市空间发展进行解释和研究，为我们进一步寻求解决城市空间问题的方法、寻求城市空间通向理性发展的路径具有重要作用。我国当前城市空间资源配置的研究，应该从经济学、城市规划学、建筑学等相关学科融合的角度，从中去粗存精、去伪存真，广泛吸取恰当的研究思路和已有成果，展开多维度、多视角的研究。

① 正如美国城市学家Munford曾指出，“真正影响城市规划的是深刻的政治和经济的转变”，城市规划作为城市空间组织和协调的作用，深深根植于社会的政治和经济制度环境之中，受到制度环境和行为主体的影响。

1.2 主要概念及研究范围的界定

对城市空间增长的研究过程中，相关的研究概念没有进行统一规范，因此，学术界采用了在一些相似程度较高的概念基础上展开相关研究。在相关研究内容的讨论中，由于概念界定的差异容易产生一些困扰，因此，有必要对几个重要概念进行比较，辨析其研究内涵、研究目标的差异，通过对相关概念的辨析，可以更全面地理解以往研究的成果，使本研究对“城市空间增长”概念定义更加清晰，研究内容和研究目标更加准确、合理。

1.2.1 城市空间增长相关概念辨析

1. 城市增长（Urban Growth）和城市发展（Urban Development）

城市增长并不会一味地良性发展，就好比经济增长也不会一味地促进社会发展。“发展”相较于“增长”其概念的内涵会更丰富、更全面，这里的“发展”不仅仅包括了“增长”的利与弊，还包括了由于“增长”而导致的内部的结构调整和优化。发展需要增长提供发展变化的前提，持续不断的增长需要一系列的发展过程（表1.2）。

“增长”和“发展”经济学内涵的辨析　　表1.2

	发展（Development）	增长（Growth）
特征	结构改变的质的动态变化相关的转型过程	结构不变，属于量的静态变化中的增加过程
定义	再生产或复制出更多的给定结构	给定结构变革或变化为另一种形式
关系	发展需要增长提供发展变化的前提	持续不断的增长需要一系列的发展过程，需要发展解决“S”曲线模式与最终的停滞
分析方法	动态分析：结构性变迁（经济学中主要指由技术革命引起的变迁）	静态分析：结构固定不变（经济学中主要涉及社会、文化及技术因素）

资料来源：主要观点来源于（美）弗兰克·N.马吉尔. 经济学百科全书[M]. 北京：中国人民大学出版社，2009. 作者整理绘制。

城市发展包括两个方面的内容：一是城市化，即人口适度向城市集中，提升城市经济活动在整个国民经济活动中的地位；二是城市现代化，即城市设施的改造更新、产业结构的高级化与城市功能的不断完善和提高（孙尚清，1993）。而城市增长，从城市物质形态角度来看，是指城市数量以及城市规模不断扩展和生长的过程，具体表现为由于经济发展、人口集中所引起的住房用地的增加，基础设施的兴建，生产用地的扩大等增长的过程。

本书采取“城市空间增长”而不使用“城市空间发展”的概念，是由于“发展”是理想化和理性的增长，而“增长”意在指出城市变迁正处于总体制度环境倾向于固化，城市空间总体结构稳定，空间量的静态增加过程中使得城市空间逐渐集聚的状态，其概念更接近于中性、客观。而“发展”的概念更倾向于积极、肯定，一般指质的动态变化和转型的成功①。

2．城市增长（Urban Growth）与城市空间增长（Urban Spatial Growth）

以往的研究中，一些学者运用了“城市增长”的概念（Peter Hall，2009；陈顺清，2000；蒋芳、刘盛和等，2007；丁成日，2009；王宏伟，2004）。“城市增长”从字面意义来理解，一般认为包括城市人口增长、城市空间增长、城市经济增长等方面的含义。城市经济增长、城市人口增长和城市空间增长三者有着密切的联系，如城市经济增长和城市人口增长是城市空间增长的驱动力，往往是由于城市经济水平和人口数量变化后，驱动城市空间产生相应的变化；因此城市经济增长和城市人口增长是自变量，城市空间增长是因变量。城市经济增长与城市空间增长的关系如表1.3所示。

城市空间增长主要包含平面上城市空间扩展和城市土地利用集约性的提高，以及由此而产生的城市空间结构布局的改变。由于城市增长还可以引申为城市经济增长、城市人口增长等含义，而城市空间增长的概念具体界定了研究对象和研究内容，因此本书采用“城市空间增长”的概念，是对“城市增长”概念的具体化和明晰化。

“城市经济增长”和“城市空间增长”的概念辨析　　表1.3

	城市经济增长（Urban Economic Growth）	城市空间增长（Urban Spatial Growth）
定义	经济的生产能力随时间增长并带来国民收入水平上升的平稳过程	城市数量的增加和城市规模的增大
特征	土地、设备、人力等要素投入；劳动增长、技术进步	人口增长、生产扩大、土地空间需求上升
要素	实物设备、资本积累、人力资源、劳动力增长、技术进步	用地面积、密度、容积率、总体格局
关系	自变量：社会发展目标	因变量：为达到社会发展目标而付出的代价
描述	生产可能性曲线	库兹涅斯曲线
阶段	传统社会、转型社会、起飞社会、成熟社会	单中心、团状城市、组团型城市、网络化多中心城市等

资料来源：主要观点来源于（美）弗兰克·N.马吉尔．经济学百科全书[M]．北京：中国人民大学出版社，2009．作者整理绘制。

3．城市空间增长（Urban Spatial Growth）和城市扩展（Urban Sprawl）

在城市土地利用变化、城市规模的相关研究中，常见的是城市建设用地扩展的研究②（姚士谋，1998；刘盛和，2008；邓智团等，2004；廖和平、彭征、洪惠坤等，2007）。“城市扩展”和城市空间增长的定义非常相近，在众多研究中，两种定义的差别比较细微（表1.4）。

---

① 虽然作者对“发展”和“增长”两个概念进行了辨析，在具体论述中，“城市空间发展”和“城市空间增长”是使用频次较高的词语，不可能每次都对其进行说明。总体来说，当书中运用到“城市空间发展”概念时，意味着城市空间更加理性的发展目标，更加理想化的意愿和前景；而运用“城市空间增长”的概念时，意味着更加现实、客观的态度，强调城市演变过程中的现象和存在的问题。

② 也有一些学者在研究中用到城市“拓展”“扩张”的概念，如：“中国城市空间拓展研究动态”（郭月婷、廖和平、彭征，2009），“城市用地扩张及驱动力研究进展”（刘涛、曹广忠，2010）。

“城市扩展”和“城市空间增长”概念辨析　　表1.4

	城市扩展（Urban Sprawl）	城市空间增长（Urban Spatial Growth）
定义	城市建设用地范围的动态变化	城市用地范围的动态变化，以及城市空间利用方式和开发范围变化
要素	重点讨论城市建设用地范围的变化	讨论建设用地范围的变化，同时讨论城市开发强度、城市空间形态等要素的变化
特征	基于土地使用权的讨论	基于土地使用权和空间开发权的讨论

本书选用“城市空间增长”而不采用“城市扩展”定义的原因在于：第一，“城市扩展”概念强调城市土地使用范围的动态变化，较少讨论城市开发活动对于城市空间使用性质和开发强度的影响，也较少讨论城市内部改建、更新等内容；而本书部分研究内容涉及由于城市土地类型不同，各类行为主体基于自身的利益需求对于土地利用方式和利用强度呈现出不同的偏好，导致城市空间形态的不同。第二，本书在城市土地产权的分析中，强调“土地使用权”和“空间开发权”的区别。城市土地使用权强调产权的获得，更加类似于“城市扩展”中对于城市建设用地的占有和土地由非建设用地向建设用地的转变，相比而言，“城市空间”的概念除建设主体获得土地使用权外，更加强调城市空间开发过程中规划设计条件所限定的土地开发强度、建筑密度等内容。基于以上两个原因，在两种定义中，本书选用“城市空间增长”概念展开研究。

1.2.2　研究的主要概念定义与内涵

以往的研究中，城市空间增长的概念并未在学术界得到统一，特别是城乡规划学、城市经济学和城市地理学等不同的学科之间对其定义各不相同。而对城市空间增长的研究则多会同城市用地结构、城镇化、城市经济、城市人口、城市用地扩展和居住增长等方面联系到一起（陈顺清，2000；张波，2003；王宏伟，2004；丁成日，2009；顾杰，2010；李鹏，2013）。因此，基于不同的学科背景和研究方向不同会造成对城市空间增长的多种理解，而这些理解会直接影响对其的研究方法的运用和得出的结果（表1.5）。

“城市空间增长”的概念定义　　表1.5

研究者	城市空间增长
陈顺清（2000）	将城市增长定义为城市区域的生长与衰退，城市增长的研究一般同城市经济、区位理论等密切关联
张波（2003）	城市增长是城市空间的增长
王宏伟（2006）	城市增长是在城市经济和人口发展的背景下，城市建设用地的规模不断扩展，随之城市用地结构也在不断发生变化。同时地域表现出作为经济发展的载体功能和居民生活、生产的过程。其包含了城市数量的增加和城市规模扩大两方面
顾杰（2010）	城市增长是城市空间在地域空间的生长或是发展，可表现为城市内涵的变化和城市外延的扩大

续表

研究者	城市空间增长
张乐珊（2010）	城市增长是城市空间结构的不断扩大，包括了平面的占用和立体的扩展两方面，它是在一定的地理空间范围内的变化，是土地利用状态由非城市用地向城市用地的转变
李鹏（2013）	城市增长是城市的一种复合状态，微观区位要素的分散与聚合会导致宏观城市空间范围上的变化，城市人口和城市经济也会随之改变

在“城市空间增长”的语义下，城市空间有广义和狭义之分，狭义的城市空间是指附着于城市土地上的建筑物或构筑物。广义的城市空间不仅包括附着于土地之上的实物形态，还包括城市土地，以及衍生的和城市空间形成演变有关的制度环境、权利义务关系等。

结合本书研究内容，城市空间可以定义为城市及其周边一定范围内，附着于地表之上，以及地表之上一定高度、下方一定深度范围内，构成的城市居民生产、生活、交通等一系列活动的一个三维空间整体，也就是说，城市空间是由城市土地、水域、空气、阳光、自然植被和人工构筑物等构成的物质整体。对城市空间研究的重点在以地表为基础，在有限的纵深空间内，受自然条件、技术条件和制度条件的制约，能够被人类利用的部分。由此可见，人们对于城市空间增长现象的定义可以理解为是人们对于城市空间利用的不断发展和深入的过程。

这种城市空间的定义与传统规划和建筑设计中所述的城市空间有所区别，并非指建筑实体外所剩余的空间。本书的研究，在城市建设用地增长的基础上，同时强调通过城市规划行为等机制的影响，由单纯的建设用地转变为能为人们生产、生活服务的城市空间的过程。在内涵上区别于地理学和经济学的空间概念，含义包括城市建设量，偏重基于城市建设用地基础上，赋予建筑密度、容积率等规划指标后所体现的为人类活动提供城市建设总量服务。同城市用地结构、用地性质等空间实体概念联系紧密。

“城市空间增长”可以有正、负两方面的内涵；从城市的物质形态变化来看，包括由于城市人口、社会、经济变迁而引起的城市数量增加、城市规模不断扩大、城市布局形态的调整、城市建设总量不断增长的过程；从内涵上来看，包括城市土地、城市建筑的产权转移、城市人口分布、产业构成的调整等内容。

1.3 研究目标与研究意义

1.3.1 研究目标

基于本书开篇提出的问题，本书研究的总体目标是对中国快速城市化过程中的城市空间增长现象，综合运用经济学、人居环境学、城市规划学等相关学科的研究方法，建立研究框架，从空间增长的制度背景、建设主体的行为特征与影响，探讨城市空间增长的机制。具体研究目标：

第一，为现阶段城市空间快速增长研究建立研究框架。本研究对中国现阶段城市空间快速增长现象，采用新古典经济学、新制度经济学等经济学理论与分析方法，建立“制度环境与主体行为”

的研究框架。

第二，分析转型期中国城市空间增长制度背景。中国城市经济、政治、社会制度的变迁，是中国城市空间增长的制度背景，对中国城市空间增长方式和增长过程起着根本的决定作用。本书通过对政府治理的行政区划制度、城市土地使用制度、城市空间规划制度，从制度角度分析城市空间增长现象的深层次原因。

第三，中国城市建设主体行为特征对城市空间增长的影响。在现有政府治理结构、城市土地所有制和城市空间规划制度前提下，土地是城市发展的平台、是城市政府的最大资产。作为城市建设主体的中央政府、地方政府、企业和民众围绕土地使用的问题展开了空间利益的博弈。本书分析在现有制度约束下，各建设主体的价值取向、行为特征与对城市空间增长的影响。

第四，以重庆市为案例，分析制度环境与主体行为机制影响下的重庆城市空间增长过程。展开对于重庆市城市空间增长的制度环境和主体行为的分析，并对重庆市域城镇体系布局和主城区空间增长展开论述，在此基础上总结重庆城市空间布局的特征。并建立空间增长效应评价方法，探讨重庆空间增长中的空间配置效率，并对重庆城市空间增长管控策略提出建议。

1.3.2 研究意义

城市空间增长，由于其巨大的社会资源、人力资源、自然资源的投入，对自然环境、经济环境、社会环境的深刻改变，一旦付诸实施，人类赖以生存的环境就以一种全新的面貌呈现在人们面前，它给人类生活带来的影响是深刻、永久和几乎不可逆转的。因此，对于城市空间增长的全面、系统的研究，已经成为当前城市发展重要和紧迫的现实任务之一。

从理论层面，提出现阶段城市空间快速增长的研究框架，为城市空间增长探索一种分析路径。突破以往城市空间增长研究中以城市物质形态为主的研究方法，提出“制度环境与主体行为”的分析框架，将制度环境、建设主体行为特征作为重点考察对象，分析城市空间增长效应，并探讨城市空间管控方法。

从方法层面，通过建立城市空间增长效应评价的方法去判别城市空间资源配置与运行是否存在不合理、低效率和不公平的问题。本书构建了针对城市空间增长效应的评价体系，即将城市空间增长效应分解为结构配置效应、经济配置效应和公平配置效应三方面，通过目标法得出各种效应评价和总体效应函数来进行评价，并通过重庆市的案例进行实证分析。

从实践层面，由于城市空间快速增长引起的问题已经引起政府和社会各界的重视，从国家到地方政府、各部门对城市空间治理与管控提出了更多新的、更加严格的要求。在当前城市发展环境背景下，本研究从制度背景、行为模式和空间增长效应的角度分析，有助于认识现有城市空间增长现象的根源，有助于在实践层面确立城市空间增长管控的理念、构建城市空间体系与管控方法，并为城市空间管控实施提供依据。

1.4 研究方法

本书研究城市空间增长问题，将城市建设过程置于社会整体经济活动内进行认识和分析，认为城市空间增长过程是特定的制度环境和特定行为主体共同作用的产物。本研究试图将城市建设结合经济学理论与方法，运用资源配置理论、新制度经济学、公共经济学等内容，采用归纳总结法和演绎推理法进行研究。在构建理论框架后结合具体案例进行分析。主要运用的研究方法有：

1. 系统分析法

本书在对城市空间增长现象的研究过程中，将城市规划活动和城市建设活动置于社会整体经济活动内进行系统认识和分析，讨论影响城市空间增长的相关制度理论、主体的行为特征等相关问题，建立起理论分析框架，对改革开放以来中国城市增长的机制、效应和管控等问题展开系统分析。

2. 文献调研法

通过对相关文献、资料、案例的分析与梳理，对城市空间增长的制度环境构成、建设主体行为特征、城市空间增长机制、城市空间增长效应等相关研究的理论构成、成果结论进行客观总结、分析。

3. 参与式调查法

本书写作期间，作者参与了一些城市规划编制、城市建设项目实施的具体工作（包括本书论证过程中使用的几个案例的编制和实施工作），参与了规划编制中向相关建设主体征求意见、利益协调、规划方案的讨论、审查、实施评价等具体工作内容，与城市管理部门、企业、城市居民等紧密接触和频繁交流，对城市发展中的相关制度要求、建设行为的管理程序和管理办法、建设主体的价值取向与行为方式、城市规划实施中遇到的问题与实施效果评价等相关问题有亲身的体会，并积累了一些经验。

4. 计量模型分析方法

研究中运用了定性和定量相结合的分析方法。对研究框架中制度环境、行为特征、机制的讨论等理论性较强的部分，在理论上进行定性推导；对于城市空间增长效应评价的部分，采用了AHP层次分析法等计量经济模型分析方法。对各指标通过层次分析法进行加权，通过计算结果及其变化趋势，讨论城市空间增长效应及其变化趋势。

5. 案例分析方法

基于本书研究框架基础，选择重庆直辖市作为主要案例进行分析。本书主要从制度环境变迁和建设主体行为的角度讨论城市空间增长机制问题，以及由此而产生的效应和规划管控。在中国近现代以来的发展历程中，重庆经历了开埠、抗战（陪都）、解放、“三线建设”、三峡库区建设、设立直辖市、成立全国统筹城乡综合配套改革试验区、设立中国内陆第一个国家级开发开放新区等众多标志性事件，城市发展中制度环境不断发生变迁，影响了重庆城市空间结构的变迁。自改革开放过后，尤其是重庆市直辖以来，城市空间快速增长，在国内大城市空间发展中具有典型性。本书通过重庆案例分析，对重庆市空间增长机制、空间增长效应评价和相关管理经验进行论述，希望能够对国内其他城市和地区有所借鉴。

1.5 相关研究综述

学术界对城市空间增长有着悠久的研究传统，并形成了丰富的成果。在相关综述中，首先分析国内外城市空间增长阶段的划分，总结各个阶段研究的主要观点；同时结合本书研究思路，对城市空间增长中的驱动机制、制度环境、建设主体行为、空间效应评价和城市空间增长管理的相关内容进行综述。

1.5.1 国内外城市空间增长研究阶段与主要内容

1. 国外对于城市空间增长的研究

1）国外城市空间增长阶段的划分

整个城市发展的过程中，社会经济的发展水平和产业结构的变化会在很大程度上影响城市发展阶段。由于城市经济发展水平与产业结构的演变，人类城市发展经历了三个阶段，分别是农业经济阶段、工业经济阶段和知识经济阶段。而对应各种经济形态下的城市发展各有其周期性，不同学者总结出不同的演变阶段，如彼得·霍尔（1982）把城市演变分为六个阶段：流失中的集中期、绝对集中期、相对集中期、相对分散期、地区绝对分散期和流失中的分散期。陈顺清（2000）认为城市空间增长过程分别受到向心力、离心力、摩擦力的不同影响，分为高度集聚发展、城市快速扩展、人口郊区化、产业郊区化、郊区多样化和网络国际化等阶段。黄亚平（2002）认为，西方城市发展经历了前城市化、城市化、郊区化、逆城市化、再城市化这五个阶段。结合以上观点，本书对于西方城市空间增长阶段划分如图1.7所示。

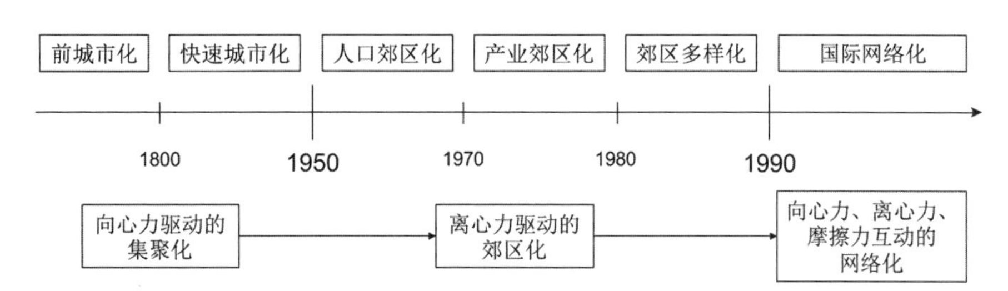

图1.7 西方城市空间增长阶段划分

资料来源：根据1. 黄亚平. 城市空间理论与空间分析[M]. 南京：东南大学出版社，2002：117-175；2. 陈顺清. 城市增长与土地增值[M]. 北京：科学出版社，2000. 等内容整理绘制。

图1.7关于城市空间增长过程与阶段的划分，是人类城市历史发展过程中曾经出现过的阶段，一些国家和地区的城市尚未出现和进入这些阶段，如逆城市化、再城市化的现象，是西方国家在其制度环境和发展水平的基础上出现的发展阶段，并非所有国家都会经历这样的发展阶段。

由于城市物质形态是城市社会经济发展的载体，城市空间结构与城市形态受到城市化、产业特点、人口变化、交通工具和通信工具等社会经济发展的影响，呈现出不同的特征和阶段划分，进一步会影响城市空间增长的动力、空间增长的速度，并决定了城市空间增长的模式（表1.6）。

西方国家城市增长阶段划分　　表1.6

阶段	向心力驱动的集聚化		离心力驱动的郊区化			网络化
	前城市化	快速城市化	人口郊区化	产业郊区化	郊区多样化	
	1800前	1800～1950	1950～1970	1970～1980	1980～1990	1990～
产业特点	农业经济时代	工业化时期	工业经济至第三产业为主	第三产业为主	知识经济开始出现	信息技术产业、知识经济为主
人口变化	总体+ 内城+ 郊区–	总体++ 内城++ 郊区+	总体+ 内城+或– 郊区+	总体– 内城– 郊区+或–	总体+或– 内城+ 郊区+或–	总体+或– 内城+ 郊区+或–
主导交通、通信工具	步行、马车	电车、邮递、火车、电报	汽车、公路、电话	高速公路、快速轨道交通、电话	高速公路、快速轨道交通、电话	高速公路、快速轨道交通、电话、网络
空间增长速度	慢速	快速	加速	减速	减速	慢速
空间增长动力	向心力	强力集聚	离心力	离心力	集聚力	摩擦力
空间增长模式	紧凑的同心圆形态	定向指状扩展形态	郊区化蔓延，开始出现次中心	多中心形态	内城复兴	广大区域上的节网状形态

注：+表示增加；++表示大幅度增长；–表示减少。

资料来源：根据1. 黄亚平. 城市空间理论与空间分析[M]. 南京：东南大学出版社，2002：117–175；
2. 陈顺清. 城市增长与土地增值[M]. 北京：科学出版社，2000. 等内容整理绘制。

依据城市发展空间增长阶段划分，西方对于城市研究阶段可分为工业化时期的研究起步阶段，战后的城市区域性、综合性增长阶段和20世纪90年代以后的精明增长、理性增长阶段。研究的内容和重点表现为：

（1）城市空间增长研究的起步阶段（工业革命至第二次世界大战期间）

工业革命后，蒸汽机的发明使人们摆脱了自然能源的依赖，人工能源的诞生使生产开始集中于城市，从而使加工业、商业、贸易在城市中迅速发展，西方社会城市化开始加速①，1850年前后，英国率先在人类历史上出现了第一次城市人口超过农业人口的现象。伴随着人口向城市集聚，城市空间快速增长（图1.8）。

经济学对于空间问题的关注可以追溯到前古典经济学、古典经济学的研究，从19世纪初至第二次世界大战前西方经济学对于城市空间的研究，主要的贡献有区位经济学的发展和演进、城市土地

① 西方城镇化率从20%提高到40%，英国经历了120年（1720～1840），法国100年（1800～1900），德国80年（1785～1865），美国40年（1860～1900），苏联30年（1920～1950），日本30年（1925～1955）。发达国家在达到40%的城镇化率后，又经历了50多年、100多年的发展和积累，到今天达到70%～80%的城镇化水平。见：叶耀先（2006）和陆大道（2007）。

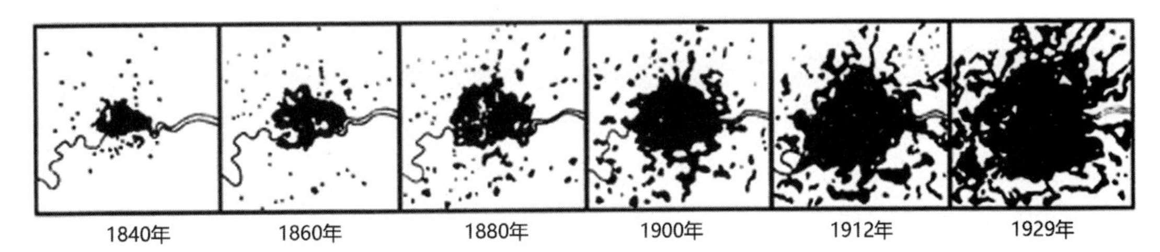

图1.8 伦敦在1840～1929年期间的城市空间增长
资料来源：吴志强，李德华. 城市规划原理[M]. 北京：中国建筑工业出版社，2001：9.

经济学从经济学中独立出来等方面（表1.7）。

区位理论根据区位选择主体的不同可以被分为农业区位理论、工业区位理论、商业区位理论、住宅区位理论、交通区位理论、城市区位理论等，对于空间问题的研究高度集中在“区位选择”这一分析路径上，主要遵循不断放松假设，探讨区位问题选择的思路（高进田，2007）。这一时期的研究，奠定了经济学对于城市地租、区位选择等问题研究的基础，但由于陷入了“区位选择”路径依赖，难以将区位理论真正运用到空间经济分析和城市空间布局中。

工业革命至第二次世界大战前土地经济学与城市区位学派对城市空间的研究　　表1.7

时间	研究者	理论名称	主要观点
1826	Von Thunen	农业区位论	农业区位论指以城市为中心，由内向外呈同心圆状分布的农业地带，因其与中心城市的距离不同而引起生产基础和利润收入的地区差异
1868	W. Roscher	“区位”概念	提出“区位”概念，即为了“生产上的利益”而选择空间场所
1903	R. M. Hurd	城市空间选址理论	将城市土地纳入生产理论，建立了城市活动的空间选址行为与土地地租间的经济关系，建立了城市空间结构经济模型雏形
1909	A. Weber	工业区位理论	通过运输、劳力及集聚因素相互作用的分析与计算，找出工业产品生产成本最低的点作为工业企业的理想区位，是区位论最低成本学派的代表
1924	F. A. 费特	市场区位理论	《市场区域的经济规律》一文，深入论述了城市区位的问题
1922	T. Ely	土地经济学理论	出版《土地经济学原理》，标志着土地经济学从中分离出来，成为一门相对独立的学科，使得土地经济学的研究在城市领域得到了迅速的丰富和扩展
1925	H. Hale	地租决定理论	提出了地租决定城市土地利用形态的理论
1933	Walter Christaller	中心地理论	认为商品销售范围与需求门槛水平是决定城市聚落配置、大小、数量及其相互等级的特殊经济空间规律，揭示了城市聚落发展的区域基础及等级、规模的空间关系
1936	Herbert Luis	城市边缘带	开始了对城市空间扩展形态演化过程的研究
1939	Augest Losch	市场区域学派	从市场区域的角度论述城市地域体系，其经济地景模型为中心地学说建立了牢固的理论基础

资料来源：根据相关文献整理绘制。

工业化初期，城市发展的典型布局形态是工厂外围修建简陋的工人居住区，并以此模式圈层式地向外扩张。城市空间增长过程中，市民与自然环境的疏离，以及工业生产过程中产生的污水、废气、固体废弃物对城市环境产生的不利影响，严重影响了城市建设风貌和城市居民的健康。基于此，如何选择合理的城镇空间发展模式、如何处理好人工环境与自然环境的关系，构建理想的城市空间发展模式，成为城市社会学者和城市规划学者这一时期思考的核心（表1.8）。

在理想城市形态结构理论的探索中，出现了集中主义和分散主义两种倾向，分别以柯布西耶的集中城市和沙里宁的有机城市为代表，代表了二元辩证思维观和有机整体观两种不同哲学观，体现了对城市发展、城市规划本质认识的不同理解（向岚麟、吕斌，2010）。

（2）城市区域性、综合性增长阶段（第二次世界大战时期至20世纪80年代）

第二次世界大战后，由于西方国家经济复苏，人口大量向大城市集聚，城市开始膨胀并集聚向郊区扩展，城市空间的扩展态势是区域性的、综合性的，同时城市蔓延现象开始出现。这一阶段研究的主要思想见表1.9。

第二次世界大战前城市规划与城市社会学对城市空间的研究　　表1.8

时间	研究者	理论名称	主要观点
1882	Mata	带形城市	以解决城市问题为导向，主张城市沿交通干线分布和扩张
1898	E. Howard	田园城市理论	提出城—乡二元有机结合的“城乡磁体”，以大城市为中心分布其周围的田园城市
1915	Patrick Geddes	区域规划理论	认为伴随工业的集聚和经济规模的扩大，城市向郊外扩展已属必然，并形成了巨大城市集聚区或形成组合城市的趋势；局限于城市内部空间布局的城市规划应当成为城市地区的规划
1918	Tony. Carnier	工业城市	探讨在新技术条件下城市功能组织的问题，主张对城市内部的工业、居住、生活进行严格的功能分区，城市各个功能区按照要求规律组织起来，城市就会像一座良好机器一样高效运行
1922	R. Unwin	卫星城市	主张在大城市周围分散布置一些独立的城市
1925	R. E. Park. E. Burgess	同心圆理论	总结出城市空间在5种力作用下形成由内向外发展的“单中心同心圆式模式”，即以不同用途的土地围绕单一核心，有规则地从外扩展，形成圈层式结构
1925	Le Corbusier	明日城市模型	一种极其理性的城市模型，反对传统街道广场，追求由严谨城市网络和广阔绿地组成的充满秩序和理性的城市格局；对第二次世界大战后城市建设有不可估量的普遍影响
1929	C. Perry	邻里单元	提出了内有商业服务设施和充分绿地，外可防止汽车穿越的扩大街坊的邻里单元建设思想
1934	E. Saarlnen	有机疏散理论	主张将原来密集的城区分成一个一个的集镇，集镇之间用保护性的绿化地带联系起来以解决城市布局和发展问题
1936	H. Hoyt	扇形理论	利用美国64个城市房租资料将地租划分为5个等级，而城市地域的扩展呈现9种倾向，呈扇形分布
1930	F. L. Wright	广亩城	认为随着汽车和电力工业的发展，分散（住所和就业）将成为未来城市规划的原则，将城市分散理论发展到了极致
1945	C. D. Harrise etal.	多核心模式	认为大城市不是围绕单一核心发展起来的，而是围绕几个核心形成中心商业区、工业区、住宅区和近郊区，以及相对独立的卫星城镇等各种功能中心共同组成城市地域

资料来源：根据相关文献整理绘制。

第二次世界大战时期至20世纪80年代对城市空间的研究 表1.9

时间	研究者	理论名称	主要观点
1947	R. E. Dikinson	空间结构“三地带”理论	城市内部空间结构从市中心向外发展按中央地带、中间地带和边远地带顺序排列
1948	Edgar M. Hoover	运输区位论	认为运输距离、运输方向、运输量及其他交通运输条件的变化，往往会引起经济活动区位选择的变化
1950	F. Perroux	增长极理论	把工业等建设快速地在少数极核进行，以促使极核本身增长和首先繁荣，并企图以极核的影响来带动其附近地区的发展
1957	J. Gottanman	大城市带理论	多核心城市连绵区，人口的下限是2500万人，对现代城市区域研究产生了巨大影响
1961	Lewis Mumford	区域整体论	“区域是一个整体，城市只是其中的一个部分”，因此“真正的城市规划必须是区域规划”
1963	E. J. Taaffe et al.	理想城市结构模型	城市内部结构模式由中央商务区（CBD）、中心边缘区、中间带、外缘带与近郊区组成
1958	Mann	工业城市模型	提出了一个典型的英国中等城市模型
1960	Kevin Lynch	城市意象	从环境行为学视角研究平民对城市的感知，分析了美国城市的视觉品质，总结了城市意象认知五要素
1966	Peter Hall	世界城市理论	基于一些城市突破国家范围而在世界经济、政治格局中占据重要地位的事实，将7个城市定义为世界城市
1966	Bill Hillier	空间句法	提出空间句法理论，描述、解释和定量化描述空间特性，分析蕴含其中的社会意义
1968	Kohn C F	城市蔓延	明确提出了大都市边缘持续不断扩张现象，其称之为“城市蔓延”
1971	McGee	二元经济城市模型	讨论人口迁移所产生的城乡关系问题，模型有两个商业中心，西式商业中心和移民商业中心，后方为扇形住宅区，然后是近郊农业，工业位于城区外
1974	Alexander C.	城市演化模型	城市中心区用地形态概念模型，包含了平面用地形态空间结构、用地垂直方向利用、用地形态演化中主要控制变量与过程，使静态模型有了动态的形式
1975	L. H. Russwurm	现代区域城市结构	在《城市边缘区和城市影响区》一文中描述了城市核心区、城市边缘区、城市影响区、乡村腹地区
1981	Muller	大都市空间结构模式	大都市空间结构模式由四部分组成：衰落的中心城市、内郊区、外郊区、城市边缘区
1983	R. A. Erichson	城市边缘区空间演变模型	城市边缘区空间结构演化划分为三个阶段：外溢专业化阶段、分散多样化阶段、填充多核化阶段
1986	Milton Friedman	世界城市假说	强调世界城市的国际功能决定于该城市与世界经济一体化相联系的方式与程度，并提出了世界城市的七个指标

资料来源：根据相关文献整理绘制。

这一时期，对城市空间增长、空间结构演化的研究逐步走向综合性、区域性的特征，研究重点从单个城市逐步转移到大都市带、大都市连绵区、城市蔓延以及世界城市等范围。

（3）城市空间精明增长、理性增长阶段（20世纪80年代至今）

随着全球化发展、经济全球一体化进程加快和信息革命的影响，发达国家已将研究重点转向了跨国和跨区域城市体系与经济因素影响之间关系的研究上。基于这一阶段城市空间以蔓延式增长为主要特征，对城市空间增长的研究从单一学科内部研究各项治理模式逐步转变为多学科、跨领域的交叉综合研究（表1.10）。

20世纪80年代至今对城市空间的研究　表1.10

时间	研究者	理论名称	主要观点
1976	俄勒冈州	"UGB"	美国俄勒冈州萨勒姆市对管理城市增长和保护原始农田划出了空间增长边界，边界内的土地可以开发为城市建设用地，边界外的用地在一定时期内不应进行城市开发行为
1984	Colin Rowe	拼贴城市	认为城市的生长、发展应该是具有不同功能的部分拼贴而成，反对现代城市规划按照功能划分区域、割断文脉和文化多元的方法，应该采取拼合方式，构成城市的丰富内涵
1991	Paul Krugman	核心—边缘模型	通过数理分析表明的是一个最初具有对称结构的经济系统如何通过制造业人口的迁移内生地演化为工业核心区和农业边缘区，为新经济地理学的发展奠定了基础
1992	Willian E. Rees	生态足迹	通过生态足迹需求与自然生态系统的承载力（进行比较即可以定量地判断某一国家或地区目前可持续发展的状态，以便对未来人类生存和社会经济发展做出科学规划和建议
1993	Peter Calthorpe	新城市主义	主张借鉴第二次世界大战前美国小城镇和城镇规划优秀传统，塑造具有城镇生活氛围、紧凑的社区，取代郊区蔓延的发展模式
1993	Peter Calthorpe etal.	"TOD"模式	公交导向模式，出现在美国20世纪80年代末，作为一种与传统蔓延式相对应的规划概念，侧重于从整个大城市区域的角度，以公交导向为发展模式
1996	CE 欧共体	紧凑城市理论	紧凑城市理论主张采用高密度的城市土地利用开发模式，在很大程度上遏制城市蔓延，保护郊区开敞空间免受开发，同时可以有效缩短交通距离，降低居民对小汽车的依赖
2000	Duany, Zyberk	"TND"模式	传统邻里发展模式，提倡学习美国传统的城镇形态和结构，主张相对密集的开发、混合功能和多元化的住宅形式，创造有意义的空间并加强步行可达性

资料来源：根据相关文献整理绘制。

许多学者从实体环境和环境知觉与人类行为的角度对城市空间的形成和辨识展开了讨论，如R. 克里尔的《城市空间》、哈米德·雪瓦尼的《都市设计程序》、凯文·林奇的《城市意象》和《城市形态》等经典著作的发表。

2）城市空间增长模型的概括

国外在对城市空间增长的研究过程中，提出了多种理想状态的城市空间模型。在城市空间模型中，有对城市空间形态规律的描述、对城市土地利用空间形态以及动态演变等方面的研究；一些城市模型是抽象的概念模型，有些是实证描述的（吴一洲，2012）。依据城市空间增长模式的不同，可以将城市空间增长模型分为圈层式增长模型、轴向增长模型、集中主义增长模型、分散主义增长模型、多中心增长模型（表1.11）。

城市空间模型理论分类　表1.11

类型	模型名称	形态结构特征	核心思想
圈层式增长模型	同心圆扇形模型	单中心、圈层式	以不同用途的土地围绕单一核心向外扩展，形成圈层式结构
	二元城市经济模型	单中心、圈层式	城市空间结构的圈层式特征
	胡俊中国现代城市模型	特定城市功能发展推进时序形成的圈层式特征	提出了中国城市结构的基本模型，以工业为主导，其他各项功能计划配置的总体特征

续表

类型	模型名称	形态结构特征	核心思想
轴向增长模型	马塔“带形城市”模型	以交通轴线对称布置	主张城市平面布局沿交通干线呈狭长带状扩展
	“TOD”模型	以公共交通站点为中心	以公交站点为核心组织土地的综合利用
集中主义增长模型	勒·柯布西耶“明日城市”模型	单中心、网络状几何形构图	严谨城市网络、广阔绿地、高容积率、立体交通
	亚历山大城市演化模式	用地的平面结构和垂直方向相结合的演化方式	城市中心区功能的水平和垂直空间分布及演化
分散主义增长模型	赖特“广亩城市”模型	极度分散，没有中心	重视自然环境，完全分散、低密度的城市形态
	伊利尔·沙里宁“有机疏散”模型	功能节点有机组合，彼此用绿化带隔离	城市是有机的集合体，将城市在合适的区域范围内分解成若干集中的单元
多中心增长模型	霍华德“田园城市”概念模型	主次多中心、放射网状结构	城市规模、功能的合理配置，城乡关系的融合
	昂温卫星城模型	多中心结构	发展卫星城、新城，疏导核心城市人口
	克里斯塔勒“中心地理论”模型	多中心体系	一定区域内城镇等级、规模和职能之间具有类似“六边形”的规律
	弗里德曼“核心—边缘”模型	多中心结构	在城市空间层面上解释经济空间结构的演变模式

2．国内对于城市空间增长的研究

1）国内城市空间增长的进程概述

1949年以后，中国城镇化与城乡建设发展经历了巨大变迁。从变化的特征上来看，总体上可以分为1949年至改革开放之前和改革开放之后两个阶段。

改革开放之前，我国城镇化同城乡建设同国家的政治事件和政策导向关联紧密①，呈现大起大落的特征（许剑锋，2010）。中国这一阶段的城市建设大致分为1949～1957年短暂健康发展的阶段、1958～1960年城镇化大跃进阶段和1961～1976年反城市化阶段。改革开放之前，我国处于计划经济时代，城市建设在国家总体经济发展规划和重点项目建设的影响下，城市空间增长缓慢。

改革开放过后，中国城镇化进入了平稳快速发展的阶段，城市建成区面积快速增长。20世纪80年代，在改革开放初期，城市空间增长处于起步阶段。从1987年我国开始国有土地使用权出让的城市建设用地市场化的改革，使城市建设用地的经济性得以体现，城市建设主体开始多元化、城市建设活动开始活跃，城市空间增长总体上呈现平稳、缓慢的特征。随着分税制的确立，城市土地、住房等一系列市场化改革的深入开展，从根本上改变了城市空间增长的动力机制（张京祥、罗震东、何建颐，2007），使得城市建成区快速增长。

关于城市建设用地的研究表明，20世纪90年代，建设用地增长主要分布在我国东部和南部人口密集、经济发达的地区，中西部地区相对较少（赵涛、庄大方，2004）。1989～2000年间，全国建设用地增长的变化趋势在区域间存在明显差异，表现为东部地区有所减缓，中西部地区加速明显

① 这一时期，影响城镇化进程的主要事件包括：1950～1953年的朝鲜战争、1957～1960年的“大跃进”、1956年提出的知识青年上山下乡、1962年的中印边界战争、1964年开始的“三线建设”、1966～1976年的“文化大革命”等。

（黄季焜、朱丽芬，2007），同时建设用地增长从“平均分散”向着“多中心集聚”变化，并显现出若干个建设用地增长显著高于平均水平的空间集聚中心，呈现出显著的空间集聚模式（杨杨、吴次芳，2008；赵婷婷、张凤荣，2008）。

2）国内城市空间增长的研究进程

国内对于城市空间增长的研究起步于20世纪90年代，起步时期研究较为分散，主要着眼于自然地形对城市空间增长的影响（刁承泰，1990）、城市空间格局的变化（徐建华、单宝艳，1996）、城市空间增长与土地保护的关系（朱德举、俞文华，1996）、交通基础设施建设对城市空间扩展的影响（翁发春，1996）、土地有偿使用制度与城市空间扩展的影响（朱才斌，1997）、居住空间行为与城市空间扩展（张新生，1998），并开始利用遥感等技术进行城市空间扩展的监测（戴昌达等，1995；范作江等，1997）。姚士谋（1998）从现代城市发展与国际大都市的发展、城市的支撑基础和大都市空间发展的可持续性等方面探讨了中国大都市的空间扩展和影响。

从21世纪开始，与城市空间增长相关的城市空间形态演变与特征分析、城市发展原理、城市边缘区、城市空间增长效应的研究等，在经济学、社会学、地理学、城乡规划等学科领域相继展开，城市空间增长的研究技术方法得到进一步的改进。类似的关键词有城市空间“扩展”“增长”“扩张”和“拓展”等。

经济学领域中，城市经济学、区域经济学、新经济增长理论、空间经济学、新制度主义经济学、政治经济学等对于城市空间形态演变、城市空间结构与城市经济运行的关系进行了探讨。有学者探讨了城市增长与经济发展水平的相关关系，通过对中国现代历史时期及现代化过程中各个阶段城市数量增长状况及增长原因的分析，认为区域城市增长及城市化进程应与经济发展水平相适应（左伟、薛东前、李硕等，2001）。李强（2008）利用新制度主义方法论，建立了城市空间发展机制研究的分析框架，以中国特定的社会、政治制度和经济制度的环境为背景，分析各类影响城市空间发展的行为选择，形成系统性的社会互动过程，并在此基础上研究和探讨城市内在的发展机制。于涛方（2012）利用新经济增长理论，从报酬递增的视角探讨了中国2000至2010年的城市空间增长，指出自2000年以来从人均GDP的角度，城市增长呈现“收敛”的特征，并指出不同经济发展水平的城市增长和增长的决定因素都表现出相应的特征和规律。彭坤焘、赵民（2015）建立了“空间—经济一体化分析框架”探讨大城市区空间演进的机理，提出鉴于以往经济与空间研究的脱节，为增进对大都市区空间演进的理解，需要整合“经济机理”与“空间逻辑”，归纳出大都市区发展呈现的四个阶段。杨宇振（2009，2016）立足新马克思主义政治经济学的视角，结合历史与空间维度，讨论全球化格局中的权力、资本与城镇化的关系以及城市与国家之间的关系、城乡关系等，认为当下无论哪一种层级的空间状态，已不再是（空间）内生性的发展，而关联到全球政治、经济、文化的互动之中，越来越受制于空间之间的联系；并剖析和研究中国城市美化运动、大学城、工业旧址、历史街区等空间现象，讨论空间现象背后的空间生产机制。

社会学从人口流动布局与城市空间结构、城市社会生活空间结构的内在关系和变迁、城市空间增长中的社会分层等进行研究。例如：柴彦威（2014）研究中国城市居民生活同出行行为和迁居行为的时间空间行动是从行为、时间和空间的角度分析；李强（2012）研究中国城镇化“推进模式”的特点是通过城镇化的动力机制和空间模式两方面来研究。其突出特点则是以政府为主导，整体、大范围的土地为国家和集体所有，空间上有明显的跳跃性特征，且将我国城镇化推进模式分为：建立开发区、建设新区和新城、城市扩展、旧城改造、建设中央商务区、乡镇产业化、村庄产业化七种类型。

何森、张鸿雁（2011）探讨了城市社会空间分化的问题，从齐美尔和芝加哥学派、政治经济学派、结构马克思主义学派和新韦伯主义学派对城市社会空间分化研究的系统梳理，指出城市空间的研究逐渐进入主流社会学的视野；并立足于西方城市社会学对城市社会空间分化的理论研究基础，从资本逻辑和权力逻辑的运作及二者合谋的角度，对转型时期中国城市社会空间分化的现象进行分析与解释，提出中国式城市"增长联盟"正在形成。

地理学、城市规划领域，对城市空间增长的研究较为丰富，主要讨论了城市空间结构、城市形态变迁特征、城市空间增长机制、制度背景分析等问题。黄亚平（2002）提出国内外各种城市空间理论的基本脉络，并针对中国当代城市的发展特点，提出了城市功能空间分析理论与方法。陆大道（2007）指出"九五"和"十五"时期，我国城镇化增长速率和蔓延式空间扩张，脱离了循序渐进的原则，给我国城镇化健康发展、资源合理利用、社会稳定等带来了危害。仇保兴（2012）在分析国际城市化历史的基础上，提出城市的紧凑度和多样性是影响我国经济、社会可持续发展的核心要素，并分析了城市多样性的五种类型，回顾了城市紧凑度的发展历史，给出了提高城市紧凑度和多样性的政策建议。

在研究的技术方法方面，遥感（RS）和地理信息系统（GIS）等新空间信息技术手段的运用，进行城市建设用地空间增长的动态监测和模拟研究，将计量地理学融入城市空间增长的研究中（闫梅、黄金川，2013；孙平军、修春亮，2014；施利锋、张增祥，2015）。采用遥感技术对城市空间扩展监测进行研究，基于遥感影像提取分类信息并将这些分类影像进行图像叠层分析，以此计算出城市建设用地的实际面积，并根据不同时期的城市建设用地面积的变化来研究城市建设用地空间的扩展（李波，2012）。以CA（元胞自动机）、SLEUTH、MAS（多智能体模型）为代表的模型的引入，也预示着城市空间增长的研究非线性化和微观化（XIAO J Y，et al.，2006；Geogr B，2010）。CA在城市空间增长模拟时，主要集中在基于城市空间增长的模式模拟，而对于城市空间增长的过程、成因缺乏解释（龙瀛、毛其智、沈振江等，2008；郭月婷、廖和平、彭征，2009；张显峰，2000；韩玲玲、何政伟、唐菊兴等，2003；杨青生、黎夏，2007；闫丽洁，2010）。

3）关于中国城市空间增长模式的主要观点

对城市空间增长模式的研究是国内外城市空间增长研究中的重点。学者更多通过对中国城市空间增长过程的实证研究，提出关于中国城市空间增长模式、演进规律、形态特征等的观点（表1.12）。

中国城市空间增长模式的主要观点概括　　表1.12

年代	研究者	主要观点
1994	顾朝林	总结了中国城市空间增长的模式，主要有轴向扩展和带形增长，分为圈层式、"飞地"式、轴向填充式、带形扩展式四个阶段
1999	段进	从城市空间的规模、区位选择、发展时序、发展机制四个方面总结了空间发展的四个基本规律：规模门槛律、区位择优律、不平衡发展律和自组织演化律
2000	张京祥	提出了城镇群体空间的基本演化机理是空间自组织和被构组织相互作用的过程，并提出城镇群体空间组合规律：有序竞争群体优势律、社会发展人文关怀律、城乡协调适宜承载律、疏密有致空间优化律

续表

年代	研究者	主要观点
2000	朱喜钢	从集中、分散和集中与分散的整合机制角度研究城市发展及其空间结构的演化，提出城市空间有机集中规律
2001	赵燕菁	建立了经济发展速度与空间增长模式之间的联系，将空间增长模式分为两类，即“外溢—回波”式增长和“跨越”式增长
2004	王宏伟	根据城市总体规划，演绎出中国城市空间组织的三种典型模式：单中心块聚式模式、主—次中心组团模式和多中心网络（开敞）式模式
2006	熊国平	对20世纪90年代以来我国城市形态的演变特征进行了分析，认为城市外围轮廓的迅速扩展与城市内部结构水平特征和垂直特征的急剧变化是我国城市形态演变的总体特征
2008	丁成日	指出中国城市空间增长过程中存在六种缺少效率的典型形态：分散组团式发展、破碎化的土地开发、过度规模的土地开发、蛙跳式发展、空间随机式发展、过度的混合用途，并提出应对措施
2011	吕斌	将我国城市空间增长模式总结为三种：圈层增长模式、双城增长模式、新城增长模式
2011	李强	认为中国城镇化的突出特征是政府主导、大范围规划、整体推动、空间上有明显的跳跃性等。我国城镇化“推进模式”区分为建立开发区、建设新区和新城、城市扩展、旧城改造等七种类型

有学者指出，城市空间增长的模式非常复杂，任何具体的模式或单一的模型都无法全面概括，即使对同一城市、在不同时期、内部的不同区域，常常也是几种模式交替演变，更多表现为多种组合的城市空间增长方式（赵晶、陈华根、许惠平，2005；郭月婷、廖和平、彭征，2009）。

1.5.2 国内城市空间增长的驱动力和驱动机制的研究

城市空间增长驱动力研究能够揭示城市空间增长的原因、基本变化特征和演化过程，可以进一步探讨城市空间结构变化的机理，并模拟预测未来城市空间增长的趋势和方向。同时，由于中国不同区域的经济、社会发展不同等原因，不同区域和城市的空间增长驱动力存在较大差异，对城市空间增长驱动力的研究有利于制定相对应的空间增长管控政策和管控工具。

通过对有关我国城市空间增长研究成果的整理，关于城市空间增长驱动力的研究，分为几种类型：对影响城市空间增长作用力的抽象性作用力描述、从制度和政策的层面进行城市空间增长机制的分析、通过实证的总结和验证城市空间增长中的影响因素等。从研究范围的视角，可以分为以单一或者个体城市建设用地空间扩展进行微观深入的研究，以及以区域或城市群为研究对象，考察其空间增长演变过程及其影响因素的研究。

对城市空间增长作用力的主要研究有：陈顺清（2000）提出城市扩展的向心力、离心力和摩擦力三种增长动力，认为土地价值是社会使用价值、经济价值和生态学价值的总和，以城市扩展与土地增值的经典模型入手，探讨城市增长各阶段的典型土地增值模式，提出城市增长与土地增值的理论。张庭伟（2001）将影响城市空间的社会力量分为政府力、市场力和社区力，基于三种力的相互作用，提出了城市空间结构变化动力机制的理论框架（图1.9）。利用三种力相互作用的三个模型较全面地讨论和解释了20世纪90年代中国城市空间结构的变化。黄亚平（2002）将城市空间扩展动力总结为向心力、离心力、集聚力、摩擦力，并在此基础上将西方城市空间发展概括为前城市化、城市化、郊区化、逆城市化、再城市化这五个阶段。

实证研究层面，城市空间扩展驱动力主要采用建设用地卫星遥感、航片和调查数据等方法，运

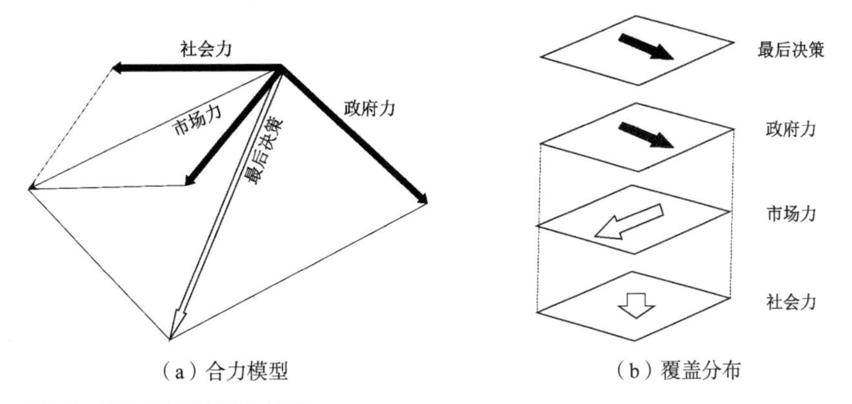

（a）合力模型　　（b）覆盖分布

图1.9　城市空间增长动力模型

资料来源：张庭伟. 1990年代中国城市空间结构的变化及其动力机制[J]. 城市规划，2001，25（7）：13.

用数理统计分析方法，研究城市建设用地与人文、地理、经济、社会、自然、生态等各类因素和因子之间的关系，以分析显著性、相关性为城市空间扩展驱动力的评判指标，以城市扩展指数来实现城市扩展强度的空间差异，以关联系数来刻画要素因子对城市空间扩展影响的程度，在此基础上确定城市空间扩展的影响机制（廖和平、彭征、洪惠坤等，2007；李波，2012）。

城市空间增长的驱动力主要关注城市人口规模、交通成本、居民收入、产业结构等要素（Deng X，et al.，2008；Yin R S，et al.，2010；洪世键、张京祥，2000；Wu K Y，et al.，2012；Zhang Q，et al.，2014；Li T，2015；Yao Y，et al.，2015；Zeng F、Wei Y，2015），也有不少学者在传统指标的基础上，加入了财政分权、制度变迁等变量进行研究（踪家峰、杨琦，2012；洪世键、曾瑜琦，2016）。

从研究方法来看，随着计量统计工具、RS（遥感）、GIS的发展和统计数据的完善，基于统计数据的计量研究方法被更广泛地运用到城市空间增长驱动力的影响因素研究，研究方法主要包括相关性分析（谈明洪、李秀彬、吕昌河，2004；郗风明等，2010）、主成分分析（王丽萍、周寅康等，2005；李治、李国平，2008）、基于面板数据的计量回归分析（魏晓龙，2007；陈春、冯长春，2010；赵可，2011；Wang Y，et al.，2014；Li H，et al.，2015）。一些学者采用RS和GIS等空间技术研究方法来分析城市空间增长驱动力（冯晓刚等，2010；李波，2012；姚玉龙等，2013）。

从研究范围来看，众多学者分别进行了单一城市和区域、城市群的城市扩展研究。对国内单一城市的城市空间增长驱动力的研究，多集中于直辖市、省会城市等大城市、特大城市的研究。研究表明，目前城市空间增长的驱动力主要集中在城市人口增长、政策制度、经济增长、产业结构变化、自然地理条件、交通条件和城市规划等方面（表1.13）。由于不同城市在城市等级、城市规模、社会经济、自然环境等因素对各个城市空间增长的影响上具有很大差异，驱动机制的作用方式和影响程度非常复杂，难以通过简单的分类进行区分（李波，2012）。同时，有学者指出，单独研究个别驱动力，难以解释它们与城市空间增长之间存在的对应关系，需要将它们视为完整的系统，运用系统论的观点和方法综合分析（摆万奇等，2001）。城市空间增长是各种驱动力以多重速度、多种模式、多种阶段最终体现在城市空间形态中，是各种驱动力在合力作用下形成的结果。

单体城市空间增长驱动力分析　　表1.13

城市	研究者	主要驱动力								
		人口增长	政策制度	经济增长	产业结构	自然条件	交通	城市规划	开发区	外资
南京	何流等（2000）		√	√				√		
贵阳	苏维词等（2000）	√	√	√		√	√		√	
长春	匡文慧等（2005）	√								
重庆	廖和平等（2007）	√	√	√	√	√	√			
西安	吴宏安等（2005）	√		√						
厦门	陈本清等（2005）						√		√	√
长沙	林目轩等（2007）	√	√	√		√	√	√		
杭州	冯科（2010）		√		√					
福州	徐涵秋（2011）	√	√	√	√	√				

资料来源：廖和平，2007；刘涛，2010；李波，2012等。

区域、城市群的研究，主要集中在长江三角洲、珠江三角洲等区域（Li Tian，2015；唐礼智，2007），也包括一些省域、直辖市域（丁菡，2006；曹银贵，2009；王丽萍，2005）和中国地级市及以上等级的城市（谈明洪、李秀彬、吕昌河，2004；高魏等，2007；魏晓龙，2007；张思彤，2010）的研究。研究成果显示，城市人口增长、社会经济发展水平提升、工业化进程、产业结构调整和地方政府政策的主导是城市空间扩展的主要驱动力，同时，新区建设、道路交通等重大基础设施建设也对城市建设用地空间扩展有一定的影响（表1.14）。

区域、城市群城市空间增长驱动力分析　　表1.14

研究地域	作者	研究指标
长江和珠江三角洲	Li Tian（2015）	GDP、人口规模、地方政府作用
辽宁中部城市群	郗凤明等（2010）	非农业人口、城市居民住房需求、经济增长、城市群中城市之间的相互利用、经济发展政策
长江和珠江三角洲	唐礼智（2007）	城市非农业人口、地区生产总值、使用外资金额、第三产业产值、财政预算指出、绿化覆盖面积
中部六省	杨璐璐（2015）	从城镇发展水平、发展效率、城乡协调三个方面，选取24个指标，构建评价指标体系
建成区面积在100平方公里以上的54个城市	魏晓龙（2007）	人口、收入、交通成本、耕地产出、产业结构、用地供水及邮电业务总量、利用外资、人均绿地、固定资产投资额等
综合实力排名前34位的大城市	张思彤（2010）	经济、就业、人力资本集聚程度、城市环境、制度及地区禀赋
中国145个地级市	谈明洪等（2004）	城市人口、经济发展、职工工资总额

续表

研究地域	作者	研究指标
中国地级城市	甘红等（2004）	城市人口、经济发展、消费水平
江苏地级市	王丽萍等（2005）	城市人口、产业结构调整、经济发展
新疆县级城市	雷军等（2005）	城市人口、政策情况、产业结构、新区建设、交通道路
浙江26个城市	丁菡（2006）	城市人口、政策情况、经济发展、地理环境
山西22个城市	安祥生（2006）	城市人口、政策情况、产业结构、经济发展、新区建设
中国地级城市	高魏等（2007）	经济发展
江苏县级城市	石诗源（2007）	城市人口、政策情况、经济发展
重庆区级城市	曹银贵等（2009）	政策情况、经济发展、地理环境
黄淮海流域地级市	李晓琴等（2010）	经济发展、地理环境与交通建设

资料来源：刘涛，2010；李波，2012，洪世健，2016等。

1.5.3 城市空间增长制度环境的研究

1．对城市空间增长制度环境的研究

胡军、孙莉（2005）分析了1949年至1998年城市管理制度的形成、变迁，将新中国城市管理制度分为六个时期，1949～1957年国民经济恢复与初步发展时期、1958～1965年冒进和调整时期、1966～1977年停滞和缓慢发展时期、1978～1984年拨乱反正与农村改革为主时期、1984～1992年以城市为重点的经济体制改革时期、1992年后全面建设社会主义市场经济时期，并总结了中国城市增长及空间结构的演变。

谭少华、黄缘罡（2014）认为，改革开放以后的快速城镇化推进阶段，我国经济增长是以城市用地规模扩张为载体得以实现的，通过对城市用地增长和GDP的变化进行比较，用城市建成区面积增速表示经济生产的空间载体变化，用GDP增速表示政策受益，总结出我国城市增长速度与政策的渐进式调整三个阶段的周期现象，三个周期分别为政策与用地增长的高度耦合期、政策与用地增长的相对偏离期和政策与用地增长愈加错位期（图1.10）。

当前城市空间增长所面临的制度环境，主要是改革开放以来，尤其是20世纪90年代国家陆续出台的一系列市场化、分权化体制转变的制度，具体涉及分权化改革、户籍管理制度、土地使用制度、住房制度、城市空间规划制度等内容[①]。

2．对城市空间增长管理的研究

中国今天所面临的因城市的无序空间增长与蔓延而引发的城市问题，与美国20世纪60年代所面临的情况有许多相同或相似之处（吕斌、张忠国，2005）。国内众多学者总结国外城市空间增长管理政策，对我国城市空间增长管理有借鉴之处。

---

① 关于分权化改革、土地使用制度、城市空间规划制度等制度变迁过程，以及对城市空间增长的影响分析，在本书“3 城市空间增长的制度环境研究”中，结合以往的研究成果和作者的观点进行详细论述。

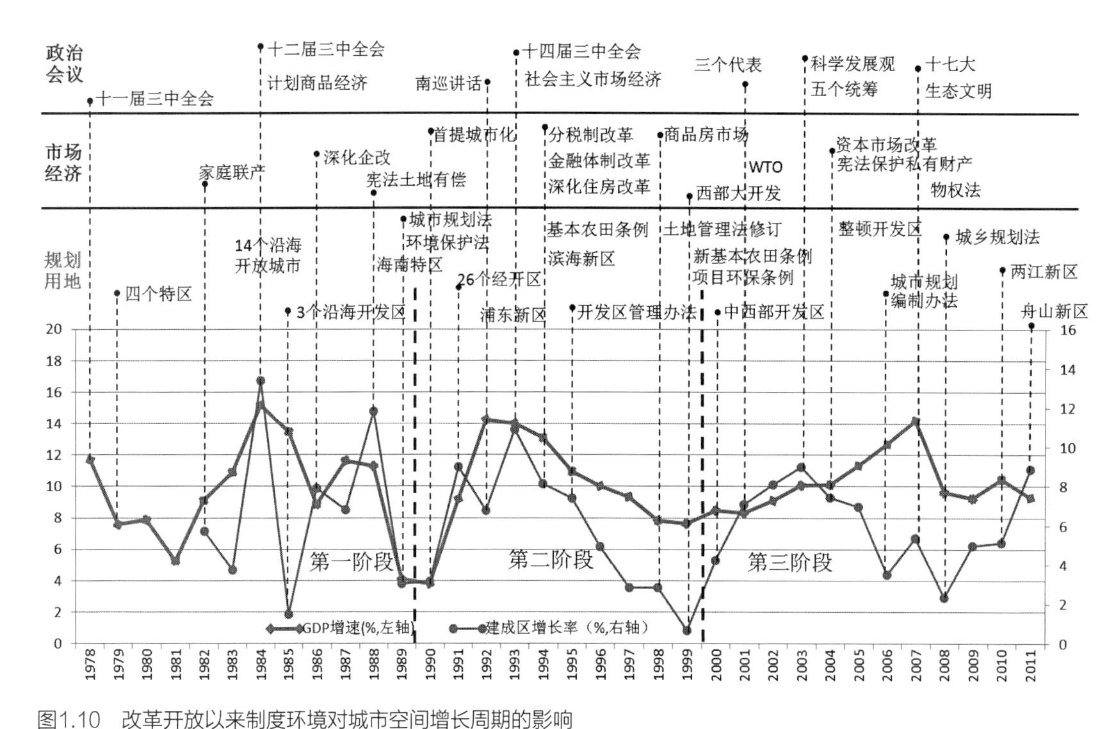

图1.10　改革开放以来制度环境对城市空间增长周期的影响

资料来源：谭少华，黄缘罡等. 我国政策过程与城市用地增长的周期关系研究[J]. 城市发展研究，2014，21（4）：25.

在城市空间增长的研究与实践中，出现了新城市主义、精明增长、城市绿带等增长方式。新城市主义是城市设计或建筑师期望借形体空间设计与市场结合而控制城市边缘的一种控制方式，提倡以公共交通为导向的开发（Transit-Oriented Development，TOD）。

美国城市在第二次世界大战结束后，由于需求与消费的集中式增长，同时汽车产业的发展带来了出行的便利，人们购置住宅的选择范围越来越大，因此，大量大规模郊区低密度住宅区、大型商业区和工业园区的修建使得城市空间发展突破原有边界，城市空间迅速蔓延。但是在这一时期，增长被认为是正面的、积极的经济现象。

这种无限制增长导致耕地的锐减、对资源和能源的依赖、对环境资源的破坏等负面影响逐渐暴露出来。一些学者、机构和政府部门开始质疑、检讨美国的城市增长；并于20世纪50年代末期，提出了城市增长管理思想（Urban Growth Management，UGM）。城市空间增长管理的基本内容是对城市空间增长机理的解释和应对城市空间增长中出现的和潜在的问题，“是政府运用各种传统与演进的技术、工具、计划及活动，对地方的土地使用模式，包括发展的方式、区位、速度和性质等进行有目的的引导”（美国城市土地协会，1975）。后期环保主义者、城市规划与社会活动家期望通过政策引导与市场协调的方式控制城市边缘，提出精明增长理论。精明增长理论通过开敞空间保护、增长边界、公共交通、区域规划协调等控制工具，控制城市空间增长的具体内容。

国内外学者围绕“精明增长”理念，展开了关于空间形态整合、城市可持续发展、政府财政与基础设施建设、宜居性与生活质量等多方面的探讨（表1.15）。

对于“精明增长”思想在中国的适用性，存在争议。一方面，持支持态度的学者居多。马强、徐循初（2004）认为，中国存在城市蔓延趋势，“精明增长”是在“区域生态公平”的背景下，提

对不同领域“精明增长”的文献梳理　表1.15

	空间形态整合	城市可持续发展	政府财政与基建	宜居性与生活质量
作者	SGO；Down；Hare；Litman	Bruce；Portney；Barrett；诸大建；刘东华	Glendening；Nelson；梁鹤年	Kahn；Bozeat；O'Neill
关注领域	城市空间增长	城市环境资源保护	城市经济良性运行	城市及人类发展
核心目标	紧凑型城市，提高土地使用效率	经济增长与环境优良、社会公平协调	解决财政困难，促进旧城活力	提高城市生活质量
实施手段	适当高密度开发；土地多功能组合	设置成长边界、减少资源消耗；加强绿地、农田、敏感区保护	减少新建基础设施	高可达性；公交导向发展
针对问题	低密度蔓延	绿色空间建设环境恶化，资源匮乏	政府财政浪费	生活品质下降

资料来源：刘克华．基于精明增长的城市用地扩展调控研究[D]．南京：南京大学，2011：10.

倡“科学与公平”的城市发展观，是整合了城市发展的用地模式、空间结构和交通体系的综合考虑。刘志玲、李江风、龚建（2006）提出，我国城市有自身的发展特点，城市的发展应结合自身的发展特点，借鉴精明增长的原则，具有针对性地从对城市内涵的挖掘、强化城市土地集约利用和建立城市边缘地带土地的总体规划、强化规划管理工作等方面将交通系统和土地利用有机结合起来规划，并实行公众参与机制等。付海英（2007）认为，我国应借鉴美国城市精明增长的理念来做土地利用总体规划，并提出精明增长的四个主要措施，即划定城市增长区、断面规划、填充式开发与再开发、开发权转移。易华、褚大建（2006）认为由于中国城市正面临资源短缺的困境，提出城市发展模式要从传统的线性增长转变为可持续发展，即以精明增长为目标。雒占福（2009）、刘克华（2011）、刘冬华（2007）、程茂吉（2012）以精明增长理念为指导，对兰州、泉州、上海、南京的城市空间增长、评价、管控等问题展开了实证分析。另一方面，一些学者认为在落后的城市经济、急剧的需求膨胀以及全球资本与生产分工转移导致外资企业对城市用地和空间需求的急剧扩大等因素影响下，“西方国家采用的‘紧凑发展’‘精明增长’‘增长管理’等理念，在发展中国家目前遵循的发展道路上，还缺乏基本的运用空间”（张京祥、程大林，2003）。

另一被广泛应用的增长控制工具是城市绿带（Urban Green Belts）。为抑制城市无限增长，并为城市提供绿色空间，在大城市外围设立绿带的做法，一直在城市规划控制中被广泛采用。绿带的建设以伦敦、东京、首尔最具代表性。三座城市的环城绿带，由于其规划设计、实施政策、配套规划手段等方面的不同，实施效果存在较大差异。伦敦绿带所提供的功能越来越丰富和完善，至今仍在发挥作用；东京绿带仅保留了一些公园绿地和小规模都市农业用地，其余基本被建设用地取代，成为城市功能区的一部分；首尔绿带设立较晚，随着城市增长压力的提高，绿带内的用地管制逐渐放松，少量绿地改为城市建设用地（文萍、吕斌等，2015）。

3．典型国家城市空间增长管理制度综述

由于各个国家依据自身不同的意识形态、政治体制和治理方式，城市空间增长管理制度设计有不同的管理模式、控制手段、规划层级和法规体系（表1.16）。实行联邦制的国家中，如德国、加拿大和英国（准联邦制），侧重于政府层面的调控；管理体制中政府力控制较强的国家，如日本和

新加坡，城市空间增长管理的制度设计偏重政府主导；市场经济发达的国家中，如美国，其制度建设偏重于市场主导。

典型发达国家城市空间增长管理制度简表　　表1.16

<table>
<tr><th rowspan="2">国家</th><th rowspan="2">管理模式</th><th rowspan="2">控制手段</th><th rowspan="2">空间规划层级</th><th colspan="2">空间规划体系</th><th rowspan="2">法律体系</th><th rowspan="2">规划衔接</th></tr>
<tr><th>土地规划</th><th>城乡规划</th></tr>
<tr><td rowspan="3">英格兰</td><td rowspan="3">政府调控</td><td rowspan="3">土规合一</td><td rowspan="3">1类3级</td><td colspan="2">土地规划政策框架NPPF（国家级规划）</td><td rowspan="3">《（上地）利用分类令》《总开发令》《城乡规划法》</td><td rowspan="3">法定刚性</td></tr>
<tr><td colspan="2">地方发展规划LDP（地方规划）</td></tr>
<tr><td colspan="2">邻里发展规划NDP（社区及规划）</td></tr>
<tr><td rowspan="4">德国</td><td rowspan="4">政府调控</td><td rowspan="4">土规分离</td><td rowspan="4">2类4级</td><td colspan="2">联邦发展规划</td><td rowspan="4">《联邦空间规划法》《联邦建筑法》《州国土空间规划法》《州建设条例》</td><td rowspan="4">法定刚性</td></tr>
<tr><td colspan="2">州城发展规划</td></tr>
<tr><td colspan="2">区域发展规划</td></tr>
<tr><td>地方土地利用规划</td><td>地方建设规划</td></tr>
<tr><td rowspan="5">美国</td><td rowspan="5">市场主导</td><td rowspan="5">土规合一</td><td rowspan="5">1类5级</td><td colspan="2">区域综合规划</td><td rowspan="5">各州立法</td><td rowspan="5">法定刚性：《冲突协调》</td></tr>
<tr><td colspan="2">州综合规划</td></tr>
<tr><td colspan="2">城市综合规划</td></tr>
<tr><td colspan="2">城市区划</td></tr>
<tr><td colspan="2">土地利用规划、城市设计等</td></tr>
<tr><td rowspan="4">加拿大</td><td rowspan="4">政府调控</td><td rowspan="4">土规合一</td><td rowspan="4">1类4级</td><td colspan="2">省级规划</td><td rowspan="4">市政府法案《规划法》《冲突协调》</td><td rowspan="4">法定刚性</td></tr>
<tr><td colspan="2">城市总体规划</td></tr>
<tr><td colspan="2">区划</td></tr>
<tr><td colspan="2">分块开发规划</td></tr>
<tr><td rowspan="3">日本</td><td rowspan="3">政府主导</td><td rowspan="3">土规合一</td><td rowspan="3">1类3级</td><td colspan="2">国土综合开发规划</td><td rowspan="3">《建筑标准法》</td><td rowspan="3">法定刚性</td></tr>
<tr><td colspan="2">国土利用规划</td></tr>
<tr><td colspan="2">土地利用基本规划</td></tr>
<tr><td rowspan="2">新加坡</td><td rowspan="2">政府主导</td><td rowspan="2">土规合一</td><td rowspan="2">1类2级</td><td colspan="2">概念规划</td><td rowspan="2">《1990规划法》</td><td rowspan="2">法定刚性</td></tr>
<tr><td colspan="2">开发指导规划</td></tr>
</table>

资料来源：罗超，王国恩．孙靓雯．我国城市空间增长现状剖析及制度反思[J]．城市规划学刊，2015（6）：50.

1.5.4　城市空间增长的建设主体行为研究

城市空间是城市内部、外部各种力量、各种相关建设主体在城市建设活动中行为选择及其相互作用的物质结果，在计划经济条件下，政府作为单一的城市建设主体，负责城市建设的计划、实施、建设全过程；在市场经济条件下，没有哪个单一的建设主体可以完全决定城市空间的建设结果。宁越敏、张兵（1988）通过研究指出城市发展（城市化发展）的内部三大动力来自于政府、城市居民和城市经济组织。类似的研究，大多采取相同的分类方式，将影响城市空间增长的行为主体划分为政府、城市经济组织（如企业）和居民三大类。

对政府、企业、居民三种城市建设主体的研究中，政府的作用是研究的重点。研究认为政府主导是我国城市空间增长的一个主要特点，政府在城镇空间建设的过程中居于领导和支配地位（谷荣，2006；刘雨平，2012，等）。

但在不同的分析视角中，对这些行为主体所发挥的作用认识是不同的。钟秀明、武雪萍（2006）认为政府在城镇化的过程中负责城市化道路的方针的设定、城市发展规划的制定、城市基础设施的完善、引导人口合理流动、强化农业基础地位等。宁越敏（2008，2012）认为应该区分中央政府和地方政府在城市发展中的作用，从中央和地方政府两个层次讨论了政府对城市化的影响。陈波翀、郝寿义、杨兴宪（2004）等认为政府和市场的共同作用促进了城市化的进一步发展。陈明森、李金顺（2004）认为我国的城市化受政府行政推力的影响，因而具有浓重的政治色彩。

也有学者从产权关系、治理方式、地方政府企业化等角度展开建设主体行为的研究。江泓（2015）将城市空间形态定义为一组空间产权关系的集合，指出其演变过程是由一系列的空间交易行为构成，受到交易成本和初始产权配置的影响，并梳理了空间形态演化的成本构成。赵燕菁（2008）基于制度经济学的分析，通过税收制度等内容分析地方政府的行为，以揭示地方建设政策施行的内在动力。张京祥、殷洁、罗小龙（2006）总结了在地方政府主导下的城市空间发展、演替的特征。

从企业、居民行为的角度探讨城市空间增长影响的文献较少。张新生、王宝山（1998）指出城市空间增长的主要部分是居住空间的增长，并基于GIS系统建立城市居住的增长空间动态模拟系统。宁越敏（2014）以城市居民的空间行为及其行为空间为核心内容，从日常活动、工作活动与通勤出行、购物活动与购物通行等角度分析城市居民空间行为的时空特征与居民决策，从居民行为空间的角度折射我国城市空间。胡浩、温长生（2004）分析南宁市房地产业发展特点和城市空间的历史演变，运用城市空间发展理论和产业经济学的方法，探讨房地产业对城市空间扩展的影响。

综上所述，近年来研究学者从政治、经济、社会等多角度、多视角对我国城市建设主体行为的研究较为丰富。但在城市空间研究领域，建设主体行为对城市空间作用研究相对缺乏；同时对于政府行为的分析较为丰富，对于企业居民的行为分析较少。

1.6 本书的主要研究内容和逻辑关系构成

面对中国快速城市化过程中的城市空间增长现象，综合运用经济学、人居环境学、城市规划学等相关学科的研究方法，建立“制度—行为—效率—管控”的分析框架，从空间增长的制度背景、建设主体的行为特征与影响、城市空间增长效率的角度讨论城市空间增长的问题，对城市空间增长管控策略提出建议。

本书的具体研究内容：

第一，为现阶段城市空间快速增长研究建立研究框架。本研究面向中国现阶段城市空间快速增长现象，采用新古典经济学、新制度经济学等经济学理论与分析方法，建立“制度环境与主体行为”视角的城市空间增长研究框架。

第二，纵向上，分析转型期中国城市空间增长制度背景。中国城市经济、政治、社会制度的变迁，是中国城市空间增长的制度背景，对中国城市空间增长方式和增长过程起着根本的决定作用。本书从制度角度对政府治理的行政区划制度、城市土地使用制度、城市空间规划制度等，分析了城市空间增长现象的深层次原因，分析了中国城市建设主体行为特征对城市空间增长的影响，分析了在现有制度约束下，各建设主体的价值取向、行为特征与对城市空间增长的影响。现有政府治理结构、城市土地所有制和城市空间规划制度前提下，土地是城市发展的平台，是城市政府的最大资产。作为城市建设主体的中央政府、地方政府、企业和民众围绕基于土地使用与空间资源配置相关问题展开了空间利益的博弈。基于制度环境和建设主体行为特征的分析，本书提出基于“制度—行为”视角的城市空间增长机制，并提出地方政府主导、企业主导和居民主导的几种城市空间增长模式。

第三，横向上，以重庆市为案例，探讨“制度环境与主体行为”机制在城市空间增长中的作用过程，分析了重庆城市空间在制度环境变迁和主体行为影响下市域城镇体系布局与主城区城市空间增长演变特征，建立城市空间增长配置效应评价方法，展开重庆市2000～2013年城市空间增长效应评价的实证研究，并提出重庆城市空间增长管控相关建议。

以上研究内容，按照提出问题、分析问题和解决问题（建议）的逻辑思路，总结研究的总体框架如下（图1.11）。

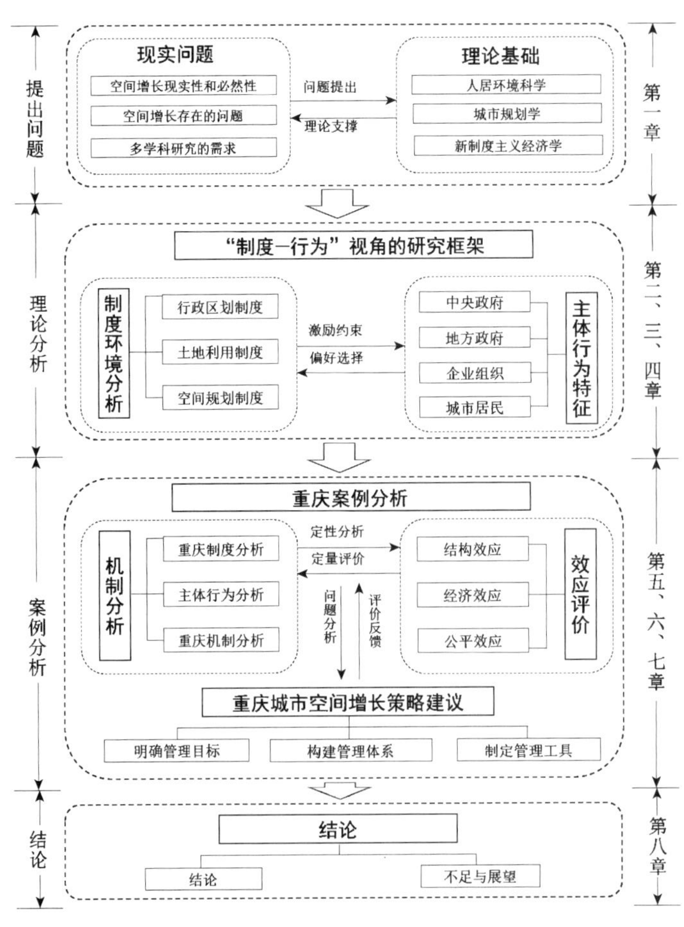

图1.11　本书技术路线图和总体框架

2

“制度与行为”视角的城市空间增长研究框架

城市空间的研究，核心问题是作为人类生存、活动资源的土地和空间的资源配置问题。如何选择配置方式，如何在区域和城市之间、城市内部各部门之间对城市建设用地与空间利用进行高效资源配置，是经济发展和社会进步的基础。

经济学的研究核心是稀缺资源的“资源配置”。相对其他学科而言，经济学对于稀缺资源配置有着更加久远的研究传统、更加全面的研究视角和更加丰富的研究方法。如何理解经济学理论对于城市空间的研究方法并将其运用于城市空间资源配置，以及城市空间规划中去，是本书首要解决的问题。

本章首先分析城市空间的经济学属性，回顾经济学对于城市空间研究的理论基础，分析空间资源配置的市场与政府调控方式，并在以新制度经济学关于制度与行为作用及其相互关系分析的基础上，构建本书的研究框架。

2.1 城市空间配置研究的理论基础

2.1.1 城市空间与其经济属性

经济学与地理学、建筑学、规划学等各学科对于空间的定义各有不同。地理学认为，空间是指地球表面地理事物所占有的空间，具体来说，就是地表之上，大气层之下无边际、闭合的球形，是由物质和非物质事物所共同组成的一个空间系统。地理学的空间概念偏重于自然环境的特征，研究重点为社会经济活动和人文聚落的空间分布。

建筑学研究的核心是空间问题，我国建筑学界的研究主要是将城市空间限定在城市的物质实体内，研究的重点是物质空间环境及其空间布局。随着建筑学科在广义建筑学、城市设计等思想和学科发展新阶段的影响下，建筑学对空间的研究逐渐从建筑内部空间向建筑外部的城市空间扩展。

在城市规划领域，城市空间是由城市用地、建筑物、区位等诸多要素构成的自然、人工和历史的综合体。城市规划中的“空间”更加强调空间建设要素的落实，包含城市空间的区位划分、功能定位、建设强度、形态设计等内容。城市规划中的空间一般是在国民经济发展计划的指导下进行的一系列战略定位、布局规划设计等内容。我国的城市规划脱胎于建筑学，因此，建筑学的空间观念对城市规划领域影响较深（赵万民，2015）。在城市规划领域的研究中，曾经一度偏重于空间的物质属性，而忽略空间的社会属性，即使涉及空间的社会性方面，也偏重于从环境行为的角度来认识空间的“场所感”（段进，2005；何子张，2006）。

经济学最初是从地理区位的角度来考察空间的，即把空间理解为一种区位结构关系，1950年法国经济学家佩鲁提出“经济空间”的概念，即经济空间是“存在于经济元素之间的结构关系”。他认为，经济学家应把空间看成是一种“抽象关系的结构”，而不应在通常的、仅仅是指地表地理区位这种含义上来考察空间。

以上各学科对于空间定义，同时延伸至对城市空间的概念中，各学科对于城市空间也有着不同的研究重点。因此，首先在本书定义的语境下，分析城市空间的属性。城市空间，作为城市经济活动和人居环境的主要载体，除了具有物质性、公共性、社会性等属性之外，同时具有资源、资产、外部性和公共性等经济属性。

本书所论述的城市空间，包含传统城市规划和建筑学意义上的城市物质空间，同时更加强调空间的经济属性、行为意义和社会过程，提出转型期城市空间配置是在制度环境影响下，影响城市空间发展的各类行动主体在各自地位、价值取向、相互关系基础上行为选择的过程。

1．城市空间作为资源的稀缺属性

城市空间是一个以城市土地利用为基础，伴随着城市的起源和发展而不断变动的一个动态概念，城市空间的核心功能是作为人类高密度经济活动的载体，随着人口增加、城市化水平日益提高，经济活动和社会分工越来越复杂，以土地为代表的自然资源的稀缺性特征越来越突出。

对于城市空间的使用者，空间的竞争表现为对具体区域位置空间的占用，以及对空间使用性质、建设方式、建设强度的界定。由于空间的占用具有排他性，空间秩序安排的优劣，直接影响生产效率、使用效率和居住适宜度。因此，区位选择对于城市活动至关重要，空间竞争的核心是一种区位竞争。

由于决定城市空间的土地具有位置固定性、面积有限性、质量差别性等自然特性和报酬递减规律，因此，城市空间供应对应于需求在总量和结构上是稀缺的。

2．城市空间预期增值的资产属性

城市空间的价值体现在社会、经济、生态、文化等方面的综合价值，而城市空间的市场经济价值体现在作为一种商品或资本的价值，具有资产价值的经济属性。所谓资产，一般而言是指可作为生产要素投入到生产经营过程中，并能带来经济利益的资源。城市空间，作为资产的特征，其增值是通过土地和房产增值来实现的。

城市空间建设的一系列行为对于空间市场价值的影响显而易见，如城市规划中用地性质、容积率、建筑密度改变带来的开发价值、地块内部及周边基础设施的改善、相邻地块的开发、使用者投入增值和公共投入增值而产生的地价溢出效应等，均会造成城市空间的市场价值提升。

城市空间的市场价值通过房地产财富的增值体现出来，众多关于房地产财富效应的研究成果表明，从人类的发展来统计，由于货币超发和人类财富总量增加因素，房地产所代表的财富效应显著存在，并随时间逐渐增长。我国自1998年取消福利分房制度以来，随着城市化快速的进程，城市房地产发展进入了高速发展阶段，房地产价格上涨引起社会财富存量的迅速增加。因此，由于城市空间具有预期增值的资产属性，围绕城市空间的投资和建设需求迅速提升，城市空间整体体现出快速增值的特征。

3．城市空间的外部性特征

所谓外部性是指在从事经济活动中的社会成员、组织或者个人不完全承担成本与后果，即行为举动与其后果不需要一致性。

空间是各种经济行为主体和经济活动的载体，其独占性和不可重叠性注定了外部影响的存在，是空间外部性的根源。“空间外部性”的存在与特征是空间外部性分析的基础（高进田，2007）。

不同经济空间的交易频率和交易效率的下降、不同经济空间的交易环境差异等现象，使得交易活动中需要付出额外的费用，构成了空间成本。

聚集和辐射是空间外部性的具体表现。聚集是经济空间场对外部的一种吸引力，可以将相应的外部资源纳入其中，从而增强经济空间场的吸引力，同时对外部经济空间产生影响。辐射是一个相对较强场力的经济空间场对周边的经济空间发生影响力的作用。

2.1.2 城市空间配置问题的经济学研究传统

经济学是从时间、空间和部门三维角度，讨论人类经济活动一般规律的科学。将空间与经济学相结合的研究是经济学发展的重要领域之一，这种研究可以理解为从空间研究的视角来研究人类经济活动的相关规律的发展，反之也可以理解为在经济学的基础上对人类经济活动在空间上的规律进行研究。保罗·克鲁格曼曾经说过，空间是经济学研究“最后的堡垒”。在诸多的社会科学学科中，经济学勉强能够挤入科学之亚流，算是个例外（赫伯特·西蒙，2009）。在解决城市建设问题时，经济学仍旧面临着逻辑分析科学性的缺憾，但经济学的漫长的研究传统和强大的分析能力为解释城市空间发展提供了强有力的分析工具。

在主流经济学理论研究中，分析的前提往往是对现实空间进行简化和抽象，其假设的经济环境是一个抽象的、匀质的、超越经济制度的环境，具有高度的非现实性，从单纯的技术层次上和数量结构上对诸如经济关系和经济制度等经济活动的各方面进行分析（萨缪尔森，1996）。但事实上，市场通常是“不完全”的。因此，经济学家往往将一般均衡作为一种参照，通过“放松假定”，来研究各种不完全因素在现实经济过程中的作用和效果，从而形成有关“新制度经济学”“公共选择学派”和“空间经济学”等方面的经济理论。

在经济学科发展的过程中，现代经济学对空间的关注主要针对经济空间。这种关注虽然也有了较长时期，但始终没有纳入主流经济学的研究领域之中。这是因为，在空间维度上分析资源配置问题时，由于空间自身的复杂性，空间要素引入到经济学分析框架中有着特殊的困难。

经济学关于空间组织的研究最早可以追溯到19世纪初期形成的古典区位理论，以冯·杜能的农业区位论和韦伯的工业区位论为代表，开始关注经济活动的空间分布和空间联系，以成本收益分析为基本方法，以运输费用最小化为主要依据来研究经济活动的最佳布局问题。20世纪初期的近代区位理论，以克里斯泰勒和廖什的中心地理论为代表，他们是将利益最大化作为考虑的目标，同时兼顾了运费和成本的产生，高度关注了市场区域的划分和网络结构的形成。

第一次试图将空间组织问题全面带入主流经济学研究领域之中的是美国区域经济学家埃萨德，他在20世纪50年代集中了一批拥有不同学科背景的学者，共同进行区域经济综合开发方法的研究，试图创立区位与空间经济学（Isard，1956）。以阿隆索、穆斯和米尔斯为代表的新城市经济学派，把空间组织分析纳入主流经济学方面，做出了第二次积极努力。但“由于空间经济学的某些特征，使得它从本质上就成为主流经济学家掌握的那种建模技术无法处理的领域”，这些努力都没有达到将空间组织分析带入主流经济学的目标（高进田，2007）。

2.2 经济学理论对于空间配置研究的理论基础

2.2.1 经济学理论对空间配置研究的理论基础

回顾经济理论发展历史，经济学对于空间的研究历程经历了经典区位理论、新古典经济学和公共经济学、空间经济学、新马克思主义政治经济学、新制度经济学的时期（图2.1）。

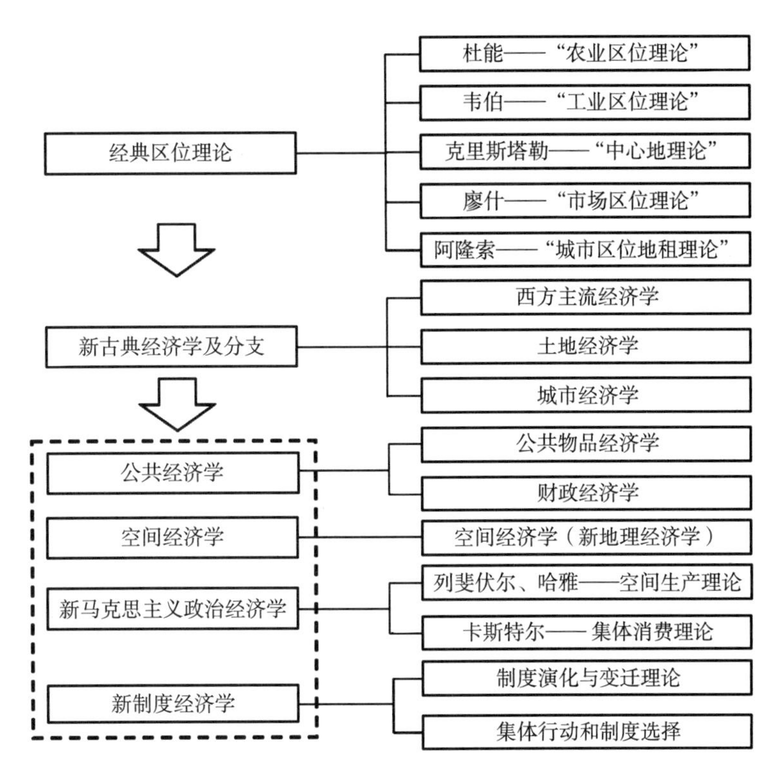

图2.1 经济学对于空间问题研究的传统

1. 经典区位理论对城市空间研究的传统

经济学对空间问题的研究最早可以追溯到19世纪初期形成的古典区位理论。区位论的根本宗旨是从微观经济学的角度揭示人类社会经济活动的空间法则（陈斐，2008）。农业区位论、工业区位论、中心地理论、市场区位论等所寻求的目标虽不相同，但它们都是假设一个一个“均质区”，运用区域基础状况的假设——几何图解及简单的公式数学推导——模型归纳——模型检验的静态方法，其假设前提、研究方法、表达形式都很类似。由于区位论基本上忽视了规模经济递增问题，随着现代区域经济学的发展，区位论受到了严峻挑战。

最早涉及城市空间经济问题的是对城市土地经济和土地区位的研究[①]。20世纪20年代起，随

① 早期对于土地问题的关注，主要集中于农业用地的研究。如农业地租理论（大卫·李嘉图）、级差地租理论（冯·杜能）。因此，阿隆索评价说：“早期的经济学对城市土地几乎没有形成什么见解”。

着城市规划的发展，美国涌现出大量土地经济学研究，以罗伯特·黑格（Robert M. Haig）、霍利（Hawley）、帕克（Park）和伯吉斯（Burgess）为代表，侧重于城市土地经济，探讨城市发展中的用地内部结构和用地布局，其成果广泛地影响了城市规划、城市地理学等学科的发展。他们试图解释城市土地的使用和地理位置的决定因素，但还未深入系统地研究与经济学有广泛联系的其他城市问题。

2. 新古典经济学

新古典经济学派，即建立在一系列假说和市场竞争均衡基础上的主流经济学，研究人类如何有效配置资源，以期实现经济增长。新古典主义学派，把"生产"和"再生产"以及"供给"和"需求"作为资源配置的核心，而资源配置的基本手段则为市场机制。

新古典经济学信奉的是以一般均衡思想为核心的秩序观，只研究既定制度之内的资源配置问题（盛洪，2002）。经济学中对城市土地利用的基础理论起始于对农业用地的研究，并伴随着经济学自身的发展而发展，主要经历了古典经济学、新古典经济学、土地经济学到城市经济学几个阶段，在这一发展轨迹中，城市土地逐渐取代农业用地成为研究重点，区位理论在其中的地位不断融合和强化。

新古典经济学研究认为最为有效的资源配置方式是市场机制，在研究学者看来市场竞争可以促使社会资源达到合理配置。虽然西方国家所信奉的完全竞争理论在一段时间内延续了繁荣的发展态势，但是1929年的经济大萧条给新古典经济学敲响了警钟。此后，以凯恩斯为代表的经济学家对这个完全竞争模型提出了质疑，质疑的重点在于新古典经济学的理论前提存在不切实际的方面，主要表现在：①其理论假设与现实不符：②完全竞争模型有显著的封闭性和机械性；③模型所阐述的帕累托最优没有现实存在性。凯恩斯理论认为资源要达到有效且最优的配置不仅需要市场竞争，国家干预必须也要参与进去，凯恩斯理论是对新古典经济学有关市场配置资源理论的一次重大修正或革命。

新古典经济学派在效率理论方面的主要贡献是提出了均衡效率的思想。由此延伸而来的成果，通过土地供求均衡的价格形成机制，为土地的合理地租提供了价格依据，土地供求关系在城市功能演进的过程中不断发生着变化，因此会不断出现新的土地需求形态，同时土地供给方也会不断改变供给目标和取向。

新古典经济学擅长揭示经济活动的内在机制，但由于新古典经济学的基础是一些有关理性和信息的严格假设，作为约束条件的假设与复杂多变的现实之间的矛盾，使得分析结果的可信度和实用性大大降低。同时，由于新古典经济学理论在方法论上固有的局限，无法完成从古典和新古典理论的演绎方法转向经验、历史和制度方法，缺乏对于现实空间现象的解释能力。因此，新古典经济理论只能在高度抽象的意义上用来分析资源配置问题（埃里克·弗鲁博顿、鲁道夫·瑞切特等，2007）。

3. 公共经济学理论

由于城市空间具有显著的公共性，因此，公共经济学的相关理论是城市空间资源配置的重要支撑。公共经济学（Public Economics）是伴随政府经济活动的迅速扩展，以及宏观经济学、福利经济学的不断发展而兴起的，以政府经济行为的效率与公平为研究对象的经济学学科，其研究重点是探讨公共部门的最优活动范围与最适组织方式，预测公共部门活动的全部结果，评价各种公共政策（阿兰·奥尔巴克等，2005）。

从现代经济学来看，公共物品这个概念是相对私人物品来说的。萨缪尔森认为，公共物品不只为一个人提供，它的成本为零，他人如果消费了该物品，其他人也可以同等地消费该物品。同时公共物品有两个特征，即非竞争性和非排他性，其特点在于这些物品的供应量一般会少于社会的需求量。虽然人人受益，但没有人愿意为此付账。由于公共物品存在严重的“搭便车”现象，同时价格机制对产品的供需无法产生调节作用，因此，市场无法有效地供给这种产品。公共物品和外部性都是市场失灵的例子（罗杰·E. 巴克豪斯，2007）。提供该物品的人只能是政府或者其他非营利性机构，所以它们作为生产和生活的必需品是不可以缺少的。

还有一种特性介于公共物品和私人物品之间的物品，同时具有非竞争性和排他性，其追加的消费者的交易费用很低，这种物品被称为俱乐部物品或排他性公共物品（表2.1）。比如小区的会所和公共绿地，可以通过某些排他措施成为仅为居民使用的物品。有些物品具有非排他性，但当它达到某一使用水平以后具有竞争性，这种公共物品被称为拥挤性公共物品。针对拥挤性公共物品而言，需要关注其拥挤点，容纳或供应一个追加的消费者的边际成本大于零的点称为拥挤点。城市公共空间属于典型的拥挤性公共物品，如公园、广场、街道、桥梁等。任何人都可以使用公园，但是一个人使用后，就会减少另一个人可以利用的空间。这两种介于私人物品和公共物品之间的物品，称作混合物品。许多城市空间就是混合物品，比如某些建筑的入口广场、中庭，也许在产权上私有，但它却对社会大众开放，为其分享。

公共物品的类型　　表2.1

	排他性	非排他性
竞争性	私人物品（Private Goods）如住宅	拥挤性公共物品（Congestible Goods）如街道、广场、公园等公共空间
非竞争性	排他性公共物品俱乐部物品（Club Goods）如小区绿地、会所	公共物品（Public Goods）如空气、水、阳光

资料来源：方福前. 公共选择理论——政治的经济学[M]. 北京：中国人民大学出版社，2000：33.

4. 空间经济学理论

20世纪60年代以来，新古典经济学在针对城市空间布局和空间结构研究时，由于研究方法的局限性，在解释现实经济发展时遇到了极大困难，新古典经济学对空间研究的研究地位受到了越来越多的挑战，一些经济学家开始将研究重点转移到与经济学有密切联系的空间经济学、政治经济学和新制度经济学方向上来，希望在此领域对城市空间的研究有更大的收获（安虎森，2006）。

20世纪90年代以来，以克鲁格曼、藤田昌久、维纳布尔斯等学者为代表，将空间组织问题全面带入主流经济学的殿堂，开创了新经济地理学派，也称之为空间经济学派。

空间经济学中，空间与模型的结合点主要体现在运输成本率的设定上（安虎森，2006）。空间经济学以报酬递增和不完全竞争模型为基础，以空间经济活动的集聚作为核心研究问题，构建区域模型、城市体系模型和国际发展模型，清晰地阐明运输成本、报酬递增和关联效应等对空间集聚的重要作用。空间经济学派以现代经济理论模型为工具，建立了稳固的微观基础，其在解释空间组织问题方面取得了丰硕的研究成果，并为当今空间组织经济学分析提供了最重要的理论研究视角。

但是，空间经济学对于城市空间的研究同样存在缺陷。空间经济学在研究过程中严重依赖数学模型，由于受到主流经济分析模型化要求的约束，空间组织相关问题中还有许多重要方面没有得到有效的分析。同时，由于对于研究对象过分抽象化，空间经济学认为空间是区位、区域和场所代表某种要素的集聚点，而将制度、社会、文化、历史等重要因素排除在模型之外，很少或没有找出一个实际的区域规模（郭利平、沈玉芳，2003）。在此基础上，空间经济学的研究缺乏实证分析，仅仅是抽象、简化的数学建模，这些建模和复杂的现实相去甚远，在空间集聚福利和政策含义方面没有进行太多的研究，也就没有形成一系列有益的空间经济政策建议。

5. 新马克思主义城市经济

新马克思主义是一种以补充和发展马克思主义为目的而出现的学术思潮。新马克思主义城市学派是20世纪60年代新马克思主义崛起以后的一支重要的分支，它反映了马克思主义的兴起及其在城市研究领域的突破。新马克思主义和城市科学两个“本不相干”的研究，都在20世纪60～70年代有了很大发展，两者的结合产生了新马克思主义城市学（高鉴国，2006）。

新马克思主义城市学者中最有代表性的三位是亨利·列斐伏尔、纽曼尔·卡斯特尔、大卫·哈维。他们最早在城市学领域开展系统性的马克思主义分析，对马克思主义城市研究做出了开拓性的贡献，同时极大地拓展了其他学者对城市空间政治经济问题诸多具体因素的研究视角。

亨利·列斐伏尔城市理论研究的要点主要围绕“空间的生产”展开，他认为资本主义是通过空间关系不断生产和再生产重新获得新的生存空间（杨宇振，2009）。卡斯特尔反复强调城市规划产生于资本主义制度的一个主要矛盾，即劳动力和生产手段的私人控制与生产力和生产手段再生产的集体性之间的矛盾（高鉴国，2006）。卡斯特尔对城市空间生产的重要理论贡献主要是关于“集体消费”的论述，对于认知地方政府、资本与城市空间生产有重要价值。大卫·哈维城市理论的主要内容在于说明资本主义城市化的主要动因是资本积累，是资本家受利益驱使的产物，构成了资本主义再生产的基本条件。城市建筑环境在资本积累中具有两重性。资本向城市建筑环境的流动既是解决危机的一种手段，但反过来又引起进一步的危机。大卫·哈维在其《资本的城市化》一书中，阐释了“资本积累的法则”，他通过资本的“三级循环”描绘出生产过程中资本流动的规律（杨宇振，2009）（图2.2）。

总体而言，新马克思主义学者主要围绕经济利益和阶级关系在城市经济活动中的作用进行理论研究。强调资本积累和阶级斗争以及国家干预在城市形成和城市活动中的重要作用。新马克思主义经济较之原马克思主义基本理论，更加具体、丰富、多元。新马克思主义经济学围绕资本利润的一系列经济活动，来解释城市化进程，其中特别强调了金融资本、房地产公司及跨国企业在城市发展中的突出作用。同时指出，资本主义的生存在很大程度上依赖于城市空间生产，资本主义在空间发展中创造的经济和文化成果可以说明它的再生产能力。

国内学者，在新马克思主义城市理论的基础上，展开了对中国城镇化、空间发展的讨论。杨宇振（2016）从权力、空间和资本三个不同的维度对中国社会与城市化进行研究，认为“当下某一空间的状态越来越受制于空间之间的联系，不再是内生性的发展。无论哪一种层级尺度的空间（个

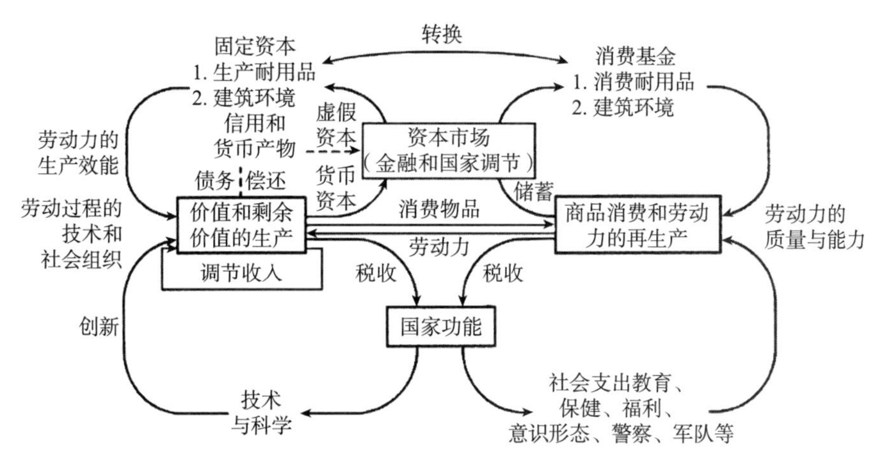

图2.2　资本三回路之间的结构关系

资料来源：杨宇振. 权力，资本与空间：中国城市化1908—2008年——写在《城镇乡地方自治章程》颁布百年[J]. 城市规划学刊，2009（1）：67.

人、家庭、机构、城市、区域、国家和地区等），已然不能再是内生性的、地域性的发展，而关联到全球的经济、政治和文化的互动之中……全球资本、信息、知识、技术、劳动力以及商品等关联性的强化，改变着空间的属性”，并提出“在全世界农业人口基数最为庞大以及小农生产及其历史文化最为悠久的国家，到底中国的城市能够在多大程度上有效吸纳农村人口？或者说中国的城市能够以什么样的方式扩展到什么样的一个程度？这是一个引起众多争论和有待进一步深入研究的重要课题”。

由于现代社会科学注重研究方法，新马克思主义理论受到较多批评的也是其方法问题。马克思主义研究如果没有理论范式和研究方法的支持，便不可能在社会科学领域占据一席之地（高鉴国，2006）。同时，由于宏观理论与微观世界存在一定差别，宏观理论能够解释趋势，而不能解释许多具体事物，因此，用新马克思主义城市理论直接指导微观现实世界的建设活动，具有相当的困难。

6. 新制度经济学理论

20世纪60年代，以科斯为代表的新制度经济学修正了新古典“经济人”行为假设，放弃了市场完全竞争的基本假设，引入了“交易成本”为基本分析工具，把市场视为制度的集合，把制度变量引入新古典的理论分析框架。新制度经济学研究的中心问题仍然是如何有效配置稀缺资源以提高经济效率。新制度经济学推翻了古典经济学暗含的“市场交易成本为零”的理论基石。其主要观点是：市场制度的运转并非“自由商品”，市场存在交易成本，新制度经济学运用交易成本理论重构了资源配置理论，对新古典经济学市场配置资源理论进行拓展和修正。

如前文所述，由于新古典经济学模型将制度、社会、历史等要素排除在外，从研究方法上缺乏对现实城市空间发展与布局的有效解释；以新马克思主义为代表的政治经济学虽然考虑了政治、社会、制度等因素，但缺乏有效的理论范式和研究方法的支撑。而新制度经济学侧重社会行为研究，与法学、政治学、社会学、人类学、历史学、组织科学、管理学和道德哲学都有重要联系（柯武刚、史漫飞，2000）。新制度经济学运用新古典主义经济学方法来进行制度研究（盛洪，2002），提出了一套可以对“制度”进行规范分析的理论，其分析方法以解释、综合、逻辑分析见长，兼具政治、经济与社会分析，其理论成果尤其对转型国家的社会、经济发展有着良好的解释力。因此，越来越多的学者开始转向新制度经济学研究，利用新制度经济学和新制度主义的方法研究城市问题。

新制度主义经济学有别于近代旧制度经济学的地方在于：并非仅以资本主义制度为研究对象从而更具一般性；不仅不反对新古典理论，而且主张利用新古典经济学理论去分析制度的构成和运行，并探讨其在经济体系运行中的地位和作用。当然，新制度经济学也修正和发展了新古典经济学：一是强调人的有限理性和机会主义行为倾向，而并非新古典经济学所假设的总是追求效用最大化的完全理性的人；二是引入交易费用和产权作为其基本分析工具。因此新制度经济学是真实世界的经济学（陈鹏，2009）。

新制度经济学家对制度进行研究不仅为经济学开拓了新的领域，而且使政治学者对制度的认识有了一个新的角度，启发了新制度主义政治学的研究（杨龙，2005）。新制度经济学基于产权关系的研究，提出了产权的利益集团理论，将产权理论、国家理论和人类经济活动结合起来，使之内生化，为进一步研究新制度经济学中的国家、政府的含义、运行奠定了基础[①]。

在新制度经济学与城市规划的关系上，赵燕菁（2005）谈到，由于长期以来“制度”一直是一个无法进行规范分析的学术范畴，因此，在城市规划中许多规划都是建立在制度为零的假设上，因为制度是与规划无关的变量。在现实中，理想的城市会受到一系列制度因素的扭曲。制度经济学的发展，所创造出的关于制度的规范分析的方法，可以成为理解城市规划与建设中制度因素的有用工具。借鉴制度经济学的成果，建立城市建设与城市规划规划的制度分析框架，是一个对规划理论发展具有重要意义的学术方向（吴远翔，2009）。

2.2.2 城市空间资源配置方式的选择：市场、政府与规划调控

“经济学研究社会如何使用稀缺资源来生产有价值的商品，并把它们在不同的人之间进行分配”，经济学是研究如何进行选择的思考方式（保罗·萨缪尔森、威廉·诺德豪斯，2007；张维迎，2012），如何理解社会经济运行，如何配置社会稀缺资源是经济学的永恒主题和核心论题。

在资源分配中，首先，由于人类的需求是无止境的，而资源是有限的，选择生产什么，如何生产和为谁生产的问题，关键在于资源供给的稀缺性；其次，由于资源具有可替代性，既定的资源配置的选择往往具有多种途径，不同的配置方式会产生不同的经济效率和效果。因此，资源配置方式的选择是否合理，直接关系到资源利用效率的高低，从而影响经济社会发展（艾建国，2001）。

从经济学诞生之初至今，主张“自由市场”与主张“国家干预”两大思潮之间的分歧与论战就未曾间断。经济学理论发展的主线始终是紧密围绕着市场的“手”还是政府的“手”这个既古老却永新的主题持续展开的，所不同的是，随着时间的推移，双方各自的学派更加繁杂，争论的范围与内容更加泛化，两种思潮此消彼长，兴衰交替的周期及转换更加频繁（郑秉文，2001）。

---

① 参见思拉恩·埃格特森（2004）第十章“新制度经济学中的国家”，载于他的著作《经济行为与制度》，商务印书馆出版，2004年。

1．资源的市场配置机制

资源的市场配置方式是以市场经济的运行为基础，市场对资源分配和组合起主要调节作用的配置方式。所谓市场经济，就是以市场经济运行为核心，且具有完整的市场体系及市场机制的经济形式。市场作为商品、劳务与要素交换关系的总和，是人们理性选择的结果。经济运行的过程本质上就是资源的配置与再配置过程。市场机制调节经济运行过程，也就是决定资源的配置与再配置，在市场经济运行过程中，寻求着各经济主体的效用最大化（周叔莲、郭克莎，1993）。按照主流经济学的假定条件和基本理论，市场机制可以实现资源的最优配置，市场均衡是资源配置的最佳状态。

市场机制具体包括供求、价格和竞争三种机制，这些市场机制是相互联系、相互作用的。如图2.3所示，市场机制通过市场价格信号的变动对资源进行配置与再配置；供求机制通过供求关系及其作用决定价格；价格机制的变动启动了竞争机制，竞争关系的展开形成了资源配置过程，并反过来调节供求关系。

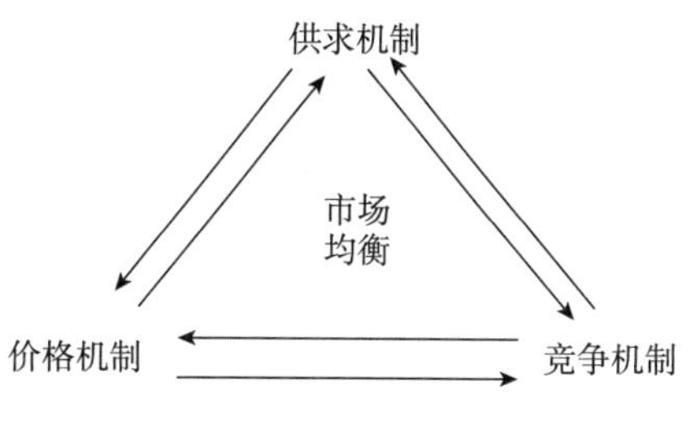

图2.3　市场机制作用方式示意图

供求机制构成了市场的物质内容，而市场参与者间的行为选择构成了市场供求关系的本质。市场供求机制集中体现了供给者与需求者的市场选择行为。当市场参与者对市场品供给与需求选择程度不一致时，市场中总供给与总需求的数量出现了失衡，市场也总是在供求多数失衡状态中获得前行，并达到新的均衡状态。

价格机制是市场的核心机制，市场参与者一般把价格作为衡量市场品的价值标准，同时根据市场品的价格选择自己参与市场的程度，增加或减少供给，或者增加或减少需求。

竞争机制是市场得以不断发展的内在动力。市场竞争机制的本质是商品供给者或者需求者基于自身利益进行的选择与策略博弈，是市场参与者追求自身经济利益或效用最大化而做出的行为选择。

市场参与者的行为选择通过供求机制、价格机制和竞争机制发生作用，推动了市场的发展。在现实市场机制作用过程中，供求机制与价格机制相互影响，价格机制决定竞争者的参与程度，而供求机制又受竞争机制制约，三者相互依存（田志刚，2009）。

供求机制、价格机制与竞争机制的联动效应增强，进一步提高了市场配置资源的能力。但市场机制并不是万能的，西方历史上发生的几次深刻的经济危机事件说明了市场经济的不足。市场经济的不足主要体现在，在一些公共领域公共物品供给的不足，以及对于国家宏观资源配置能力的认识不足，同时在竞争的一定阶段，受到垄断组织的挑战。

2．资源的计划配置机制

资源计划配置的理论基础是马克思主义经济学。马克思主义经济学发展出独特的“社会配置资源方式”，是由于马克思主义经济学重点就放在社会经济的关系和制度上。研究了资本主义的资源配置方式，改正其自身局限性后，得出了资源的计划配置方式，即只依靠市场价格和供求变动去进行资源配置，这样不但使这个社会资源配置处于盲目、自发的状态，社会生产者、社会各部门随意无比例的实现资源配置，而且还会造成社会资源的巨大损失和浪费。因此，马克思、恩格斯表明，在未来的社会中，我们只有实行计划调节即有意识地调节，才能使资源更合理更有效的配置，才不会造成资本主义生产的无政府状态和周期性经济危机的资源浪费。

世界上第一个社会主义国家苏联即是以马克思关于资源的“社会计划”配置的思想为依据，建立了计划经济模式。随后，计划经济模式在各社会主义国家得到普遍推行，所以传统计划经济曾一度被认为是社会主义经济的基本模式。

传统计划经济为基础的计划配置资源的方式，运用指令性计划体系决定资源的分配与组合。其基本特征是：否定商品经济的存在，否定市场机制的作用，计划作为经济运行的核心。由于计划经济的实质是指令性计划经济，因而它也被称为命令经济。人们所认识的计划经济，其实质在于以政府机构和行政命令来执行计划的经济（李明月，2003）。

在计划经济条件下，资源的配置和再配置主要通过政府行政指令进行贯彻实施。主要包括：①按行政级别规定各企业和产业部门的生产内容；②依据社会经济发展计划分配相应的资源（资金、劳动力、城市土地、物资等）到各企业和产业部门；③统一规定投入品和产出品的价格。指令性计划体系通过行政机构的层层设置，以及行政指令的逐级下达而得到执行（李明月，2003）。指令性计划决定着社会资源在企业间和产业间的分配和组合，并决定着资源配置的格局。在这种经济体制中，国家是超级大企业，企业只是一个个生产车间，实际的生产经营者并不是生产资料的所有者，也不能决定资源的投向，资源配置实际上是政府机构主导进行的。由于没有价格信号和竞争过程的机制，没有引导资源有效配置和再配置的内在机制，资源按照计划指令进行流动，资源流动有可能会流向生产率较低的企业和部门，也不能反映出产品的稀缺程度。因此，计划配置资源的结果难以带来经济增长有效性的上升，甚至常常导致经济效率和质量的下降。厉以宁先生曾经指出，近代历史上出现的计划经济都是短缺经济。

西方世界也曾流行国家干预宏观经济发展的经济配置方式，即凯恩斯主义。20世纪初，经济的周期性波动伴随着失业等不良经济现象时有发生，经济学家们逐渐看到，在现实世界中，市场机制并非万无一失，他们开始对古典经济学自由市场学说提出质疑、抨击。1936年，凯恩斯发表的《就业、利息与货币通论》这一反新古典主义理论的自由主义传统，提出了一套政府干预、抑制危机、稳定经济的政策主张。这被视为对传统“古典经济学自由市场体制论”的一次重大突破，凯恩斯主义理论为国家干预经济的合理性提供了一整套经济学的证明，从此以后，以维持充分就业水平为目标的宏观管理就开始成为西方国家的常规政策。在第二次世界大战以后至20世纪70年代的20多年间，凯恩斯主义长期在西方居于统治地位，“凯恩斯时代”由此正式开始，凯恩斯本人成为“战后繁荣之父”；国家干预宏观经济效率的思想开始占据统治地位。

在1953年至1978年间，我国计划经济模式基本沿袭苏联的模式，一切社会资源的配置都采用严格的计划方式，包括土地资源。由于计划配置资源方式使得生产严重脱离实际需求，资源配置效率低下，社会主义国家先后对计划经济模式进行了改革。改革的基本趋势是降低指令性计划，增加市场调节的比重。但这种改革并没有改变计划经济的基本性质和特点，始终无法扭转经济效率低下和产业结构失衡的局面（李明月，2007）。

改革开放以后，我国执政理念中认为，计划与市场只是资源配置的一种方式，并不能代表政权性质，从此我国开始了社会主义市场经济体制改革。

3. 中国社会经济领域面临资源分配的制度转型

通过计划配置理论与市场配置理论两种资源配置方式各自的过程和特点，可以看出：计划配置资源方式与市场配置资源方式的性质迥然不同，两者各有优缺点。计划配置资源主要表现为由主观因素或者说外力作用决定的人为配置过程；而市场配置资源的方式主要表现为由客观因素或者说内在机制决定的自然配置过程是市场配置资源的主要表现。

其中，市场配置资源方式的优点主要体现在，由于竞争机制的作用，经济活力较强，生产者可以根据价格信号自发调节生产和满足供求关系，价格机制、供求机制和竞争机制共同作用，使得经济效率高，配置效率能够不断上升。市场资源配置方式存在的主要缺陷有：市场经济存在经济波动较大，经济总体运行状态不稳定、不能保证资源和收入平等分配等问题；在效率和公平中，往往以牺牲一定的公平为代价达到高效的资源配置方式等。

计划配置资源方式的优点主要体现在，由于经济资源配置中的价格、数量是由政府机构全面控制，因而整体经济运行趋于平稳，没有大起大落；同时，在资源分配过程中由于采取了避免两极分化的目标，因而往往能够取得较好的社会公平。但计划配置资源也有其明显的缺点：在计划资源配置方式下，劳动者的积极性不高、配置效率较为低下，经济发展较为缓慢；另由于计划决策者无法获得有关社会需要的全部信息，经济产出很难满足社会各个维度不断变化的需求。从人类发展历史来看，纯粹的“计划”和“市场”的资源配置方式都存在内在的缺陷，因此，市场配置方式和计划配置方式共同作用于社会总资源配置体系，才能满足社会经济发展的需要。

政府和市场两者共同组成了社会总资源配置体系。社会的不断发展通过社会收益和私人受益两部分，以及市场在供求、竞争关系中相互推动不断发展。在整个过程中，市场在效率方面具有比较优势，所以在资源配置的过程中发挥基础性作用。政府的理想状态是通过指导变革不断适应市场经济有效运行的需要，同时将社会公平、公正、人道等人类社会治理的基本价值准则集结于一体，实现其在整个社会发展过程中的自身价值。“市场”与“政府”作为资源配置的主体，成为资源配置过程中的决定性因素。随着社会的不断发展与进步，尽管市场与政府的内涵都在不断地发生着变化，但市场、政府及两者共同发挥作用的资源配置体系，一直是现代社会永恒的研究主题（田志刚，2009）。

一般而言，体制转型指从计划经济体制向市场经济体制的转型。从世界范围的转型案例来看，按其过程的激烈程度分为激进式转型和渐进式转型。激进式转型典型的代表是俄罗斯和东欧的“休克疗法”式的改革，其特点是从根本上直接改革体制，短期内会造成社会经济紊乱、不安和波动。而渐进式转型通常通过对原有体制进行部分的、分阶段的、渐进式的改革，循序渐进地实现改革的目标。渐进式转型一般采取先经济、后社会、再政治的改革路径，在改革过程中尽力保持经济与社会的相对平稳，典型的代表是我国改革开放的“摸着石头过河”式的渐进式的改革过程。

中国目前的转型时期，资源配置尤其是土地资源仍主要由政府主导，国家（通过地方政府）对于土地资源的配置以及土地利用方式具有强烈的干预动机及干预机制，重点表现在干预土地资源的定价、指标的分配、土地开发的计划等。

4. 在空间配置中城市规划是两种资源配置的补充

在空间资源配置中，计划配置的政府失灵和市场配置中的市场失灵，需要城市规划作为空间资源配置的有效补充（图2.4）。

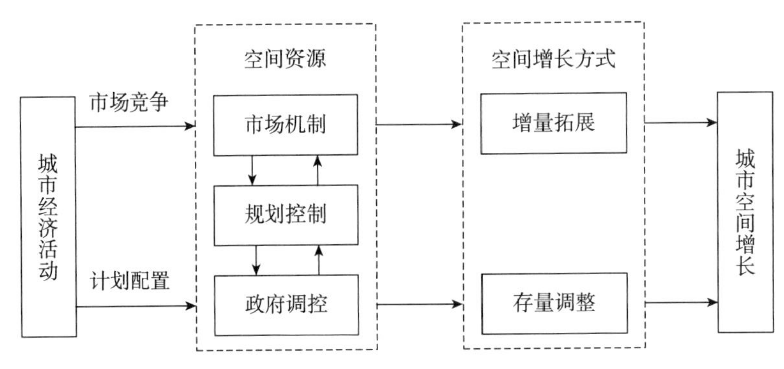

图2.4 城市规划对空间资源配置的协调作用

西方学者的研究是市场经济体制下的城市规划，规划作用的发挥主要是平衡市场、政府和社会之间的关系。首先，城市规划要为经济发展服务，但城市规划本身并不具备直接的经济发展功能，因此，城市规划并不能替代市场的功能。其次，城市规划是政府调控城市发展的工具，通过诸如土地分配、项目资金的支持、规划信息的提供等，即对城市空间开发中各个主体的行为进行利益引导和调节，以达成城市发展的目标。再者，城市规划是以社会理性为依据，在城市空间开发过程中采取一系列行动和措施限制市场理性的无限膨胀，维护社会公共利益，提供公共物品和公共服务。因此，城市规划已经超越了为城市建设进行土地利用布局之类的技术服务功能，更是政府实施城市公共政策或城市发展计划的手段，也是调控各个主体之间空间利益冲突的工具（表2.2）。

城市规划在空间资源配置中的作用 表2.2

研究者	主要观点
（美）约翰·弗里德曼	认为西方国家市场经济条件下城市规划的作用有：①指导经济稳定成长，为经济发展服务；②提供各种公共服务，满足社会需求，如公共住宅、教育、医疗卫生等；③投资私人无意投资的领域，如公交、公路、城市土地开发整理等；④保护业主的利益和地方经济利益，防止市场力过于膨胀，如制订用地规划、区划法等；⑤调节收入分配，为市场受害者提供补贴，减少两极分化等；⑥协调区域发展，如流域开发等；⑦保护社会利益，制约市场理性等内容
（美）理查德·克罗斯特曼（Richard E. Klosterman）	认为城市规划有四个方面的作用：①提升公共利益或集体利益，提供完全竞争市场所不能提供的公共物品，如健康和愉悦的环境；②提高公共部门和私人决策的信息质量，为他们的长远决策提供充分的信息；③处理个人和群体行为的外部效应，因为市场并不能使生产和消费的社会收益与成本反映市场价格；④关注公共和私人行为的分配效应，提高社会的可接受程度
（英）希利（P. Healey）	认为规划实际上是一种政策导引，是政策制定和实施过程中的工具，其作用有：①土地分配，在有竞争的地方最为典型；②协调和发展大型开发项目；③吸引资源以进行投资环境的建设与改造；④组织土地使用变化和开发的资金；⑤保护有价值的环境特征；⑥控制对战略至关重要的环境的小规模变化
（英）英国环境部	认为规划的作用有五个方面：①实现国家政策；②为中央和地方政府的官员提供有关发展控制的导引；③帮助协调各类开发，无论是私人的，还是公共的；④考虑财产所有者估价规划政策对他们利益的影响；⑤告知公众规划政策

资料来源：根据Review（1985）、Healey（1986）、孙施文（1997）等整理绘制。

在我国，改革开放初期，城市发展面临的主要矛盾是资本短缺，因此整个城市发展政策体系和制度设计向资本方倾斜，目标是尽可能多地引进资金和项目，扩大城市发展规模。在城市发展初期，空间资源是软约束条件，有多少项目就提供多少地，为了吸引投资甚至以修改城市规划、降低土地准入门槛、减免土地出让金为优惠条件。但是在新的发展背景下，空间资源成为硬约束条件。空间资源约束不仅表现为量的约束，更表现为优质空间资源的短缺。宏观层次上，我国适宜生产和生活的国土区域集中于沿海平原地区；中观层次上，大中城市则是空间区位条件比较优越的地区；微观层次上，各个城市适宜生产和生活的空间也是有限的。在空间资源成为硬约束条件后，各种利益主体对空间资源的争夺就变得非常激烈，使过去隐藏的、内在的矛盾得以凸显和爆发出来，并集中演化为空间上激烈的利益冲突。

在新的发展背景下，空间资源已经成为国家和城市发展的战略和稀缺资源，而城市规划作为空间资源配置的重要手段在整个国家的发展战略中占据越来越重要的地位。城市规划的一个重要功能就是通过调整空间发展战略，调整城市空间结构，调整空间利益矛盾和冲突，从而使有限的空间资源得到高效和公平的配置。

1）空间是城市规划调控的直接作用对象

城市规划的作用是城市空间资源的合理配置。城市规划对于空间资源的配置作用宏观层面通过城镇体系规划与城市总体规划来实现，微观层面通过详细规划与建设项目管理来实现；同时，城市规划对城市公共物品的供给可以实现调控功能，提供公共物品是城市政府的重要职能，城市公共物品保障了城市的基本运作和良好运行。

2）空间配置是城市规划调控作用的本质

城市规划作用的本质是空间资源分配，是调节空间利益的手段。由于历史原因，在对城市规划作用的认识上，曾将其作为技术工具来看待。以往城市规划在对土地使用进行组织和安排时，侧重于按照土地使用的自然特征，如坡度、地质状况、植被状况、日照等来评定土地是否适合建设。城市规划将城市空间看成了均质的实体，这就忽视了在空间利益多元化的背景下，城市空间开发的实质就变成社会利益关系强制变迁的过程。但考虑到所处这个城市空间中的空间所有者、使用者均有不同的利益诉求和价值取向，这些诉求和取向就成为空间开发的重要制约因素。在这个过程中社会利益关系会不断地变化调整，这势必会导致某些利益主体的增加或者减少，此时城市规划应维护主体利益之间的关系均衡，以此发挥利益调控机制。我国城市规划不仅仅提供空间资源分配和空间塑造的技术服务，更重要的是要发挥其空间利益调控功能，要体现和实现这种功能，城市规划就必须从技术工具向作为政府公共管理工具进行转变。

3）城市空间规划调节是实现社会公平的重要政治手段

城市空间规划是城市资源配置的一种制度和体系设计。从经济学角度看，这种制度安排由于具备行政权力和授权，能够体现占统治地位的利益集团的价值导向，对于弥补市场失灵的情况以及市场机制的缺陷是非常必要的和有效的。

古典经济学讨论的核心问题是在完全竞争条件下的自由市场经济中，个体经济人的运行效率最大化问题：福利经济学则更加关注社会整体的公平，即实现每个社会成员的效率最优配置（帕累托最优）的条件。公平问题显然已经超出了经济范畴，而是社会福利如何均衡分配的方式选择问题，这种选择，往往上升为政治决策。城市规划作为实现社会福利（公平）的政治手段，其作用已经超越了技术属性。比如留出足够的公共绿地供社会大众来分享，设定各类设施的千人指标为公众提供必要的服务等。城市规划干预城市经济的必要性不仅在于保证社会公平或福利，而且，已经证明适当的干预可以提高效益。城市是高密度的人类聚居场所，人与人、用地与用地之间的关系很密切且相互影响很大，既有正面的影响（比如轨道交通建设对沿线地块的增值作用），也有负面的影响（比如垃圾转运站对周边地块的抑价作用）。

一般而言，如果外部影响给他人带来福利增加而无须其支付费用，则可称之为正外部性或外部效益，反之，如果给他人带来福利损失却并未就此做出补偿，则可称之为负外部性或外部成本。城市规划可以从客观上提高城市建设的总体效益，比如城市规划制定了一系列的制度，如颁发规划许可证等，这些制度可以对城市空间增长过程中的负向外部性增长进行克服或是防止，同时可以促进和提高正向的外部性增长。另外，城市规划管理机构基于社会公平的管理理念，使得其可以弥补市场失灵的部分。完全竞争的自由市场经济要求信息对消费者和生产经营者是对称的、完整的、透明的，而在真实的社会中，尤其是城市建设领域，却很难做到这一点。相比较而言，城市规划更具备这样的条件，成为决策趋于理性和有效的基本条件之一。

2.3 “制度与行为”视角的城市空间增长研究框架

在新制度经济学视野下，现象与问题的产生有其深层的制度根源，制度的实施效果又有赖于执行主体的行为。基于对“制度与行为”的内涵以及两者之间相互关系的理解，对我国城市空间增长的制度、主体行为特征、城市空间增长配置效应、城市空间增长管控等问题进行分析，提出本书的研究框架。

2.3.1 制度的内涵、功能、体系

1. 制度的含义

按照新制度经济学派的解释，“制度”是涉及社会、政治及经济的一系列“行为规则”（西奥多·W. 舒尔茨，2016）；是“一系列被制定出来的规则、服从程序和道德伦理的行为规范，旨在约束追求主体福利或效用最大化利益的个人行为”，制度“提供了人类相互影响的框架，建立了构成一个社会，或更确切地说一种经济秩序的合作与竞争关系”。制度作为社会中的每个人所必须遵循的行为规则，它是人类为对付不确定性或增加个人效用的一种有效手段（林毅夫，1994）。可以说，制度是行为规范和社会关系的总和，是在社会分工与经济协作过程中人们经过无数选择、博弈而达成的一系列契约的总和。在人类社会中，为了实现社会的合作共赢，任何个人、任何组织都必须生存在特定的制度网络和契约关系中，受其束缚，受其制约。

2. 制度体系的构成

制度是社会有效运转的一系列的约束条件，它界定了人与人之间所能够选择的最大范围和人与人之间的游戏规则，它在一定程度上界定了人们可能选择的集合，不同的制度界定的规则的集合构成一定的制度结构，在一定意义上制度构成一个社会整体的社会结构。制度可分为正式的规则和非正式的规则，还可以分为外在制度和内在制度，社会的各种制度之间通常相互作用、相互影响和相互依赖，构成一个有机的整体。制度作为约束人的行为规则的总和，集合起来构成了社会制度体系或制度结构（图2.5）。

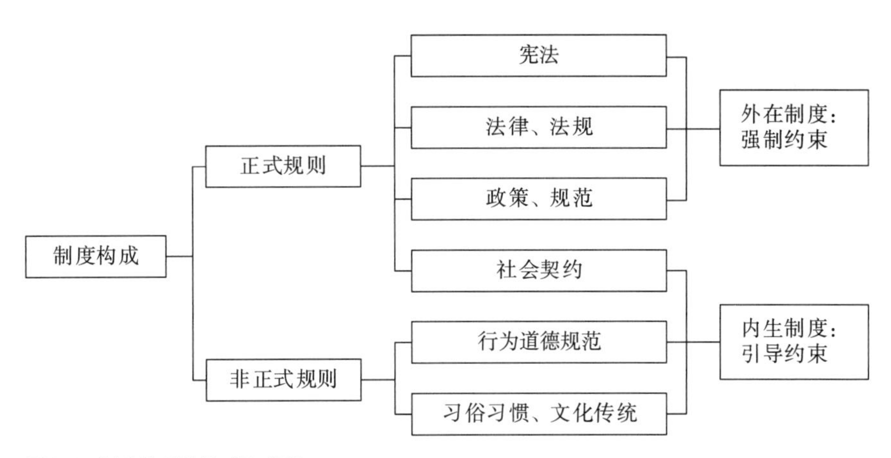

图2.5　制度体系的构成和分类

注：1. 制度的正式性和非正式性的区分与实施惩罚的方式有关，即惩罚究竟是自发地发生还是有组织地发生；2. 内在制度和外在制度的区分与制度的起源有关，内在制度是从人类经验中演化出来的，外在制度是被自上而下地强加和执行的。

从社会整体结构出发，制度可以横向划分为政治制度、经济制度和社会意识形态，纵向划分是制度结构及制度规则的层次性框架。按照制度对社会生活规范的约束程度不同，将制度分为正式的和非正式的制度规则，其中正式规则主要指宪法、法律、法规、政策、规范、社会契约、法庭裁判、仲裁等。非正式规则主要指行为道德规范、习俗习惯、文化传统等。

制度体系一般包含制度环境、制度结构和制度实施机制。制度环境是一种基础性的制度安排，它由一些基本制度构成，这些基本制度决定了当今社会经济活动的基本框架。

制度结构是社会在一定时期内各类及各层次制度的构成和制度之间的相互关系的综合，但是由于制定制度结构的出发点不同，对制度结构的解读也会多样化。制度结构决定或直接影响制度安排，制度安排决定或直接影响制度绩效（杨光斌，2005）。制度的实施机制是指“社会组织或机构对违反制度（规则）的人做出相应惩罚，从而使这些约束或激励得以实施的条件和手段的总称”（樊纲，1996）。

从对城市空间的影响来看，宪法、法律、法规、政策、规范等外在制度，其执行时通过自上而下强制执行，对城市发展的影响属于强制性约束。社会契约、行为道德规范、习俗习惯、文化传统等内生制度是从人类活动经验中演化出来的行为规范，相对强制性的外在制度，其行为主体可选择性空间较大，约束力较弱，为了区分强制性约束制度，本书将这种制度称为引导性约束制度。但约束性制度对城市空间建设的作用，尤其在城市空间建设的微观层面和面临不同价值观选择时，影响作用非常具体且显著。

3．制度的功能

制度是特殊的公共品，因为制度是无形且排他性的。由于制度在执行实施的时候会遇到各类问题，因此需要依靠必要的奖惩机制保障制度的落实。因此，制度的功能主要包括为经济活动提供服务、提供激励机制、约束机会主义行为、为合作创造条件、降低交易成本、外部利益内部化等（图2.6）。

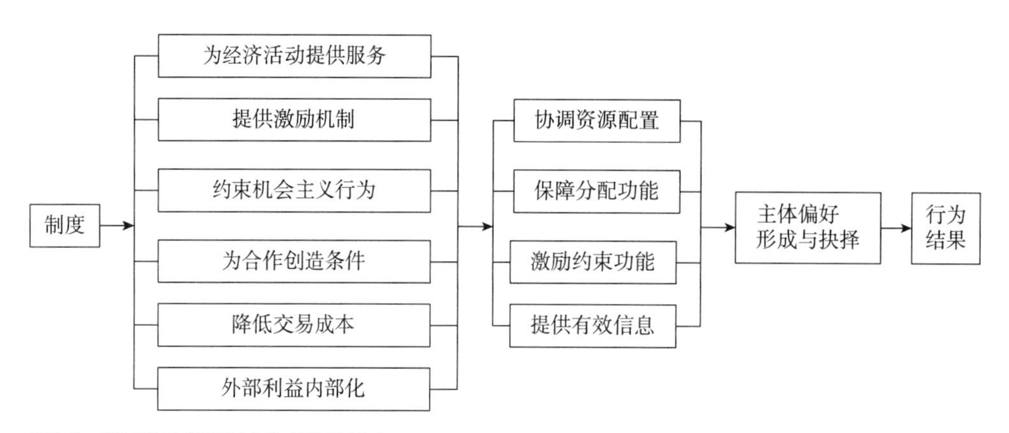

图2.6　制度的功能及对主体行为的影响

资料来源：卢现祥，朱巧玲．新制度经济学[M]．北京：北京大学出版社，2012：72．有调整。

政府制定制度的目的是公平和效率。所谓公平，就是要实现各部门、各区域的均衡发展；效率，是在资源供给既定的前提下，实现资源利用效率的最大化。政府通过改变制度安排，调整生产要素的供给特征和要素配置效率，从而干预、影响城市经济活动。

从城市空间资源配置的角度，理想的制度环境和制度安排的基础是对城市空间所有权和开发权的限定，在此基础上能够为空间资源分配提供有效的激励和约束机制，同时对于机会主义行为和短期行为有明确的约束功能，从而达到保障和协调空间资源配置的目的。

2.3.2　制度与行为的相互关系及行为的秩序观

“一切社会科学的理论化，暗含地或明确地，都建立在人类行为概念的基础上”（道格拉斯·C. 诺斯，2008）。经济学主要研究个体选择，如何理解和看待主体行为是经济学研究体系的逻辑起点，也是经济学研究人类行为的出发点。

制度与经济活动运行之间的关系非常复杂。制度并不直接作用于经济发展，而只直接作用于人的行为，经济活动又是人类行为选择的结果。因此，在研究制度作用于经济活动的影响之前，必须首先研究制度与人类行为的关系。

1．制度与行为的相互关系

制度与人的行为和行为选择、行为动机有着内在的联系。任何制度执行，都是人的行为选择的结果。作为个人或组织的理性决策者，在决策过程中，总会选择他认为是最好的选择。每个决策者都面临制度环境的约束，同时有自己的选择动机，由此而产生不同的选择范围，并承担各自的机会成本。因此，约束条件，尤其是制度环境构成的约束条件，是行为主体理性决策的基本条件。

人类一切社会经济活动都离不开制度的约束和激励，如果缺少了制度的约束，那么人人追求效用最大化，其结果必然导致社会经济生活的混乱或整体低效。制度作为一种行为规则，是人的观念的体现，更是在既定利益格局下的公共选择，基本的制度框架约束着人们的行为选择。

制度通过塑造个人选择和行为来影响政治、经济以及其他社会活动：制度界定了参与政治、经济、社会的行为主体，通过影响行为主体的偏好来塑造其行动策略，通过激励与约束主体行为的选择影响政治、经济、社会活动的最终结果（李强，2008）。

制度的实际效用，取决于行为主体及行动者的理念和行动方式。从博弈论的视角可以更好地疏理制度、行为之间的内在关系：制度约束决定了各利益主体行为的边界，利益主体行为在制度约束下选择占优策略，最大化自己效用，博弈结果形成的均衡即“博弈的解”，就是制度的表现（马小刚，2009）。“制度—行为—绩效”博弈过程及其变迁的原理如图2.7所示。

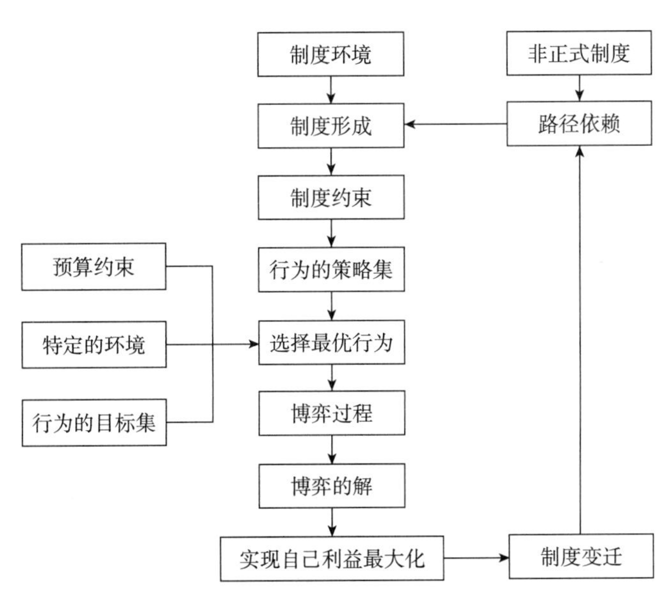

图2.7 “制度—行为—绩效”博弈过程及其变迁的原理

资料来源：马小刚．房地产开发土地供给制度分析[D]．重庆：重庆大学，2009：28.

2．人类行为的两种秩序与社会观比较

人类的行为，可以用两种方式来规范，规范的结果产生两种不同的行为秩序方式。一种规范方式直接凭借外部权威，它靠指示和指令来计划和建立秩序以实现一个共同目标，并构成组织秩序，或者称为计划秩序；另一种规范方式间接地以自发自愿的方式进行，因各种行为主体都服从

共同承认的制度，形成自发秩序，或称为非计划秩序（柯武刚、史漫飞，2000）。自发的有序化在自然界中较多，大量的有序化活动是由一个机构的有形之手来完成的。哈耶克强调，自发的行为秩序及规则秩序与计划好的行为秩序及规则秩序之间存在显著的差异（图2.8）。

从行为的秩序中可以看出，一方面，行为是由设计和指令的有形之手在强制性约束下的行为，另一方面是在制度允许、支持的范围之内，行为主体自愿的自发性行为。两种秩序的行为特征同资源分配的计划方式和市场方式相对应，表现出对资源配置方式驱动力的差别。同时在两种秩序的不同引导方式下，人类行为的秩序所表现出的价值观念有着显著的区别（表2.3）。

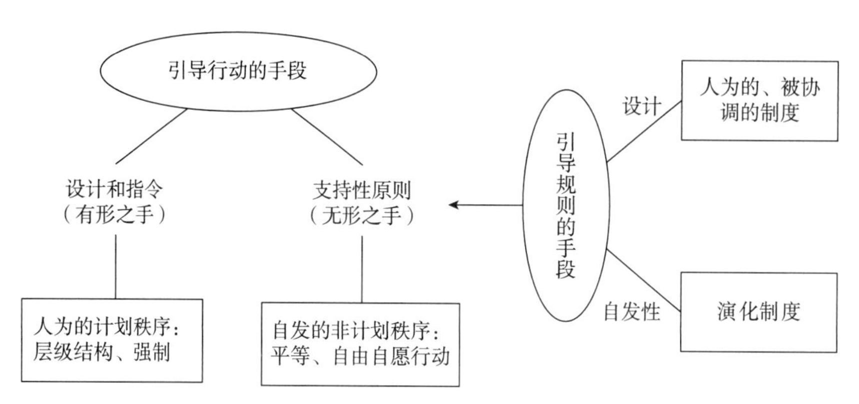

图2.8　行为的秩序和规则的秩序

资料来源：（德）柯武刚，史漫飞. 制度经济学：社会秩序与公共政策[M]. 北京：商务印书馆，2000：174.

两种秩序和两种社会观的比较　　表2.3

	层级秩序（有形之手引导）	自发秩序（无形之手引导）
关于人类知识的假设	完备知识	构造性无知
知识	能集中起来的	散乱的和可变的
人类	无限理性的	有限理性、易犯错误的和多样的
主要的行为	强制、干预	竞争
社会生活观	封闭的、相对静态的	开发的、不断演化的
经济的理想状态	计划有序化	自发有序化
偏好	中央计划	多样性、务实的改良
协调的主要手段	指示、命令	支持性规则、自愿协议
基本哲学	集体主义；共同体目标；“对驾驭社会持乐观态度”	个人主义；个人目标和动机；对社会过程多样采取谦卑的态度
经济政策的主要目标	建立共同体目标/目的、最大限度地实现目标	造就一种使个人有更好的机会获取它们所希冀事务的秩序、最大程度维护规则

资料来源：（德）柯武刚，史漫飞. 制度经济学：社会秩序与公共政策[M]. 北京：商务印书馆，2000：205.

3. 主体行为与城市空间增长

城市空间集聚、人口迁移、物质及能量的流动，这一系列过程的背后是不同参与主体个体行为选择的表现，而空间主体行为集聚带来的选择进一步创造了城市空间的具体形态。对于开放的城市区域系统来讲，需要不断与系统外界进行人流、资金流、物流和能量流的交换，城市系统在平面上没办法无限增大，必然导致城市空间格局的改变，而空间格局是个体空间选择的外在环境，因此，个体空间行为也将发生变化。城市空间增长对交通需求的影响，体现出来就是空间格局对空间行为的影响。

在现阶段城市空间增长的主体行为结构中，政府处于核心位置，尤其是政府在法律、规范、政策等制度制定和具体建设行为方式的选择中，很大程度上决定了空间增长的过程与结果（详见文中第三、第四、第五章的具体论述）。

2.3.3 “制度与行为”视角的城市空间增长研究框架

借鉴新制度主义的研究视角，我们可以从个人、制度、社会活动的相互关系入手来深入探讨城市空间发展的内在机制问题。就城市空间发展内在机制研究而言，因其包含了政治、经济、社会多方面的制度环境和参与城市建设的多个行为主体的行为特征，想梳理清楚其中各个要素及其相互关系，必须选择合适的研究视角。

新制度主义的研究范式由于其多维的研究视角给城市空间发展内在机制研究提供了有益的借鉴，可以作为城市空间增长重要的研究视角。基于制度环境和制度安排的共同作用下、构成城市增长行为主体的中央政府、地方政府、企业组织和居民个体之间的相互作用，共同构成了城市空间增长的机制和城市空间增长的模式，在此分析基础上，形成本书研究城市空间增长的研究框架（图2.9）。

“制度与行为”的城市空间增长研究框架，以城市空间增长机制分析为出发点，为解释城市空间增长进程与演变提供技术路线。

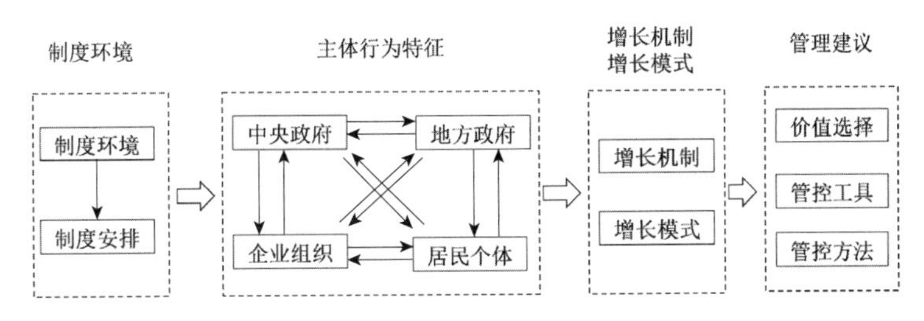

图2.9 基于“制度与行为”视角的城市空间增长研究框架

2.4 本章小结

城市空间作为城市人居环境活动载体，提供城市生产、生活必需的场所和设施，是一种稀缺性资源，有其自身的物质属性和经济属性的特征。

城市空间是城市规划、建筑学、经济学等多学科共同研究的领域。城市规划和建筑学以往对于城市空间研究的重点在空间的物质属性和空间的规划与设计方面，自我国市场经济体制改革以来，空间的经济属性在学科发展中越来越受到重视。

经济学对空间的研究是以区位问题作为起点，长期以来，主流经济学分析的前提往往是对现实空间进行简化和抽象，其假设的经济环境是一个抽象的、匀质的、超越经济制度的环境，具有高度的非现实性。严格的假定和约束条件与复杂现实之间的矛盾，使主流经济学对空间的研究处于抽象、理论的层面，难以进入经济学研究的核心领域。新制度主义经济学关注制度与行为，以及行为结果之间的相关研究，新制度主义拓宽了城市空间的研究视野，增强了对现实空间发展的解释力，为我国当前城市空间资源配置的研究提供了一个全新的视角和有效的分析工具。

在国家实行市场化制度改革过后，当前城市空间资源的配置方式，一方面是通过市场竞争的市场配置方式，另一方面是通过计划的政府调控方式。两种方式分别弥补了市场失灵和政府失灵的弊端，通过增量拓展和存量调整两种方式，共同作用于城市空间增长过程。

城市空间增长机制，可以理解为在我国政治、经济、社会制度环境背景下，影响城市空间发展的各类行动主体的各自地位、价值取向、相互关系及其在制度框架内的各自行为选择基础上形成的城市空间资源配置过程，这一过程对于城市空间配置产生了不同的效应，在效应分析的基础上可以提出城市空间增长管控的策略。基于以上认识，本书提出“制度环境与行为主体”视角的研究框架，该研究框架以城市空间增长机制分析为出发点，为解释城市空间增长演变进程提供技术路线。

3

城市空间增长的制度环境研究

城市空间增长的制度环境

行政区划与行政治理制度

城市土地制度

城市空间规划制度

已有研究将城市空间增长的影响因素和影响机制解释为人口变化、经济因素、政策因素和规划引导等。通过对制度与行为相互关系以及本书总体框架的分析，要更深刻理解中国城市空间增长的原因和过程，还需要从中国转型时期制度环境的构成与变迁的角度，对城市空间的制度环境展开进一步的分析。

我国城市空间发展根植于自身独特的历史条件与社会背景，国家的政治体制转型、治理方式改革、土地使用制度、空间规划等系列制度环境变迁，直接而深刻地影响着城市建设主体的行为选择，从而决定了城市空间增长的过程。中国的城市空间增长是在什么样的制度环境下发生的？制度环境的变迁对于城市空间增长有哪些激励和约束作用？本章主要从这些问题入手，分析城市空间增长的制度环境构成与制度变迁过程。

3.1 城市空间增长的制度环境

3.1.1 城市空间增长的制度环境构成与作用

1. 制度环境与制度结构的构成

基于前文关于制度的讨论，制度环境是指一系列用来建立生产、交换与分配基础的基本政治、社会和法律规则（诺斯，2013），是“对于可供人们选择的制度安排的范围，设置了一个基本的界限，从而使人们通过选择制度安排来追求自身利益的增进时受到特定的限制”（樊纲，1996）。

城市空间增长制度环境由具体制度结构和制度安排构成。影响城市空间发展的外部制度环境，主要包括我国基本政治体制、经济制度和社会制度背景，以及其他对城市空间发展有着基础性作用的制度环境（图3.1），具体来说，包括宪法、法律、法规、政策、规范等制度构成，它决定了整个社会的基本权力关系以及与城市空间发展直接相关的具体制度安排（李强，2008）。“制度结构指的是政治制度和经济制度，政治制度的核心是国家理论，经济制度的核心是产权理论”（杨光斌，2005）。

因此，城市空间发展的制度结构可以分解为与城市空间发展相关的国家政治制度、经济制度以及空间规划制度。关于城市空间增长的制度环境分析，首先是国家治理层面的分析，即基于国家理论的国家行政区划制度和治理制度；其次是影响城市空间增长因素最基础的要素——城市建设用地

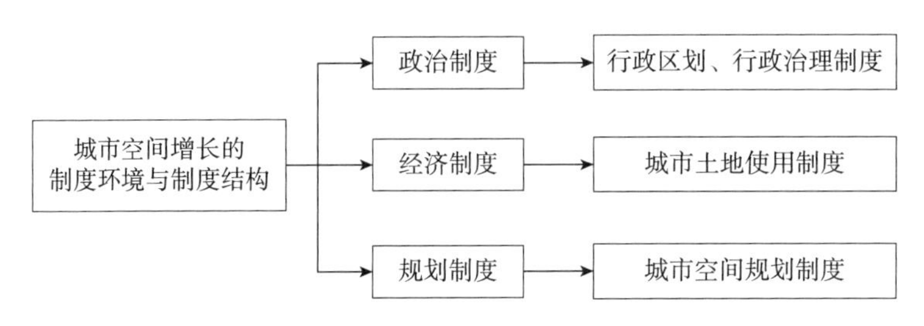

图3.1 城市空间增长的制度环境构成

"产权理论"，即城市土地使用制度（包含城市土地产权制度）的分析；最后，分析城市空间增长最直接的制度安排是城市空间规划制度的相关内容。

2．制度对城市空间增长的激励与约束作用

已有的制度环境的功能主要包括为经济活动提供服务、提供激励机制、约束机会主义行为、降低交易成本等。对于城市空间增长配置而言，分析制度环境的构成，主要分析制度在城市空间资源分配中起到的作用，其中，重点在于在城市空间资源配置中所提供的激励和约束作用。

1）激励功能

制度的激励作用，是指要使相关行为主体在进行经济活动时，具有遵循制度要求的内在推动力。因此，制度的激励要求在满足制度要求的前提下，每个人所追求的个人目标的结果，恰好与制度设计所要实现的目标一致。

有效的制度安排，要在相关主体行为的经济活动中产生良好的激励，能够使行为主体自觉自愿遵守制度的要求，并从中感到有实际的收益，从而认定制度的价值标准并予以肯定。经济主体在经济活动中以获取自身利益最大化作为行为的目标，即满足理性"经济人"的假设。制度的激励功能发挥的程度，一般用相关行为主体遵循制度进行的经济活动中的付出与收益目标的接近程度进行衡量。一般而言，行为主体在制度规定的范围内，付出与收益越接近，则行为主体趋向于遵守制度的意愿就更强烈，制度对于行为主体的激励程度就越大；反之，在行为主体的付出与收益差距较大时，行为主体倾向于不遵从制度行事，即制度失去对行为主体的激励功能（王泽填，2007）。

城市发展中，激励制度主要是通过对主体行为的经济激励和政治激励得以实现的。经济激励是最直接的体现，各种行为主体通过在城市建设中获得了包括自然资源、经济资源的支配权，同时对资源经济活动获得了效益，并形成了"多劳多得"的激励机制，在此基础上激励了行为主体发展经济、展开数量更多、范围更广的城市经济活动和城市建设的动力。政治激励主要存在政府层面，与"压力型体制"（杨雪冬，2012）反向激励相比，"晋升锦标赛"作为一种市场经济改革后的新的行政治理模式，使关心自身仕途和发展的官员处于强有力的激励机制下，使得各级政府官员的晋升高度依赖于一些考核体制内的经济指标和城市建设中的一些重大成就，由此而产生的动力都体现了制度的激励作用。

2）约束功能

制度的另一个功能是对行为主体的机会主义倾向的约束行为。经济行为的主体具有机会主义倾向，如果没有制度的约束与引导，整体经济活动和社会活动将陷于混乱。

制度的约束功能，有助于培养人们的契约精神，使人们按照既有承诺和契约展开经济社会活动，有助于在社会经济活动中建立正常的规则、秩序，从而使经济合作顺利进行。制度一方面通过社会契约、意识形态的道德规范和习俗习惯、文化传统等内生性的制度引导人们自律，相互遵守公平、公正、合理的行为准则；在自律的行为准则之上，通过法律、法规、政策等外在制度的约束强制执行，以约束主体行为最基本的行为规范。

城市空间发展中的约束制度，是由多个层面构成的。制度的主要供给者是中央政府和地方政府，提供了基本的制度体系和制度环境，表明了国家治理的理念和治理目标。对城市空间发展的制度环境，本书将选取政治制度、经济制度、空间规划制度中的对城市空间发展影响较大的制度构

成，主要包括行政区划制度和行政治理制度、城市土地使用制度和城市空间规划制度进行详细分析。

3.1.2 中国城市治理制度改革历程概述

城市空间增长的制度环境、制度结构和制度安排构成了城市空间增长的基础。各种制度安排有其改革、变迁的过程。

新中国成立后60多年的时间，国家政治、经济、社会等方面的制度、政策都经历了巨大变迁，从根本上改变了城市空间增长的动力基础。新中国成立之初，中国社会改革的方向是全面转向计划经济的过程；改革开放以来，中国又逐步开始由计划经济体制向社会主义市场经济体制转型。

在国家政策转型的各个阶段，国家关于城市行政区划制度、城市规划政策、城市户籍制度和人口政策、城市发展政策等一系列城市治理制度的变迁，都深刻影响了国家的城镇体系布局和个体城市的空间增长。

城市治理制度是城市发展和城市建设的动力基础，改革的动态对于城市发展具有显著的加速或滞缓作用，合理的制度安排和创新是城镇化和城市建设顺利推进的保证（张京祥、罗震东、何建颐，2007；洪世健、曾瑜琦，2016），从表3.1中，可以看出新中国成立后，由于城市治理制度的变迁对城市总体布局和城市空间增长的影响。

改革开放以后，随着社会主义市场经济体制正式确立，土地市场化改革逐步展开，尤其是20世纪90年代以来，随着城市财税制度、城市治理方式、城市土地制度、城市空间规划制度等重大制度的变革，奠定了当前我国城市空间增长的主要制度环境（图3.2）。

作为一个仍然向市场经济转轨过程中的国家，中国各项制度仍处于逐步完善的阶段，这些制度共同构成了城市空间增长的激励和约束性条件。当前，我国城市治理制度趋于稳定，其中，对城市空间增长影响较大的制度安排为行政区划制度、城市土地制度和空间规划制度。

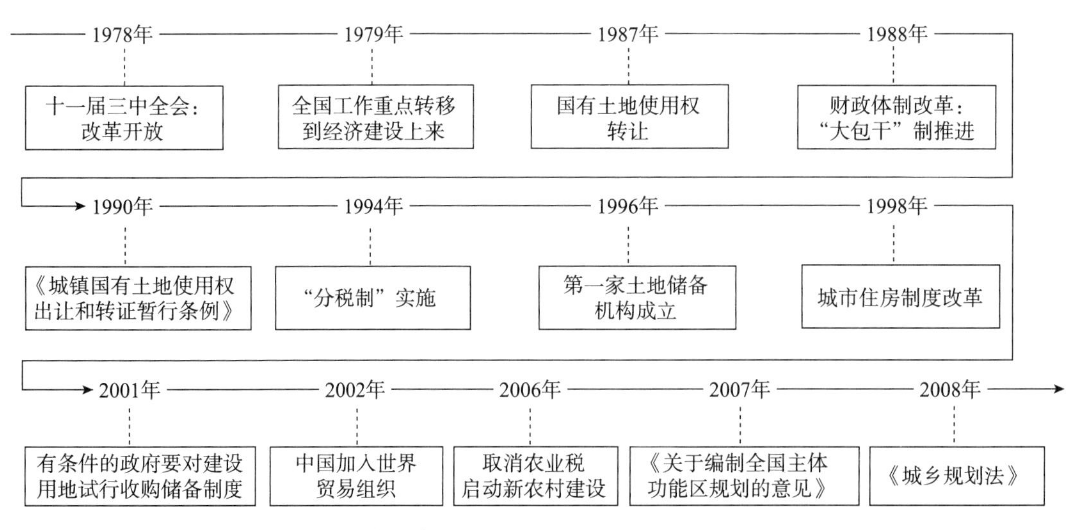

图3.2 改革开放后我国主要城市治理制度改革示意图

新中国成立后城市治理制度的变迁及对城市增长的影响 表3.1

历史时期		制度变迁的主要内容	城市增长及空间结构
计划经济时期	国民经济恢复与初步发展时期：1949～1957年	1）1955年《关于设市、镇建制的规定》； 2）1951年《城乡户口管理暂行条例》； 3）资源的集中配置制度； 4）面向城镇的劳动就业和福利制度； 5）均衡的空间发展政策等	1）城市数量：1949年132座，1961年208座，1965年减少至168座，1966年185座； 2）城市空间布局：中西部地区城市设市增长速度快于东部地区； 3）城市等级体系：1949年特大、大、中、小城市数目为5、7、18、102个，1957年变为10、14、37、115个，1978年为13、27、60、93个
	冒进和调整时期：1958～1965年	1）1958年《中华人民共和国户口条例》； 2）1960年“三年不搞城市规划”； 3）1963年《关于调整市镇设置、缩小城市郊区的指示》等	
改革发展阶段	停滞和缓慢发展时期：1966～1977年	1）1966年“文化大革命”撤销城市规划机构、停止城建工作； 2）大量下放城镇人口； 3）基本停止城镇的设置； 4）三线建设	1）城市数量：1978～1984年，城市数量由193个增至300个，到1998年增至668个； 2）城市空间布局：城市空间布局向东部沿海转移，东部地区由1978年69个增至1998年300个，中部由84个增至247个，西部由40个增至121个，东部地区发展速度快于中西部地区； 3）城市内部空间结构：经济发展带动城市用地规模、城市面积扩大；同时，城市的空间结构发生变化，大城市中心区的工业用地逐渐被置换成第三产业用地； 4）城市等级体系：1998年特大、大、中、小城市数目演进为37、48、205、378个
	拨乱反正与农村改革为主时期：1978～1984年	1）经济建设中心从西部转向东部； 2）1978年“控制大城市规模，多搞小城镇”，1980改为“控制大城市规模，合理发展中等城市，积极发展小城镇”； 3）允许城镇居民自建住房，提出实行住房商品化政策； 4）1978年农村推行土地改革	
	以城市为重点的经济体制改革时期：1984～1992年	1）1984年调整建制镇设置标准，1986年降低设市标准，实行市领导县制度； 2）1989年“严格控制大城市规模，合理发展中等城市及小城市”； 3）1985年户籍制度改革； 4）1988年土地使用权可以依法转让； 5）1989年《中华人民共和国城市规划法》颁布	
	全面建设社会主义市场经济时期：1992年后	1）1993年调整设市标准； 2）1997年小城镇户籍管理改革试点； 3）1994年分税制改革； 4）1998年住房商品化改革； 5）2008年《城乡规划法》	

注：原文表述中所讨论的“城市增长”，主要是指城市数量的增长和以城市规模为主要要素的城市体系的变化；城市空间布局主要是指城市规模在国家空间的分布。

资料来源：胡军，孙莉. 制度变迁与中国城市的发展及空间结构的历史演变[J]. 人文地理，2005（1）：22. 有调整。

3.2 行政区划与行政治理制度

3.2.1 行政区划层级设置与行政治理

1. 行政区划与层级配置

行政区划是指统一主权内行政区域划分，属于国家结构的范围，也属于国家领土结构，是国家为了实行政治统治行政管理，按照经济联系、地理条件、民族分布、历史传统、民俗习惯、地区差异等要素的不同对其领土进行的区域划分。

行政层级是国家治理结构中的政权组织结构。世界上较多国家如日本、美国、德国、澳大利亚等，实行三级行政体系（表3.2）。以美国的三级行政体系最具代表性（图3.3）。

日本、美国、德国、澳大利亚的三级政府体制　　表3.2

	日本	美国	德国	澳大利亚
中央政府或联邦政府	中央政府	联邦政府	联邦政府	联邦政府
一级政区政府	都、道、府、县	州政府	州政府	州政府
二级政区政府	市、町、村	地方政府	地方政府	地方政府

资料来源：薛立强. 授权体制：改革开放时期政府纵向关系研究[M]. 天津：天津人民出版社，2010：44.

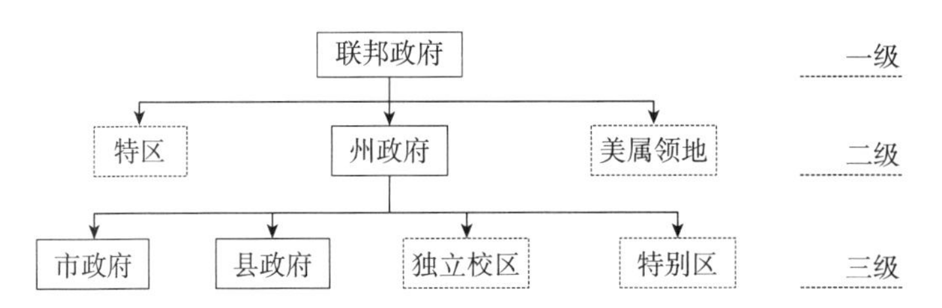

图3.3　以美国为代表的三级政权结构

新中国成立以后，受当时落后的农业经济基础的影响，在行政区划和政府组织方面，我国延续了中央集权、多层级、多地区的行政区划和政府组织架构。经过几十年的演变进程，我国行政体制演化出一套行之有效、完整的城市行政等级序列。

目前，我国实行“中央政府—省级政府—市政府—县政府—乡镇政府”的五级政权体制（图3.4）。比较而言，我国行政层级较多，行政成本较高（胡德、刘君德，2007；薛立强，2010）。

中央集权下的地方分权体制是我国的基本政治制度。在分权体制下，中央政府、省级政府、市级政府、县级政府和乡镇政府之间的行政区划、行政管理权限和管理办法是资源配置方式运行的政治制度环境。

2. 行政区划调整历程

行政区划作为一个国家的治理结构，通常是相对固定的，但在社会转型期，行政区划作为国家

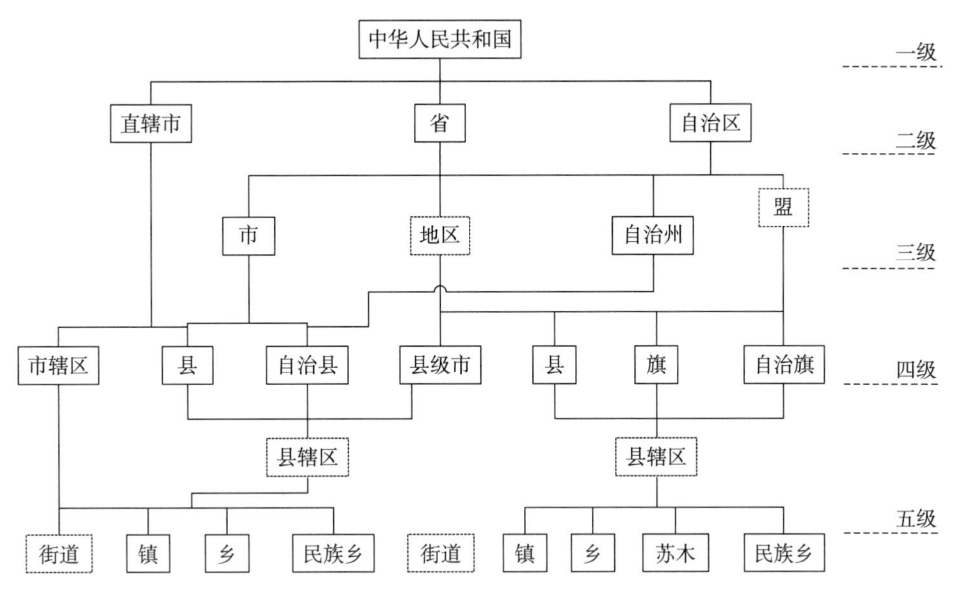

图3.4　中国的五级政权结构

资料来源：参考浦上行．行政区划的基本结构[C]//中国方域：行政区划与地名，1993．绘制。

治理体制的一部分，也经历了一些调整和变迁。尤其是在改革开放过后，为了进一步解放生产力、协调地区之间的竞争关系，我国的行政区划改革大致分为四个阶段：1949年至1954年大行政区的模式；1954年至1980年地区行署制的市县分治方式；1980年至1990年撤地设市、地市合并的“市管县”方式，同时推进县改市的工作；1990年后大城市周边撤县（市）设区的改革（表3.3）。

我国行政区划改革的历程　　表3.3

改革分期	改革主要特征	区划改革具体内容和影响
1949 ~ 1954年	大行政区模式	新中国成立前期，中央将全国划分为东北、华北、华东、中南、西北、西南六大行政区，大行政区作为一级地方政权机构。大行政区制度对于新中国成立初期政治秩序的恢复和重建起到重要作用；1954年大行政区制度取消
1954 ~ 1980年	地区行署制、市县分治	地区行署作为省级政府的派出机构，负责协调市、县一级工作，大部分市、县之间是没有隶属关系的“市县分治”模式，行政组织层次形成了“条块分割”“城乡分割”的纵向管理体制
1980 ~ 1990年	地市合并，“市管县”；同时推进“县改市”改革	改革地区体制，将原地区行署与所在城市合并，设立地级市，实行“市管县”体制，将原行政管理总范围内的县划归该地级市管理。同时对设市模式进行改革，设立了一批县级市。县级市仍归地级市管辖，但拥有更多的财政分配比例、更大的行政决策权力和项目审批权力
1990年至今	撤县（市）设区	为加强地级市（及其以上层级城市）区域空间和社会资源的整合，将城市周边的县或县级市改为市辖区，从而拓展城市发展空间，并为大城市及其周边地区的统一规划和区域协调发展创造条件

3．行政区划改革逻辑

国家治理是公共权力实施的过程，为了达到国家治理的目标，必然会发生对国家公共权力的空间划分和配置。行政区划的内容包含行政辖区范围的划定、行政等级的设立、行政中心的选择等。一般而言，行政区划不只是简单的国家领土结构安排，而蕴含其中的行政等级与政府行政权力大小高度相关，因此，行政区划通常与国家政治结构体系、治理结构联系紧密，是一种相对稳定和制度化的政府权力与利益的划分方式。行政区划是“权力的空间配置”，是“国家（公共）权力在其主权范围内（国土范围内）不同地域空间的划分和配置的过程和状况”，划定行政区划是为了对领土进行有效的管理，同时，由于行政等级制度的建立，国家的行政区划便被赋予了权力和利益分配的含义，甚至可以理解为国家权力和利益分配在地理空间上的投影（胡德、刘君德，2007）。我国实行的是以公有制为基础的行政等级制度，其行政区划和治理结构的基本构建，是进行经济改革开放、经济快速发展的制度基础。

在我国的行政区划改革过程中，改革的特征与存在的问题有：

1）宏观经济和微观经济的效率改进

计划经济时期实行的高度集权的管理体制下，依靠指令性计划控制地方的管理方式，“全国一盘棋”的经济发展方式，使经济区域中的行为主体在经济发展中追随国家计划而缺乏主观能动性和创新意识。在社会转型期，随着市场经济发展方式的转型，各级经济主体的地位得到确认，一方面作为地方经济建设主体的区域和政府努力发展各自经济，追求辖区内本地经济利益；同时，为了吸附更多资源到本区域内投资发展，为了提高区域、城市在吸附有限资源的竞争力，除了经济建设行为以外，各级政府积极发展基础设施建设、为企业发展提供良好的环境，同时起到了协调区域、城市间的发展机制的作用，为宏观经济效率的改进提供了良好的发展环境。

但同时，由于区域之间的激烈竞争，各行政区划的政府推出各种优惠措施，往往低估和牺牲了土地资源的实际价值，同时忽略或放松了对于污染、不正当竞争的监管，趋利性、短期性的行为，往往牺牲或透支了区域的可持续发展能力。

2）空间资源拓展与市场放大整合

行政区划的兼并调整，使得经济发展获得了更加广阔的市场空间，资源的集聚和扩散能力进一步加强。同时，由于市场的整合，在一定区域范围内资源的流动和优化配置得以实现，在区域城镇体系与重大基础设施建设中，也能够以更广阔的空间范围来布局优势产业，形成竞争优势。

由于行政区划的整合，使中心城市能够有更加广阔的腹地，吸附更多的劳动力和资源，有利于培养区域经济增长极，更好地发挥对周边城市的经济辐射和带动作用，同时有能力参与更大范围的经济竞争。

3）行政区划与行政区经济现象

自行政区被作为组织经济活动的地域单元以来，便被赋予一定的经济功能。行政区划一方面是对国家行政区域的划分，涉及辖区范围；另一方面是对国家行政区域级别的划分，涉及管理权限。在现有行政区划的区域竞争格局下，整体社会经济发展就被“行政区经济”左右，行政区划是“看不见的墙”（胡德、刘君德，2007），对城市化所要求的空间积聚、中心城市发展所要求的地域扩散亦有制约作用。

以行政区域为单元的地区利益经济格局是中国经济结构的一个重要特征。行政区经济的主要特征：（1）城市经济发展中渗透着强烈的地方政府经济行为；（2）生产要素跨行政区流动量受限制；（3）行政中心与经济中心高度一致；（4）行政区边界经济的衰竭性（舒庆，1995）。各级政府通常按照行政区发展辖区内的经济，往往是由于自身利益的考虑，因为行政区具有自身的经济功能，需要为本辖区内的经济发展负责；同时，由于各辖区政府拥有一定的经济资源，有能力参与经济活动；而政府体制内的考核机制又往往与本辖区内的经济发展指标直接联系，因此，仅仅关注本辖区内的经济发展具有其合理性的一面。

但是，从国家和地区总体发展的角度，行政区经济往往有着不可忽视的影响：一个仅仅关注本辖区内的“经济”，往往是以忽略区域或国家的“不经济”为代价的，区域或国家的发展往往要为这样的经济发展的外部性付出代价。同时，由于行政区“经济”的趋利性和短期性特征，各行政区注重吸引投资、重复建设，经济要素资源配置效率往往不高。经济要素快速流动的时期，由于区域间的经济交往和利益摩擦日趋增多，各级政府片面追求和保护自身利益，往往以行政区和行政权力为手段，实行市场保护，构筑经济壁垒，阻碍要素资源的自由流动，妨碍全国统一市场的形成。

3.2.2 分权化改革与纵向权力配置特征

分权化改革开启了中国国家治理新的历史阶段。分权改革对地方政府的约束和激励方式产生了深刻的改变，地方政府从绝对的高度集权变为适度分权，从而改变了政府选择行为的制度环境。

1. 分权化的概念和实质

政治结构和经济政策及其复杂的关系是研究生产力发展的要素。政治结构的核心问题之一是中央政府与地方政府的权责划分。政治集权与财政分权是当代中国地方政府运行的制约与激励机制（杨宇振，2016）。

“集权”和“分权”主要是一种基于政府间关系理论、强调政府间纵向关系动态变化意义的概念。“集权”指的是资源的掌控权由较低层级政府向较高层级政府的调整和转移。“分权”指的是资源的掌控权由较高层级政府向较低层级政府的调整和转移（薛立强，2010）。从当代世界分权化改革的实践过程来看，分权化（Decentralization）这一术语包含着多种概念，涉及多种形式、不同层次、不同程度的权力调整和分配。世界各国的分权化改革实际上就是以多种分权形式，在不同政策领域以不同力度进行的政策组合（罗震东，2007）。政府间的纵向治理关系及其变迁受到三组要素的制约：结构性要素（根本政治制度层面）、体制性要素（纵向体制层面）、调控性要素层面（动态变化层面）；其中结构性要素和体制性要素长期趋于稳定，集权和分权是政府治理的动态调控要素（表3.4）（孙柏瑛，2004）。

分权化包括了横向和纵向两个方面，横向是政府面对市场和社会的分权，而纵向是中央政府向地方政府的分权。即上下级政府之间和同级政府的各职能部门之间围绕决策权、事权、财权的分配

分析政府间纵向关系的三组要素　　表3.4

结构性要素（根本政治制度层面）	体制性要素（纵向体制层面）	调控性要素（动态变化层面）
1. 政权与社会自主力量 2. 主要政党 3. 各国家机关 4. 各级政府	1. 纵向层级体制 2. 纵向职责配置体制 3. 财政体制 4. 纵向监督体制	1. 集权 2. 分权

资料来源：薛立强. 授权体制：改革开放时期政府纵向关系研究[M]. 天津：天津人民出版社，2010：21.

进行权力和责任的转移。同时，分权化也表现在不同层级政府部门的公共事务管理和城市公共事务中，具体表现为各级政府、市场和公民社会的关系结构（图3.5）。

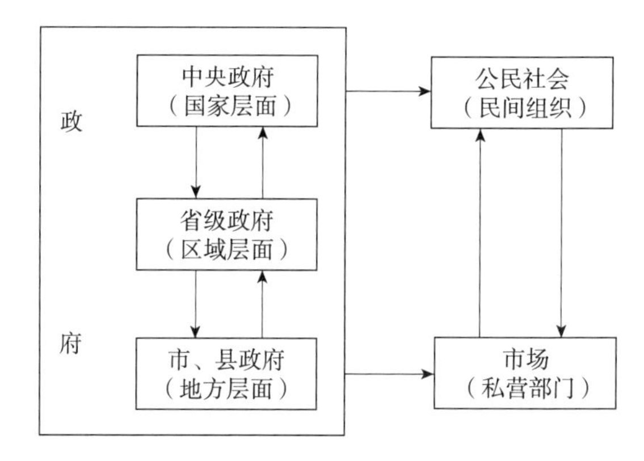

图3.5　当代分权化改革的基本结构

资料来源：孙柏瑛. 当代地方治理——面向21世纪的挑战[M]. 北京：中国人民大学出版社，2004.

分权化实际上是政治、行政、经济等多种权力的划分、分配与调整过程。政府在分权化改革中采取不同的形式，因其目标不同、强度不同，分权化所发挥的作用和分权的效果也不相同。分权形式是国家和区域治理的基本政策工具。

分权化过程涉及多项权力资源在不同权力、利益主体之间的重新配置，包括政治决定权、制度供给权、财政与税收权力、公共事务管理权等在内的主要权力与责任的转移。改革的进程就是针对这些权力所进行的不同层次、不同方向和不同程度的划分与权力结构重组。

分权结构的变迁决定了不同权力、利益主体功能与作用。一方面，分权化的主流是权力通过多种形式的分散化，被授予或下放给下级、企业、第三部门或社区公民组织，使它们获得了不同程度的自主管理的权限，促成了公民社会的快速兴起与发展，地方政府、市场组织、公民组织在公共事务管理中的作用大大加强。同时，分权化改革不仅是中央政府单方向将权力下放至地方政府的过程，也包括税收等权力由中央政府集中的改革方向。综上所述，分权化改革应理解为国家在政治、行政权力结构改革过程中所进行的功能性调整。

2. 财政分权改革与对城市治理结构的影响

1）财政分权改革的历程

在中央政府向地方各级政府放权的过程中，主要是以下三种分权形式——经济分权、倾斜分权和纵向分权。经济分权是中国分权的重要特征，经济分权包括经济管理权限的下放；倾斜分权主要是指中央政府指定某些区域实行特殊政策，如建立经济特区、设立沿海开放城市、自由贸易试验区等；纵向分权顾名思义是中央到各级地方政府逐级下放经济管理权和部分行政权。

改革开放以来我国财政体制变迁的历程，大致可以分为两个阶段：

财政体制改革的第一阶段（1978～1993年）：1978年十一届三中全会《公告》明确指出："充分发挥中央部门、地方、企业和劳动者四方的主动性、积极性和创造性。"1979年中共中央召开的工作会议，提出要用三年时间把各方面严重失调的比例关系调整过来，积极稳妥地改革工业管理和经济管理体制。1979年6月在北京召开了第五届全国人大二次会议，通过了全国工作重点转移和对国民经济实行"调整、改革、整顿、提高"的八字方针。这三次会议均提出要认真总结历史经验，对经济体制逐步进行全面改革，要求以财政体制为突破口。根据这一精神，国家对财政体制进行了一系列的改革。

财政体制改革的第二阶段（1994～2008年）：鉴于20世纪80年代以来的分类分成以及1988年开始实施的大包干体制所造成的种种弊端，特别是中央财力无法维系，对现行财政体制进行改革的迫切性日益加强。分税体制在80年代末开始酝酿，90年代初在9个省市试点，终于在1994年开始施行。1998年中国提出建立公共财政框架，在此基础上2003年中共十六届三中全会要求“健全公共财政”，2007年中共十七大提出“完善公共财政体系”，中国的财政体制逐步从建设型向公共型转变。

1993年12月15日，国务院发布《关于实行分税制财政管理体制的决定》，决定从1994年1月1日起实施分税制的财税体制改革。

1998年末全国财政工作会议明确地提出要建立公共财政框架的要求。2002年实行了所得税中央地方五五分成的改革，2003年开始分享的比例调整为六四分成。2004年7月进行增值税转型试点，首先在东北地区展开，之后试点扩展到中部多个省份。2006年10月召开的十六届六中全会，通过了《关于构建社会主义和谐社会若干重大问题的决定》。尽管提出了公共财政的概念，但财政体制的运行依然是在1994年分税制的总体框架下，其间进行了一些细节的调整。如为了拉平地方财政之间日益扩大的差距，加大向落后地区转移支付的力量，国务院常务会议决定，自2009年1月1日起，在全国所有地区、所有行业推行增值税转型改革。

2）财政分权改革对城市治理结构的影响

财政分权制度在改革开放和市场化改革之后由过去的策略性财政分权发展到以合约形式的包干制与分税制。直接利益主体主要是地方政府与其他市场主体，其中地方政府有了更多的行事权，因此能够保障更有效地对资源进行合理配置，促进了城市经济发展。因此在学界很多学者认为财政分权是促使中国经济快速发展的一个重要原因。在分权化这一特定的历史阶段，地方政府利用行政手段培育地方市场的意愿得以加强。

中央政府对地方政府的放权让利在市场取向的经济体制改革进程中日渐凸显，在此过程中地方利益获取也越来越多。在现有政府架构下，地方政府具有“经济人”与“政府人”双重人格特征，在经济与政治双重激励与约束机制下采取策略性行为，更为偏好非规范、非正式的预算外收入。随着经济体制改革的深化，地方政府的财政行为仍旧依赖于非正式、非规范的财政收入形式。市场经济促使土地市场发育，让土地的价值被发现和实现，地方政府也由“经营企业”转变成“经营土地”。随着住房市场化改革的开展，中央政府对商品住房市场的培植也同时为地方政府获取土地资源收入创造了条件，伴随中国经济的高速增长，土地收入在地方政府的财政收入中拥有越来越重要的地位。城市建设用地的需求和供应因此被推到了经济发展最重要的位置上，从而推动了城市空间的快速增长。

3．财政分权体制下政府纵向权力配置特征

1）以“条块”结构为特征的纵向层级体制

中国政府间纵向层级体制的独特之处在于“条块”结构，它表示了一种特殊的政府组织结构，反映了政府组织之间的组织管理关系（图3.6）。“条块”是我国行政管理实践中一种形象的说法。“条条”指的是从中央到地方各级政府业务内容性质一致的职能部门；“块块”指的是由不同职能部门组合而成的各层级地方政府（马力宏，1998）。“条块结构”的特征是以纵向层级制和横向职能制相结合为基础，按上下职能一致的原则建立起来的，由中央至地方各层级的政府负责同一种职能的组织结构。在这里职能一致的原则是上下级政府之间在设置机构时的基本原则，基本上上级政府设置哪种类型的职能机构，下级政府一般也相应地要设置对等的职能机构。

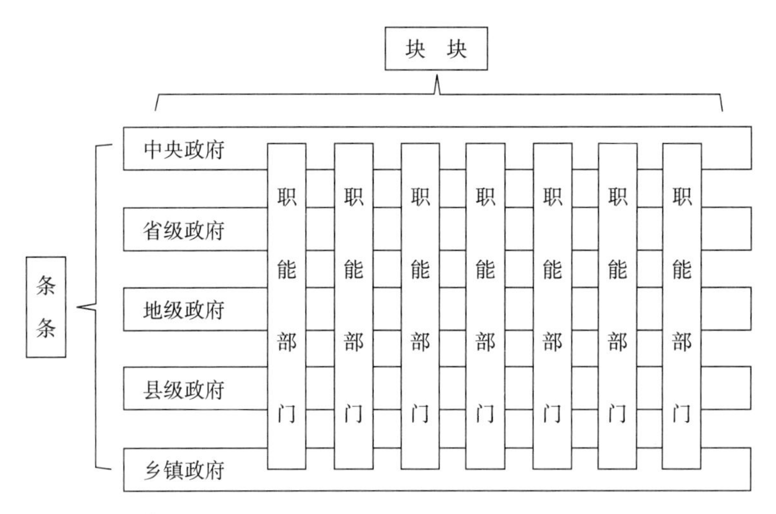

图3.6 “条块”治理结构示意图

资料来源：薛立强. 授权体制：改革开放时期政府纵向关系研究[M]. 天津：天津人民出版社，2010：98.

中国的“条块”可以分为党的系统和行政系统。其中以行政系统的“条块”最为代表性。在行政系统中，由实行垂直管理的“条条”和接受双重管理的“条条”两种机构。垂直管理是指，上级政府的职能部门直接管理一些行政机关单位和部门。除乡级政府外，中央、省、地、县四级政府的职能部门都有自己的垂直管理的“条条”。垂直管理的“条条”在机构设置上，分为跨行政区域设置和按行政区划设置两种类型；所属上一级行政机构全权负责下属机构编制、人事任免、行政经费、工资福利及日常工作。接受双重管理的“条条”，一种是“条块”结合、以“条”为主的“条条”，另一种是“条块”结合，以“块”为主的“条条”。二者在业务上都要接受上级“条条”的指导，区别在于，前者的上级“条条”对下级部门的人事任免拥有决定权（薛立强，2010）。

在各层级行政机构和机构设置中，我国所执行的五个层次的地域管理层级行政体系中，决定了各个行政单元行政级别的高低和管辖权力的大小，体现了我国等级管理的特征与不同层级之间的权力分配。各个行政层级的管理，通过各级行政机构设置进行管理。我国的行政机构层级和机构设置的构成如图3.7所示。

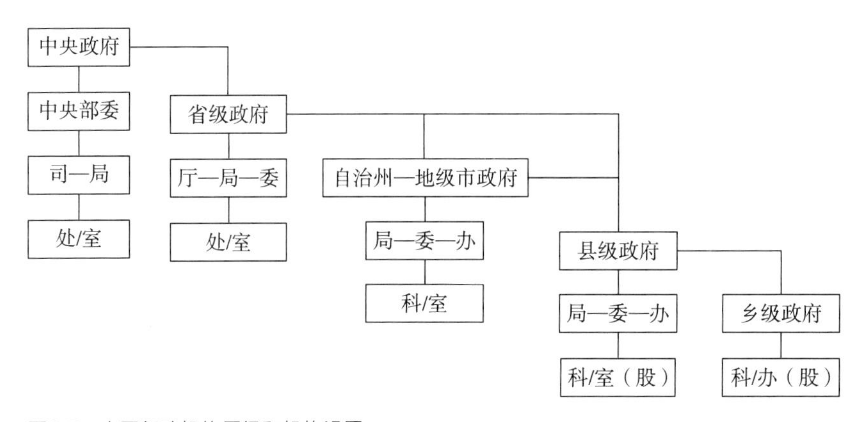

图3.7 中国行政机构层级和机构设置

2）政府纵向管理和控制方式

政府纵向划分主要分为中央政府和地方政府两大板块，两大板块之间和每个板块内部又被划分为不同层级的政府，这些层级之间主要有行政命令、资源与财政分配体制、指令性极化和人事任免等方法。在财政分权以后，中国形成了一种以GDP为主的政绩考核机制，这种考核机制与官员的任免制度挂钩。

中国的政治集权和经济分权是通过财政分权进行衔接的。由于中国的特殊考核机制与官员的任免制度挂钩，这种激励制度促使官员有内在动力促进就职地区的经济快速发展，可以看出中国的经济分权往往也伴随着政治集权。政府之间的标尺竞争是经济分权和政治集权对地方政府最重要的影响渠道。对下负责的政治体制对应标尺竞争，简单来讲就是普通民众和中央政府对地方政府的行为信息都处于信息弱势，但这并不阻碍选民评价自己所在区域的政府行为，因为选民可以参考其他区域政府的行为做出判断。当然地方官员也会知道选民会将其他区域的政府作为标尺，所以选民所在地的地方政府会效仿经济发展较好地区的地方政府的相关政策来发展自己所管辖区域。这种标尺竞争关系的形成是一种自下而上的激励竞争，在自下而上的竞争机制基础上，政府之间的相互学习、相互监督和相互协作不仅能够提高政府部门的整体运作效率，还能节约行政管理成本，更能防止权力滥用（杜超，2009）。但我国因为政治体制特点不同，地方政府主要是对上负责，不是对下负责，地方政府官员为了使自己的政绩（GDP增长率）具有竞争优势，从而形成了一种“自上而下”的标尺——基于上级政府评价的标尺竞争。而这种自上而下的标尺竞争成为中国政府促进经济增长的动力之源，“自下而上”的竞争有助于地区发展处于转型期时促进经济的增长和资源的合理有效配置。中国地方政府的财政独立性较弱是中国的政治体制决定的，市场对政府的直接约束力也存在不足。在这样的政治环境背景下，地方政府、地方政府官员和地方利益者在经济的发展和增长上是一致的，但在实现增长和发展的方式、途径方面，三者之间却是完全不同的。如果地方官员和政府足够理性，在激励机制下就会有强大的动力去为了增长而提高竞争能力，这种激励机制包含了财政激励和晋升激励，这双重激励机制促进了中国的经济快速发展。

但是随着时间的推移，财政激励和晋升激励组合的绩效评估体制逐渐显现出它的弊端。最显著的例子就是相对绩效的对比评估会直接造成竞争者两者之间互相拆台的恶性竞争。比如各地政府为了提升自己地区的GDP竞争能力，并能够在区域GDP竞赛中名列前茅，各地政府就采取了多种“以邻为壑”的行为方式，最典型的一种行为就是地方保护主义模式的提出。此外在资源配置方面这些行为模式还会产生更深远的影响，这种政府所做的市场分割行为会扼制服务市场的范围和限制产品的市场范围，这些市场范围的限制又会对分工和专业化水平造成进一步制约，这些限制会对技术进步和制度变迁形成不利因素，最终会有损整个国家的长期经济发展实力和国际竞争实力。

3.2.3 基于行政区划的城市空间治理策略

1. 中央与地方政府在城市空间发展中的目标分歧

在城市发展中，中央政府所保持的发展理念往往表达一种集体理性，体现了更加长远，更加全面、多元、公平的发展目标；而地方政府一般是从各自辖区城市的角度出发来做出决策，由于行政区划所决定的辖区范围和官员任期约束等限制，对于自身辖区内短期经济增长、条件改善有着片面的偏好，与中央政府相比较而言，更加倾向于趋利性、短期性、竞争性的目标。中央政府具有更加广泛的人事任免权，对于资源分配、重大项目的建设具有更高的管理权限、更大的财政动员能力，地方政府必须服从中央和上一级政府的领导和规划，同时在很大程度上依赖中央政府的支持。

有学者分析了中央政府与地方政府的空间发展目标分歧，从而导致城市空间发展与演化产生不同的发展趋向（何子张，2009）（表3.5）。中央政府和地方政府在城市发展规模、发展区位、发展模式、功能划分中的分歧，体现了中央政府对城市发展更加合理的发展目标。

中央政府与地方政府的空间发展目标分歧　　表3.5

	发展规模	发展区位	发展模式	功能分区
中央政府	控制城市规模，强化对大城市规模的控制	严格保护耕地	强调集约式发展	主体功能分区规划
地方政府	努力扩大规模，实现高速发展	蔓延发展为主，飞地式的开发区发展	外延式粗放发展	逐步建立功能分区思想

资料来源：何子张．城市规划中空间利益调控的政策分析[M]．南京：东南大学出版社，2009：12.

2．行政区划制度对城市体系的影响

行政区划原本仅是为了国家对其领土进行行政管理提供便利，但是在中国行政区划却又涵盖了权力与利益分配的内容，可以说中国的行政区划是国家权力和利益分配在地理空间上的投影（胡德、刘君德，2007）。行政中心、行政等级和行政辖区范围都属于行政区划的内容，在中国行政等级高低和政府权力大小是挂钩的，因此中国的行政区划不仅是国家领土结构安排那么简单，还是与国家政治结构体系高度联系在一起的，在这背后的是一种相对稳定的、制度化的政府权力和利益的划分方式。

为了达到国家的治理目标，国家的行政权力以及设计城市发展的公共权力是逐级配置的。如图3.8所示，现行行政区划体制下，规划的权力和建设指标呈现出显著的逐级分配的特征。因此，行政区划就是“权力的空间配置”，是“国家（公共）权力在其主权范围内（国土范围内）不同地域空间的划分和配置的过程和状况”，它是国家结构在地理（空间）上的反映。

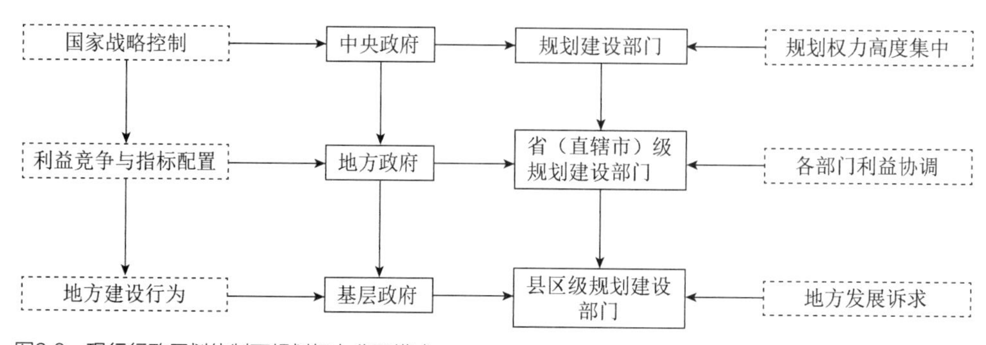

图3.8　现行行政区划体制下规划权力分配模式

由于行政权力的空间配置以城市体系为载体，因此，国家的政区层级体系往往就是其城市体系的客观反映，城市体系与政区层级具有同源关系，主要表现为政区体系与城市体系的同构。这里所讨论的政区体系与城市体系同构，是指在一个国家内部城市的发展及其相应城市体系状况与国家公共权力（这里强调的是行政权力）在空间配置方式方面有直接的关系；城市发展的动因在权力集中配置机制下有待国家权力的强烈干预和影响，在城市发展初期，由于城市资源匮乏和竞争力不足，城市集聚的动力依赖国家配置的公共权力，这样会使得城市的发展严重依赖于行政资源的配置；同时，由于各级政府所在城市高度集中在公共权力，相应的政区等级越高权力集聚越多，城市发展的动力会变得越强，城市规模也会随之扩大，最终会导致城市体系和政区体系的高度一致。

城市的实质在于其是一定区域内权力的空间集聚，而政区则是国家权力以各级城市为中心和载体的空间划分和配置。行政区划和政区体系将国家权力和居民自主权力进行综合划分和重新配置；以各级城市作为国家权力的地域配置的中心，居民自主权力（权利）的实现也是依托于自我管理和自我组织。从两者的关系来看，是城市发展决定政区演变，城市发展状况决定政区演变的方向、速度和数量等方面。其具体体现在城市内部管理制度变革导致政区体制变革，城市数量增多导致政区类型发生变化，以及城市的兴起会导致政区乃至国家的形成，城市体系和政区体系的同构或异构等。从政区演变上来看，它是城市发展的表现，是城市发展的结果。

在一定时间段内政区的格局和演变，是政府纵向权力配置的方式改革，从某些程度上它会影响城市的发展，这种影响可以影响城市数量、规模的增长（外在变化），也可以影响城市内部，如制度的变迁、行政区管理体制向一般地域行政区传播（范今朝，2004）。

3．行政区划制度对单体城市规模的影响

中国城市规模在很大程度上受到行政区划制度中所处层级的影响，城市政治地位的高低在很大程度上决定了其自身的规模。

以往研究显示，中国城市建成区的面积增长速度排序大致是直辖市、省会城市、地级城市和其他城市，这与不同行政等级城市在财政分权下，所拥有的自主权程度直接相关；直辖市和省会城市具有比其他城市更高的财政自主权、土地使用权，在城市开发、新城区建设过程中具有更多的资源调控能力，因而具有更快的城市空间增长速度（表3.6）。

中国不同类型城市建成区面积变化（km^2）　　表3.6

时间	直辖市	省会城市	其他地级市	东部城市	中部城市	西部城市
2000年	1659	3544	8665	7810	5132	3279
2004年	2894	5494	12905	11372	6069	4485
2000～2004年年均增长率（%）	14.9	11.5	10	13.3	5.70	10.9

资料来源：顾朝林，于涛方，李王鸣，等. 中国城市化格局：格局、过程、机理[M]. 北京：科学出版社，2008：508.

从东、中、西部的城市发展来看，城市建成区面积的变化与国家区域开发政策有关，东部沿海城市的开放和西部大发展战略同样赋予这些区域内城市更多的财政自主权和资源调控能力，激励了增幅的城市建设行为，使东、西部的建成区面积的增长速度高于中部城市。

3.3 城市土地制度

城市土地是人类一切活动的空间基础，土地制度是一定社会制度下，国家和社会因人们利用土地而形成的一套行为规则，用于支配和影响土地生产、分配、交换、使用等各个环节中产生的人地关系和人与人之间的关系。城市土地制度是指在国家土地制度框架下，围绕用于城市建设的土地行为的行为规则。

3.3.1 我国城市土地使用制度改革逻辑与进程

我国自1949年以来，土地使用制度的确立和改革经历了一系列重大变化。本节首先回顾土地制度改革的过程，作为理解和认识现有土地制度的构成和存在的问题的基础。其次，由于土地制度中最主要的内容包括土地的产权制度和土地资源的配置体制，因此展开对我国土地产权和土地资源配置方式进行分析；进一步分析现阶段对城市土地配置起重要作用的城市土地储备制度；在此基础上，总结城市土地制度变迁和制度安排对城市空间增长的影响。我国城市土地改革的演变历程如表3.7所示。

我国城市土地使用制度演变一览　　表3.7

时间	土地使用制度变化	影响
1956年	《关于目前私有房产基本情况及进行社会主义改造的意见》：“一切私人占有城市的空地、街基等地产，经过适当的方法，一率收归国有”	城市土地收回国有
1982年	《中华人民共和国宪法》：城市的土地属于国家所有，任何组织或者个人不得侵占、买卖、出租或者以其他形式非法转让国有土地	城市土地的国有制在法律上得到认同
1986年	通过《中华人民共和国土地管理法》，规定土地不得出租或以其他形式转让	土地市场化被取消
1987年	深圳市政府以定向协议的方式出让了中国第一块商品土地的使用权，此后又以公开招标、拍卖的方式出让土地使用权；党的“十三大”报告指出，社会主义市场体系包括资金、劳务、技术、信息和房地产等生产要素市场	土地市场化重新启动
1988年	《宪法修正案》删除了不得出租土地的规定，改为“土地的使用权可以依照法律的规定转让”，《土地管理法》相应修改； 国务院发布了《中华人民共和国城镇土地使用税暂行条例》，开征土地使用税，土地使用费相应改为土地使用税	土地市场化取得法律认可
1990年	国务院发布《中华人民共和国城镇土地使用权出让和转让暂行条例》，对土地使用权出让、转让、出租、抵押、终止问题做了明确规定	土地市场化实施办法确立
1994年	通过《中华人民共和国城市房地产管理法》，明确了我国国有土地有偿、有限期使用的制度；国务院通过了《基本农田保护条例》，对城市建设征用农田做了规定	土地有偿使用制度、管理办法确立
1996年	上海市成立了第一家土地储备机构，开始了城市土地储备制度的探索	城市土地储备制度开始建立
1998年	修订《中华人民共和国土地管理法》，规定建设单位使用国家土地，应该以出让等有偿方式获得	土地有偿使用得到法律认可
2001年	《关于加强国有土地资产管理的通知》规定“为增强政府对土地市场的调控能力，有条件的地方政府要对建设用地试行收购储备制度”	城市土地储备制度开始推广

1．土地收归国有，取消市场化（1949～1987年）

1949年新中国成立后，首先废除了封建土地私有制，并建立了土地的农民私有制。在此基础上，通过对农户、工商业者、资本家及官僚的土地私有制进行社会主义改造，最终将土地私有制改造成了国家或者集体所有的土地公有制（艾建国，2001）。

在农业用地方面，1947年《土地法大纲》颁布，标志着土地农民私有制的产生。1958年全国农村开始“人民公社”，以公社作为基本生产和分配单位、无偿平调各生产队的劳动力、生产资料、资金及其他物资、全部自留地和社会家庭副业转归公社所有，进行集体合作生产和集体分配，其实质是将土地私有制变革为土地国家所有制，农民以集体合作方式无偿使用土地。

在城市用地方面，1956年以后，开始对城市中的私营工商业进行社会主义改造，到1958年城市中的绝大部分土地已归国家所有。国家对城市土地严格禁止一切土地交易和使用权转让，一直持续至改革开放初期。

20世纪50年代中期至改革开放初期，城市土地使用制度采用的是无偿、无限期使用，使用权不准转让的行政划拨制度（图3.9）。城市土地以实物指标分配到土地使用者手中，由于在经济上对土地完全没有约束，导致城市建设用地多征地、早征地、征好地或者征而不用，造成土地的大量闲置或低效使用，日益构成国家财政的沉重负担，同时也给城市规划和城市管理造成很大困难。

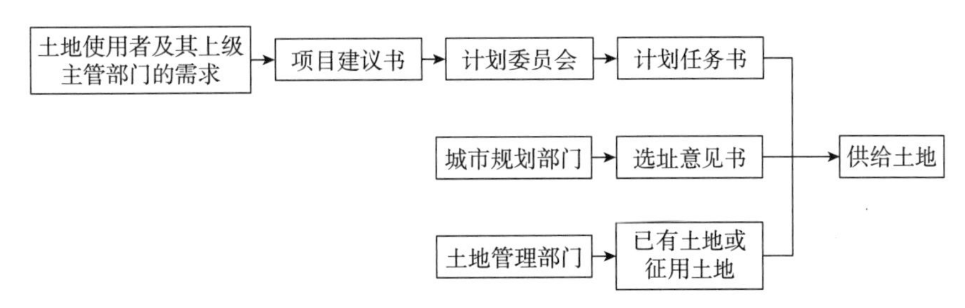

图3.9　城市用地计划供应模式

2．土地使用启动市场化进程（1987～1996年）

1978年的改革开放使中国经济体制向市场经济逐步转型，长期被计划经济体制所禁锢的社会生产力得以迅速释放，中国经济进入长期快速增长阶段。中国工业化、城市化的快速发展对土地的需求不断增加。

北京、上海、抚顺和成都等城市从1982年开始由国家主导相继开展了土地商品属性的探索；深圳市规划国土局早在1987年9月便拉开了土地出让的序幕——以协议方式第一次向企业出让国有土地使用权；深圳、上海、天津、广州、厦门和福州于1987年11月被国务院批准作为土地使用制度改革的试点。同年11月25日，深圳市国土局以公开招标形式出让了一宗国有土地使用权。《城镇国有土地使用权出让和转让暂行条例》在1990年出台，这部法规是我国第一部明确国有土地有偿使用的法规，它明确了土地使用权可以采用协议、招标、拍卖三种方式。我国土地市场进入市场制度的建设阶段是在1992年以后。从此以后，我国城市建设用地的使用方式开始呈现“双轨制”的供应方式，即，土地使用制度改革以后，土地使用权由无偿、无限期使用，变为有偿、有期限使用；

土地供给方式也由原有划拨方式改为划拨、出让、转让、租赁、出租、作价出资和授权经营等共同构成（表3.8）。

城市土地双轨制供应方式 表3.8

方式	内容
无偿划拨	由用地单位及其主管部门向计划部门提交用地申请，计划部门依靠国民经济计划所确定的投资规模、各种建设项目的优先次序以及在计划年度中可以筹集到的资金来供给土地
协议出让	由土地所有者的产权代表与提出申请的用地方，在没有第三方参与竞争的条件下，通过双方协商，要求用地方必须按照出让合同限定的条件来使用土地，以达到出让国有土地使用权的目的
招标	由土地所有者的产权代表发布招标公告，邀请特定或者不特定的公民、法人和其他组织参加国有土地使用权投标，评标委员会综合考虑投标人各项条件，根据投标结果确定土地使用者的行为
拍卖	由土地所有者的产权代表按照指定的时间和地点，组织符合条件的，有意受让使用权的人到场，就土地出让价格公开叫价竞投，并将国有土地使用权出让给出价最高者的一种出让方式
挂牌	由出让人发布挂牌公告，按照公告规定的期限将拟出让宗地的交易条件在指定的土地交易所挂牌公布，接受竞买人的报价申请更新挂牌，根据挂牌期限截止时的结果确定土地使用的行为

3．完善土地使用市场化程度阶段（1996年至今）

城市土地收购储备制度的建立是我国新一轮城市土地供给制度改革的标志。我国第一家土地储备机构于1996年在上海成立，在此之后的2001年政府出台了《关于加强国有土地资产管理的通知》，该文件的出台，制定和规范了城市土地储备制度。

土地资源配置体制对于城市和农村而言是两种不同的配置方式。在农村政府可以通过征用土地将原本的农村集体土地转化为城市国有土地；而在城市国有土地使用权分别对应了两种配置方式，即政府划拨和政府出让。一方面，政府划拨的土地是没有使用期限的限制，这类配置方式一般仅对应国有单位和非营利性事业单位。另一方面，政府出让的土地是有使用期限限制的，这种配置方式是将土地使用权进行出售，使用者进行购买。对比土地资源配置体制改革前后可以看到，改革的重点环节是农业用地向非农业用地的转变。

4．我国土地制度改革的基本逻辑概括

综上所述，我国土地使用制度改革大致经历了三个阶段（图3.10）。

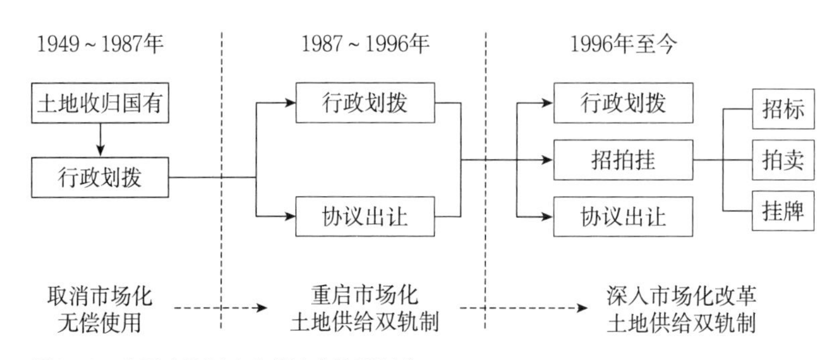

图3.10 中国土地制度改革演变阶段划分

从我国城市土地使用制度演变可以看出，我国城市土地改革的特征之一是政府逐步退出对城市土地的计划配置，开始进入城市土地资源市场化配置的阶段。所谓城市土地资源市场化和运用市场机制来实现城市土地资源的配置。市场主体通过明晰产权和产权主体，引入反映土地资源的价格供给需求调节，建立并完善法律法规体系和中介服务体系，以保证土地市场健康有序地运行。其中，产权明晰是土地资源可以进行市场化配置的前提，价格机制是市场机制的核心，是土地产权交易的标志，建立合理的价格体系和调节机制是土地资源市场化配置的重要内容。

我国城市土地制度改革另一个主要特征是，维持城镇与农村不同的配置方式的同时，通过城市土地储备等制度设计，实现政府对土地一级市场的垄断，变土地多头直接进入市场为政府主导下的统一集中收购、统一开发储备、统一出让供地，强化政府控制下的城市土地市场。因此，我国土地制度改革的基本逻辑可以概括为在促进土地制度市场化改革的同时，强化政府对于城市一级土地市场的完全垄断地位，形成政府控制下的城市土地供给市场。

3.3.2 产权制度与城市空间增长

在土地经济学、公共经济学和新制度经济学中，产权都是一个重要概念，对于经济过程有着很强的解释力。近年来，在城市规划学科，关于产权和物权与城市建设的关系也进行了深入的研究。

土地市场化改革之前，土地产权制度的缺陷对城市空间演变的影响可以从对城市空间结构所造成的负面影响清晰地表现出来。土地产权制度是土地制度建立的基础，因此土地制度的缺陷作用于城市空间结构主要是通过对其他土地制度的影响产生的间接作用。具体而言，中国土地产权制度的缺陷主要通过三种方式或途径影响城市空间结构的演变（图3.11）（陈鹏，2009）。

从规划控制的角度，在各种类型土地产权制度中，与城市发展关系紧密的有土地使用权、空间使用权和空间开发权等。

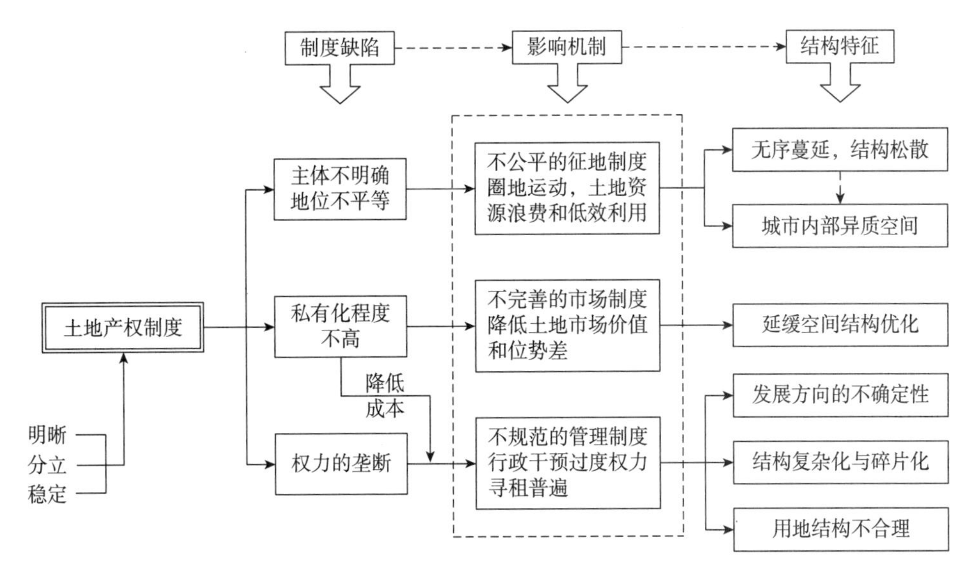

图3.11　土地产权制度缺陷对城市空间的影响

资料来源：陈鹏. 中国土地制度下的城市空间演变[M]. 北京：中国建筑工业出版社，2009：86.

1. 土地使用权和房屋所有权

我国城市的土地属于国家所有，土地的使用权可以依照法律的规定转让。因此，在我国城市的土地产权市场上交易的实际上是国有土地的使用权，又称为城镇国有土地使用权或城市国有土地使用权、“城市规划区国有土地范围内的房地产开发用地的土地使用权”。这些不同名称的土地使用权，一般统称为“城市（镇）建设用地使用权”，简称为土地使用权。

随着以建立社会主义市场经济体制为目标的改革开放的深入，作为经济发展必需的土地资源的所有权和使用权相分离成为必然。城市建设用地的使用权是以城市土地所有权属于国家为前提的，或者说我们谈论城市建设用地的使用权时，城市土地必然是“国有土地”。同时，可以出让、转让的城市土地使用权实际是城市（镇）建设用地的使用权，这在我国《土地法》《房地产法》《中华人民共和国城镇国有土地使用权出让和转让暂行条例（1990）》《城市国有土地使用权出让转让规划管理办法（1992）》的条文中均有体现。

房屋所有权是行使土地所有权、空间利用权的结果，即房屋所有人通过建设、购买等行为获得的房屋的产权。房屋对于人们的核心价值是建筑空间。由此，房屋产权应当包含利用建筑空间的权利。建筑空间是依附土地而存在的，利用建筑空间的权利在物权法中就是空间利用权。这是与土地使用权相联系的一种用物权益。建筑物实体是形成空间利用权的物质形态，其主要功能就是限定空间利用权。也就是说，房屋产权的核心内容是空间利用权，但空间利用权必须依附于房屋所有权而存在，房屋所有权决定了房屋产权的物质实体，而空间利用权是房屋产权的实质内容。

2. 空间利用权和空间开发权

土地在物权法中具有三维空间的属性，在土地地表上下能满足权利人需要的一定空间都是权利人当然的支配范围，权利人对土地上下空间的支配权成为“空间权”（郑振源，2005）。在市场经济中，城市开发的最直接目标是获得“产权空间”。

由于我国土地产权属国家所有，因此，“产权空间”的核心权利是空间利用权。“产权空间”的空间利用权在我国现行的法规中并未得到明确的界定，而是包含在土地使用权之中。核发“一书两证”[①]的“规划设计条件”的内容，对于建成后的建筑物来说，其法律上的内涵就是“空间利用权”。“空间利用权”完全可以从“土地使用权”中分离出来。在社会主义市场经济条件下，空间利用权与土地使用权相分离将是我国经济体制改革的重大突破，并将有力推进我国城市空间管理的法制化和科学化（周进，2005）。

空间利用权与土地使用权之间属于一种共生的依存关系，只有在土地使用权基础上空间利用权才能存在，而空间利用权决定了土地使用权的真正权益——使用价值。同时，空间利用权与房屋所有权也是一种相互依存关系，空间利用权决定了房屋所有权的物质实体。而对房屋产权来说，空间利用权必须依附于房屋所有权而存在。与现有的房地产财产权利登记制度相一致，“空间利用权”的法律凭证是“空间利用权证”。

---

① 国内一些城市在规划管理工作中增加了《建设工程规划验收许可证》，因此成为“一书三证”；如重庆市在规划管理中心根据验核建设工程规划许可的实施情况，核发《重庆市建设工程规划验收合格证》。

对待开发的城市地块来说，“规划设计条件”的内容构成了一个虚拟的物质空间，在法律意义上就是“规划预计的合法的空间利用权”，即“规划设计条件”是对待开发地块上的“规划预计的合法的空间利用权”的具体描述。因此，对待开发地块来说，“规划设计条件”的内容实际上构成了依法获得空间利用权的一种权利，这可称为空间开发权①。《土地使用权规划管理办法》中的规划设计条件与附图的内容实际上就是空间开发权的内涵。所谓“空间开发权”，是指在特定城市土地上进行开发时所拥有的获得“空间利用权”的有限权利。也就是说，空间开发权决定了空间利用权，进而决定了土地使用权的真正权益和房屋所有权的权利内容。简单地说，在法律关系上，空间开发权是“房产三权”的上位权，即空间开发权决定了“房产三权”。空间开发权应由《城市规划法》调整。依据我国《城市规划法》，取得“一书两证”意味着开发项目工程设计符合规划设计条件。也就是说，“一书两证”是开发商（《城市规划法》中称之为“建设单位或个人”）依法获得待开发地块的空间开发权的法律凭证。

3．空间开发权与规划控制的关系

从空间开发权与城市规划的关系来理解，城市规划的实质是基于土地开发权的空间管制，空间管制实质是土地开发权在空间上的分配（林坚、许超诣，2014）。

土地使用权、空间利用权、房屋所有权可简称为“房产三权”。规划控制的内容实际上是位于“房产三权”上位的“空间开发权”。这样，“空间开发权”可以说是规划控制直接的法律对象。而由空间开发权决定的“房产三权”也属于规划控制的法律对象范畴。但在法律关系上，规划控制的法律对象是“房产三权”中的“空间利用权”，由此构成一个层次分明的规划控制的法律对象体系（周进，2005）（图3.12）。

空间开发权是“产权空间”众多物权的上位权，法律凭证是“一书两证”。产权空间的“房产三权”是指包括空间利用权、土地使用权和房屋所有权。这是“产权空间”的使用价值所在，是房

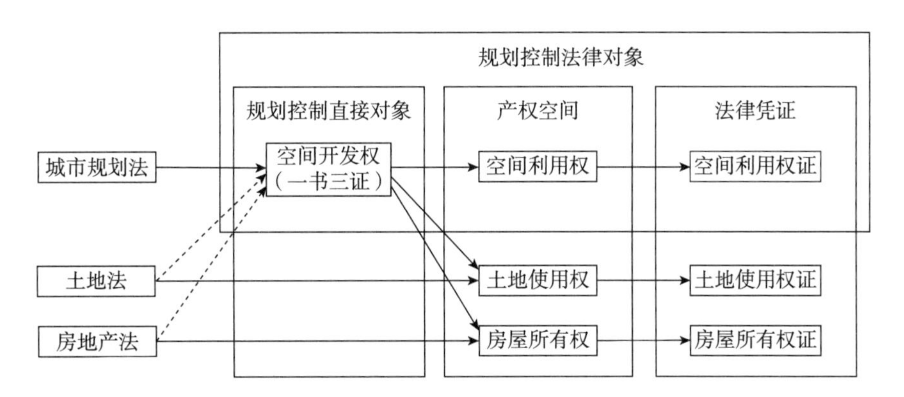

图3.12　产权空间与规划控制的法律对象体系

资料来源：周进. 城市公共空间建设的规划控制与引导[M]. 北京：中国建筑工业出版社，2005：213. 有调整。

---

① “空间开发权”在英美法系中对应的词汇是“Development Rights”，一些学者运用了“空间发展权”概念展开讨论。郑振源（2005）著文《“Development Rights”是开发权还是发展权?》专门讨论了这一概念，分析了“Development”作为“开发权”和“发展权”哪一种译法更为合适，结论为“Development Rights”应译为“空间开发权”。本研究中遵从这一结论，运用“空间开发权”城市空间增长的相关问题。

产市场交易的真正内容。“房产三权”规定了房屋在交换、使用过程中的权利和义务。“房产三权”中，空间利用权是土地使用权和房屋所有权的上位权。因此，空间利用权是“房产三权”的核心，它规定了房屋产权的内涵。同时，空间利用权也依附于土地使用权和房屋所有权而存在。在“房产三权”中，规划控制的直接法律对象是空间利用权，并通过它实现对“房产三权”的控制（周进，2005）。

空间开发权、空间利用权和空间利用权证可简称为“空间权”。因此，规划控制的直接的法律对象就是“空间权”，它包括空间开发权、空间利用权、空间利用权证三个层次。在社会主义市场经济中，“空间权”的设立意味着“空间权利制度”的完善。我国目前仍没有明确的“空间权利制度”，而由于在法律上缺乏对房产权利的明确界定，已成为在城市开发、房产交换等市场行为中引发“房产问题”的根源。对此，通过“空间开发权”，在理论上使城市规划得以与土地利用规划、房地产开发建立直接的联系，最大限度地发挥城市规划在引导和控制城市开发上的规划作用，实现城市空间的可持续发展。在法律上保持国家对空间开发权的完全控制，是在社会主义市场经济特征条件下，对我国“城市土地属于国家所有”的宪法规定的市场理解和具体法律注释，并在根本上保障了城市规划在配置城市空间资源上的龙头地位。

4．土地利用总体规划与城市规划

国土部门通过编制土地利用总体规划对土地实施管理。土地利用总体规划是根据国家和地区经济、自然条件和国民经济发展的要求，协调土地总供给与总需求，进行土地利用方面的总量安排，更多关注土地资源节约使用，特别是对耕地资源的保护。土地利用总体规划由于受到人口多土地后备资源少的国情限制和国家层层指标分解的管控方式，因而规划刚性突出（胡俊，2010）。在土地利用规划和城市总体规划相衔接的过程中，由住建部门制定的城市规划与国土部门制定的土地利用总体规划之间，在城市建设用地的规模和布局上常出现许多矛盾和差异，其规划内容的矛盾背后是部门职能之间的交叉重叠，且各自都有相关法律规范作支撑，因此在实际建设中，土地利用总体规划与城市规划之间常常缺乏有效的衔接而常常“打架”（许景权，2016）（图3.13）。

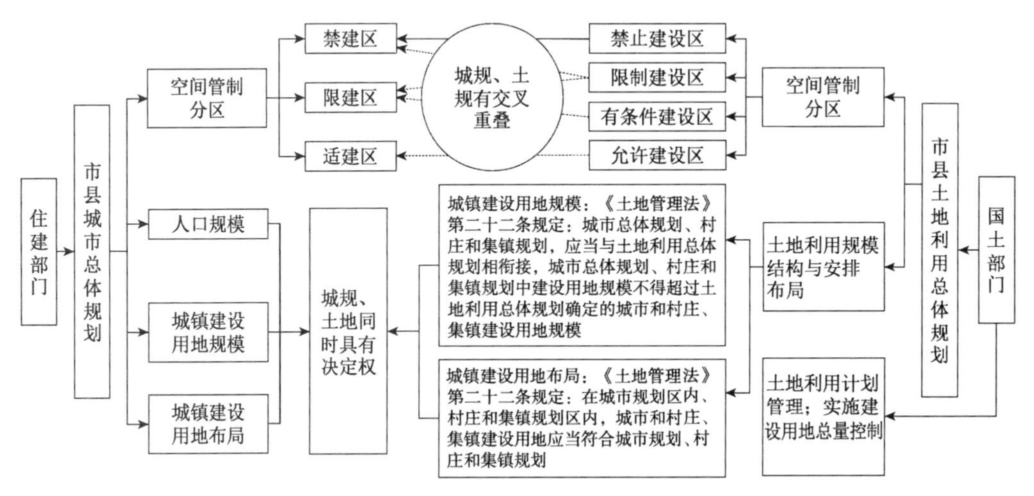

图3.13　土地利用总体规划与城市总体规划交叉重叠的关系

资料来源：许景权．空间规划改革视角下的城市开发边界研究：弹性、规模与机制[J]．规划师，2016，32（6）：7.

3.3.3 城市土地储备制度与城市空间增长

1. 城市土地储备的建立和预期目标

城市土地使用制度市场化改革启动以后，市场体制和市场主体框架在经过土地市场初期发展后得到了初步建立，随着市场发展日渐成熟，土地资产日渐显现，同时市场化配置范围日渐扩张。但我国土地市场还处于不成熟的建设发展阶段，因此目前还存在着许多问题，比如土地市场的管理体制不够完备，管理配套也有待完善，市场覆盖面小、竞争性不够强，土地产权界定模糊，寻租活动盛行，市场配置资源作用没有充分发挥，土地供应总量失控，城市土地价格未有合理管控等。土地一级市场的规范化也有待完善，我国土地一级市场目前存在的有些问题也较为严重——增量建设用地被政府垄断供应，城市存量土地管理混乱等。在土地市场化改革深入发展之下，土地储备制度可以作为政府当下对土地一级市场供应垄断的有效手法，政府可以借此参与到土地市场的调整和管控的过程中，以此解决部分土地市场存在的问题。

土地储备制度是顺应和深化1987年开始的城市土地制度改革的产物，有人称之为“中国城市土地利用制度的二次革命”（卢新海、邓中明，2004）。1996年，上海市成立土地发展中心，开始了土地储备实践，解决了一些土地管理过程中的重点、难点问题。在进一步的土地储备制度实践中，一些城市为了解决城市建设资金问题，通过土地储备制度并运用土地招标拍卖取得了可观的经济利益。同时国家在2001年要求“有条件的地方政府要对建设用地试行收购储备制度”，在这种示范作用、实际利益和国家政策的支持和吸引下，很多城市都竞相推广土地储备制度。

2. 城市土地储备的运行机制

城市土地储备制度是指城市政府按照法律程序，运用市场机制，根据土地利用总体规划和城市规划，通过收购、收回、置换、征用等方式取得土地使用权，并进行土地的前期开发整理与储备，以适时适量供应和调控城市各类建设用地的需求，规范土地市场，为城市发展提供土地资源（空间）、资产和资本的一种城市土地管理制度，是城市土地储备过程、相关法律法规配套及其实施管理的完整整体（图3.14）。

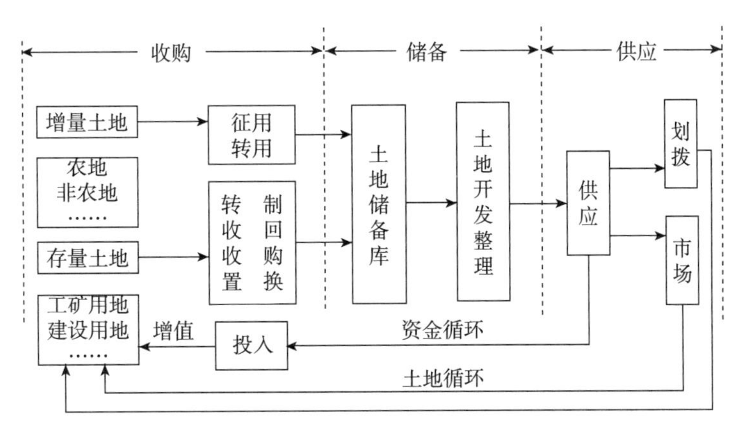

图3.14 土地储备制度运作模式

3．城市土地储备制度存在的问题

城市土地储备制度是对现有城市土地有偿使用制度的完善，虽然从短期发展看这种制度的实施在城市土地管理调控方面取得了重大进展，但是这项制度也同样存在着许多弊端需要解决。

城市土地储备制度的运营产生巨额经济效益，能够对弥补城市建设资金短缺等现实问题起到重要作用，因此，在城市发展中逐渐形成对城市储备与土地出让行为的依赖。部分城市由于将城市建设资金需求作为土地储备和出让的标尺，这种土地储备（出让）模式是一种短期行为和局部行为，对城市的土地资源的合理、高效使用产生阻碍，且会影响城市规划的有效落实。所以城市土地储备制度必须要围绕功能导向型模式转变，并结合城市规划、土地利用规划和土地储备供应计划开展进一步的研究和讨论。

城市收储制度面临法律支撑体系问题。在市场经济条件下，政府为何要垄断供应土地？政府何以限制土地使用者转让土地？对这些疑问，现行法律法规确实难以回答；虽然中央政府对于建立城市储备机构持支持态度，各个城市积极推行，但相对采取了差别明显甚至大相径庭的模式和做法，能否找到确凿的法律依据、获得足够的法律支撑甚至是否与现行法律相悖尚不明确。

同时，土地储备制度面临利益分配关系问题，土地储备制度建立以后，虽然改变了原有划拨土地使用者独享土地收益的局面，但是政府试图垄断土地市场，所有需要盘活的土地都不同程度地划归储备机构收储，并由市场确定土地开发单位、由市场确定土地价格，而由此所产生的土地收益主要归政府所有，政府和原土地使用者之间如何分配利益尚缺乏统一的原则性规定。

此外，城市储备制度还面临资金筹措、土地收购价格、资金运作与风险等问题，而各相关职能部门的协作及其行政主管领导的任期制约亦是土地储备制度执行过程中的关键问题。

4．城市土地储备制度的影响分析

众多城市实施了土地储备制度，建立了土地储备机构，尽管模式不同、做法各异，但已实现了多项政府目标，基本实现了土地储备制度的初衷。

1）初步实现了存量土地供应的政府垄断

城市土地供应权的垄断是各级政府长期追逐的目标，但是，在土地储备制度实行以前，政府通过土地征用制度与流程（图3.15），仅能对新增建设用地的供应起到控制作用，但对城市存量土地政府不能垄断且没有供应能力，这是因为现行法律允许土地使用者在手续完备的前提下转让土地。但是在土地储备制度建立起来之后，政府变得有能力且有保障对存量土地进行垄断和供应，政府通过土地收购权和土地批发权的运用，从不同的方面逐步实现了城市中存量土地的垄断供应和土地调控。

2）实现了土地出让的本质性转变

“生地”出让不仅减少了政府土地收益，也给开发商造成了拆迁、配套等麻烦，项目开发周期也可能延误，政府早就有意实行“熟地”出让只因缺乏适宜的机构和足够的资金才暂缓推行。土地储备制度的建立，不仅让土地熟化所需的资金有了着落，也找到了房屋拆迁、土地平整和大小配套的执行机构问题。

采用招标拍卖方式出让土地是政府极力主张和倡导的，然而若干年的推行并不令人满意，其中最重要的原因就是政府“无地可招”“无地可拍”。土地储备制度的施行让政府掌握了足够的土地，

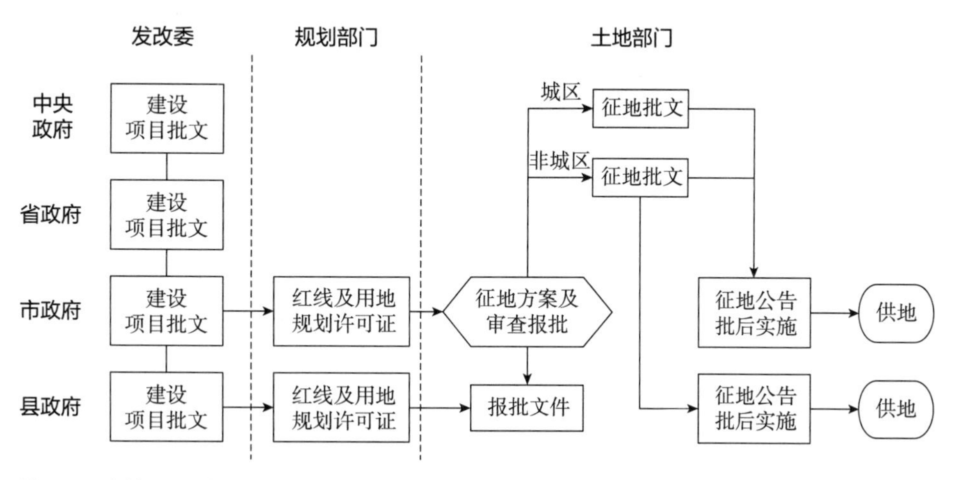

图3.15 土地征用一般流程

而且政府也支付了相当大的成本，结果是，政府不仅有地可拍，而且是不拍不行，不拍难以回收成本，不拍不能实现土地效益最大化，土地出让方式正从以协议为主向以招标拍卖为主转变。

3）实现了土地利用方式的转变

保护耕地是我国的一项基本国策，同时，《土地管理法》和中央政府相应的政策都要求严格控制新增建设用地总量，实行耕地用途管制、占补平衡。面对这些规定，积极利用存量土地、启用闲置土地是唯一出路。但是存量土地的利用会涉及众多土地使用者的利益，利益诉求、利益冲突和利益分配（如安置补偿、债权债务清理等）。这些问题均不是土地行政主管部门一力可以解决的。同时，政府无偿收回因企业原因造成的闲置两年以上的土地，但如何重新启动尚无有效机制。众多城市在之后土地收购储备制度施行后纷纷建立起了自己的土地储备供应管理委员会，几乎每个城市都组建了土地储备中心，不仅使各种矛盾的协调变得容易，还使消化、处置闲置土地可以更有效、规范地操作（图3.16）。

4）保证了城市规划的落实

储备制度建立之前，市场多头供地，同时由于土地获得方式的不同，土地价格不同，使用土地的方式、建设强度差异较大，规划协调机制复杂，控制难度大。土地储备制度建立后，城市土地由储备中心收购后再行招商则能在统一规划条件下出让土地，使得各自为政的土地使用方式得到有效遏制，规划意图得以落实，规划空间效果能够得到更好的体现。同时，土地储备中心实行净地出让，公建配套由政府统一负责实施，较好保障了公共服务设施规划的落实。

3.4 城市空间规划制度

3.4.1 城市空间规划体系的构成与改革历程

空间规划是指人类为了在区域发展中维持公共生活的空间秩序而做的对未来空间的安排。从本

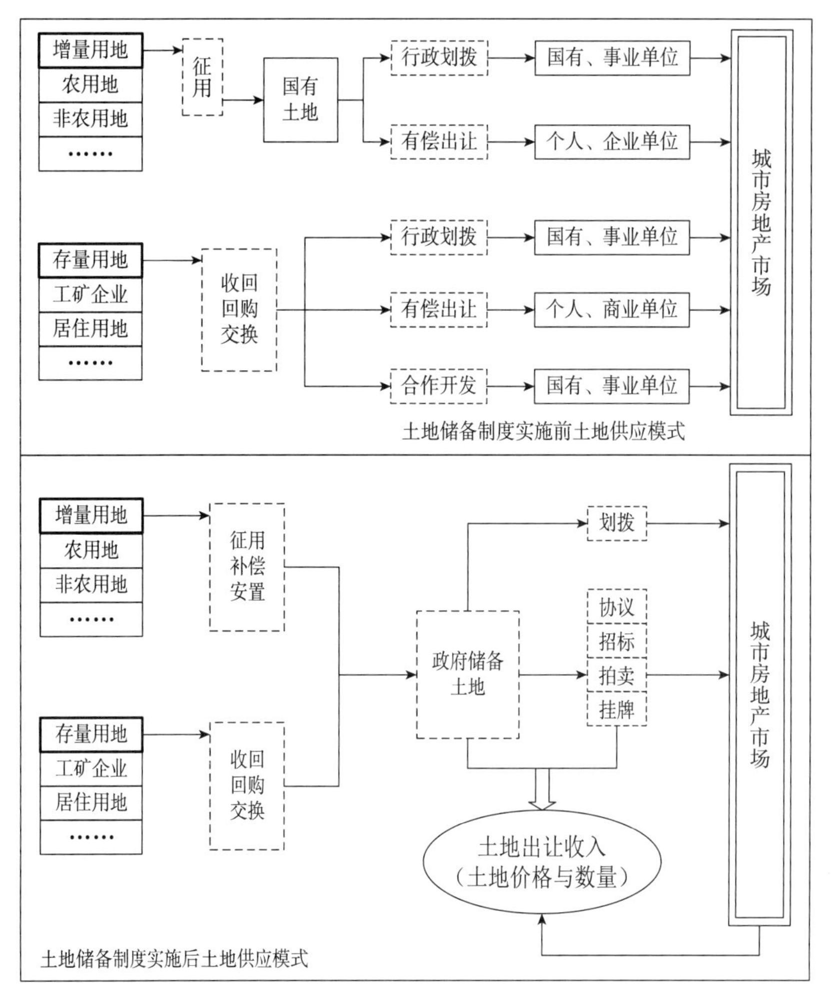

图3.16 土地储备制度实施前后土地供应模式对比分析

资料来源：张娟锋，虞晓芬. 土地资源配置体制与供给模式对房地产市场影响的路径分析[J]. 中国软科学，2011（5）：31.

质意义上，是对人居环境各层面、以城市层次为主导对象的空间规划（吴志强、李德华，2010）。空间规划体系的构成和作用过程，首先将区域分成不同的既相互独立又相互交叉的复合型层次机构，同时通过从宏观到微观，从发展战略到操作管理的决策来实现空间规划和管理的目标。从横向上看，空间规划主要包括发展和改革委员会主导的国民经济和社会发展规划、主体功能区规划，住房和城乡建设部主导的城镇体系规划、城市发展战略规划等，国土资源部主导的国土规划、土地利用总体规划等，环境保护部主导的环境保护规划、生态功能区划等以及其他部门主导的交通规划、市政工程规划等专项规划。从纵向上看，空间规划包括国家级、省级、市级、县级、乡镇等。不同部门的不同规划在不同的层次上对空间规划进行有序的协调，共同创造和谐的空间规划（吴良镛、武廷海，2003；林坚、许超诣，2014）（表3.9）。

我国空间规划体系构成　　表3.9

规划主体	规划名称	规划层级					规划重点
		国家级	省级	市级	县级	乡镇	
发展和改革委员会	国民经济和社会发展规划	√	√	√	√	√	综合研究拟订经济和社会发展政策，进行总量平衡，指导总体经济体制改革的宏观调控
	主体功能区规划	√	√	√			
住房和城乡建设部	城镇体系规划	√	√	√	√	√	关注城市与乡村区域的用地安排与协调发展
	城乡总体规划			√	√	√	
	控制性详细规划			√	√	√	
	修建性详细规划						
国土资源部	国土规划	√	√				负责土地资源、矿产资源等自然资源的规划、管理、保护与合理利用
	土地利用总体规划	√	√	√	√	√	
	矿产资源等专项规划	√	√	√	√		
环境保护部	环境保护规划	√	√	√	√	√	监督管理环境污染防治，协调解决重大环境保护问题
	生态功能区划	√	√	√	√		

资料来源：根据相关法律文献绘制。

1．空间规划改革历程

新中国成立至今，政治、经济、社会等领域相关制度的剧烈变迁，从根本上改变着空间发展的动力基础。我国对空间规划制度探索是在计划经济时期开创建立起来，经历了20世纪50年代的初始期、60~70年代的动荡停滞期、80年代的恢复发展期、90年代的重建期以及21世纪的转型期等长期的探索和演变历程，对我国城乡空间建设产生了深远的影响。探索六十多年来空间规划的制度演变有助于我们更好地理解和掌握当前空间规划的特征，为空间规划的改革提供思路。

1）新中国成立初期空间规划的初始期（1949~1957年）

新中国成立后，我国的国情与国家制度发生了巨大的改变。经过抗日战争、解放战争的洗礼，国家各项规划建设百废待兴。1949年至1952年，是国民经济的恢复时期，我国建立了社会主义的基本制度，此时期的城市建设方针为“变消费型城市为生产型城市”；1950年6月，中央人民政府委员会通过了《中华人民共和国土地改革法》，废除地主土地私有制，实行农民的土地所有制。自1953年起，我国开始在苏联的援助下实施第一个五年计划。新中国的区域规划便是伴随着第一个五年计划的大规模建设而起步的，该时期为了落实重点工业建设项目，由各部门单独建设逐渐发展为多学科多部门协作配合、统一规划的区域规划。1954年，全国第一次城市建设会议上提出“工业建设规模的加大和建设速度的加快，要求城市建设必须大力的配合”。1955年国务院通过了《关于设置市、镇建制的决定》，成为新中国成立后我国第一部关于市镇设置的正式法律文件，强调了市的行政地位和隶属关系，规范了新中国的城市区划格局，为规划编制工作奠定了基础（周亚杰、高世明，2016）。

2）空间规划的动荡与停滞期（1958~1977年）

继“一五”计划超额提前完成之后，新中国社会经济发展发生重要转折。1958年“大跃进”和人民公社化运动在全国范围内全面开展，这一时期经济发展忽视了客观经济规律，严重破坏了国民经济各部门的综合平衡。1960年11月，“三年自然灾害”时期，全国计划报告宣布“三年不搞城市规划”，压缩大量建设以及下放大量规划人员到乡村。1962年全国第二次城市工作会议提出“对于城市，特别是大城市的人口增长要严加控制”。1966年开始的“文化大革命”，更是城市规划和城市建设遭到严重破坏的时期，各地的城市规划机构撤销，城市规划管理工作处于瘫痪（李浩，2012）。直到70年代初，国家建委成立了城市建设总局，局下设立了城市规划处，城市规划和建设工作才重新启动（周亚杰、高世明，2016）。

3）空间规划的恢复期（1978～1989年）

在城镇建设领域，1978年全国第三次城市工作会议提出“控制大城市规模，多搞小城镇”。此次会议还要求：“全国各城市，包括新建城镇，都要根据国民经济发展计划和各地区的具体条件，认真编制和修订城市的总体规划、近期规划和详细规划。”这对城市规划工作的恢复和发展具有重要的意义（周亚杰、高世明，2016）。1980年，国务院批准《全国城市规划会议纪要》，提出“控制大城市规模，合理发展中等城市，积极发展小城市，是我国城市发展的基本方针。”1989年12月，全国人大常委会颁布了《城市规划法》，这是我国新中国成立以来第一部城市建设领域的国家法律，标志着城市规划的法制建设进入了新的历史阶段。

国土规划方面，1984年，原国家计委开始牵头编制《全国国土总体规划纲要》；1987年，颁布了《国土规划编制办法》，陆续开展一些跨省（区、市）的国土规划。这一时期城镇建设用地仍然是由国土部门统一划拨，政府是空间建设唯一的投资者和决策者，在这种情况下，建设主体单一导致建设缺乏活力，空间建设进程缓慢，但更容易形成统一的空间布局。

4）空间规划的发展期（1990～1999年）

自20世纪90年代开始的由国家发改委、住建部、国土资源部以不同形式开展的区域规划活动，构成了我国对区域人地系统新认知指导下的区域建设模式的新探索。这一时期空间规划演变的主要特征是国土规划作用逐渐减弱，城镇体系规划的作用得到提升。

在城镇建设用地方面，土地市场化进程逐步推进。1990年国务院发布《中华人民共和国城镇土地使用权出让和转让暂行条例》，在土地使用权出让、转让、出租等问题上做了明确的规定，从而确定了土地市场化实施办法。1998年，国家修订《中华人民共和国土地管理法》规定建设单位使用国家土地，应该以出让等有偿方式获得，自此之后，土地有偿使用得到法律认可。

在城乡规划方面，建设部于1994年发布了《城镇体系规划编制审批办法》，城镇体系规划应同相应区域的国民经济和社会发展长远计划、国土规划、区域规划及上一层次的城镇体系规划相协调（吴志强、李德华，2010）。

5）空间规划的转型期（2000年至今）

进入21世纪，中国的工业化、城镇化步入了高速发展时期，国家战略调整的步伐也在逐步加快，国家先后提出了科学发展观、构建社会主义和谐社会、全面建设小康社会、实现中华民族伟大复兴“中国梦”等重大战略指导思想。

2007年，国务院发布《关于编制全国主体功能区规划的意见》，要求确定主体功能定位、明确开发方向等，开启了编制全国主体功能区规划的阶段。2010年，国务院通过《全国主体功能区规划》，在国家层面上将国土空间划分为优化开发、重点开发、限制开发和禁止开发四类区域（韩青、顾朝林、袁晓辉，2011）。

在城乡规划方面，2008年国务院颁布《城乡规划法》，将城市和乡村纳入同一个法定规划编制体系，确定了城镇体系规划、城市规划、镇规划、乡规划、村庄规划五个类别，并明确规定必须以控制性详细规划为依据划拨和出让土地，通过详细规划和“一书三证”制度实现对项目建设许可、用途变更、强度提高等的空间管控，城乡规划法的颁布实施是城乡体系规划建立完善的重要一步。

6）60年发展的总结及问题

我国的空间规划成形于20世纪50年代计划经济时期。新中国初期的空间规划主要受大规模的工业建设所推动，工作内容主体是各项工业建设项目的综合部署与空间布局（王凯，1999）。50年代末至改革开放前，空间规划脱离了经济社会的实际情况，空间规划的工作起伏动荡甚至停滞。1978年后，中国经济得以恢复和发展，城乡规划与土地规划相互参照，空间规划从而再一次迎来恢复发展期。90年代后，国家进行土地市场化改革，多元建设主体参与空间建设进程中，城乡总体规划、土地利用规划体系的完善，为空间建设快速发展奠定了基础。进入21世纪，我国进入快速城镇化时期，城镇建设成为空间建设活动的主要内容，国民经济与社会发展规划、城乡规划、国土规划、国民经济与社会发展规划等共同作用下，整体空间建设量大幅提升，经济效益、社会效益逐步提升。但是空间规划体系的管理体制、协调机制、公众参与不足，以及对环境污染的忽视等问题也逐步凸显。

2．现阶段我国空间规划构成

目前我国城市空间规划制度是不同部门指定的不同类型规划的综合（图3.17），由于土地利用总体规划、城乡总体规划、功能区规划、生态功能区规划等规划的职能不同，控制目标和控制体系不同，控制方法和目标不同，主体功能区规划、土地利用总体规划、城乡规划各具特点，共同发展趋势是强化空间管制。各自职能分工上，主体功能区规划是“政策区划管协调”，土地规划是“三线两界保资源”，城乡规划是“一书三证管建设”，实质都是基于土地开发权的空间管制（表3.10）（林坚、许超诣，2014）。

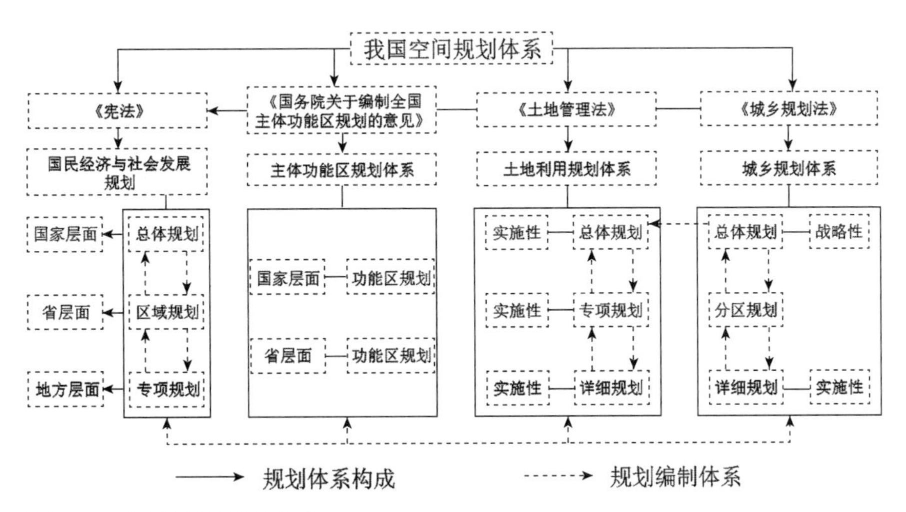

图3.17 我国空间规划体系构成

资料来源：罗超，王国恩，孙靓雯．我国城市空间增长现状剖析及制度反思[J]．城市规划学刊，2015（6）：54．有调整。

我国各项空间规划的基本内容　　表3.10

	城乡规划	土地利用总体规划	主体功能区规划	生态功能区规划
规划层级	五级规划	五级规划	两级规划	两级规划
	全国—省域—城市—镇—乡—村	全国—省级—地（市）级—县级—乡镇	全国—省级	全国—省级
规划内容	城市规划三个层级	计划调控	四类分区	三级区划
	城镇体系规划：三区划分、一战略、三结构、一网络	指标管理：耕地保有及占补、基本农田、建设用地（城乡建设用地、新增建设用地等）	四类主体功能区	三级功能区划
	中心城区规划：性质、规模、结构、布局、三区四线等	用途管制：基本农田、城乡建设用地分区等	政策区划下的国土开发强度控制、七类配套政策引控	生态调节、产品提供与人居保障三类一级分区及其他两级分区
	详细规划：控规为例，用地性质、强度控制、四线管控等	建设用地空间管制：三界四区		
管理手段	“一书三证”制度	强调耕地、基本农田、建设用地规模“三线”控制和基本农田边界、建设用地边界“两界”控制	尚不明确	尚不明确

资料来源：林坚，许超诣. 土地发展权、空间管制与规划协同[J]. 城市规划，2014，38（1）：28.

3. 未来空间规划的改革方向

1）深化多规合一，重构综合空间规划体系

习近平总书记在中共十八届二中全会第二次全体会议上提出要绘制一张好的蓝图，不要换一届领导就“兜底翻”，更不要为了显示所谓政绩去另搞一套。空间规划亦应绘制在同一张蓝图上，加强部门与部门内部、部门与相邻部门之间的协作，即将城市规划、土地利用总体规划、国民经济和社会发展规划以及其他部门的规划绘制在一张“蓝图”上，形成信息共享的机制。建立完善的规划管理程序与评估体系等制度，从而为一张蓝图绘到底保驾护航。空间规划应统一事权，统筹规划、土地、建设、生态等事项，通过规划、建筑、交通、市政等多专业合作不断提高规划水平。完善公共服务设施，加强县区融合，保障城乡统筹发展。

2013年以来，国家密集出台了一系列推动空间规划改革的政策（表3.11）。在相关政策背景下，国家先后在海南、广西、浙江、贵州、宁夏等地区实现空间规划（多规合一）的试点工作，并逐步在全国范围内推广。

2013年来国家关于空间规划的政策要求　　表3.11

日期	文件名称	具体要求
2013年11月	《关于全面深化改革若干重大问题的决定》	全面深化改革的总目标是完善和发展中国特色社会主义制度，推进国家治理体系和治理能力现代化； 建立空间规划体系，划定生产、生活、生态空间开发管制界限，落实用途管制
2014年8月	国家发改委、国土部、环保部与住建部联合下发《关于开展市县“多规合一”试点工作的通知》	探索完善市县空间规划体系，建立相关规划衔接协调机制。开展市县空间规划改革试点，推动经济社会发展规划、城乡规划、土地利用规划、生态环境保护规划“多规合一”，形成一个市县一本规划、一张蓝图

续表

日期	文件名称	具体要求
2015年5月	《关于加快推进生态文明建设的意见》	要坚定不移地实施主体功能区战略，健全空间规划体系，科学合理布局和整治生产空间、生活空间、生态空间
2015年10月	中共中央、国务院印发的《生态文明体制改革总体方案》	推进生态文明领域国家治理体系和治理能力现代化。整合前各部门分头编制各类空间性规划，编制统一的空间规划，实现规划全覆盖
2015年12月	中央城市工作会议	以主体功能区规划为基础统筹各类空间性规划，推进“多规合一”

资料来源：主要内容来源于许景权. 空间规划改革视角下的城市开发边界研究：弹性、规模与机制[J]. 规划师，2016，32（6）：5-9. 作者整理绘制。

在管理体制中，可以区分中央和地方两个层级的管理体制，经济社会发展规划、重大产业布局等内容结合各项专业规划内容并入中央管理层面；地方层面应协调各专项规划和部分发展诉求，统一将地区发展战略、土地利用、产业规划、空间布局、环境保护等内容纳入综合空间规划体系中统一管理。

2）完善相关法规体系，建立协调配套机制

空间规划体系的建立需要法律法规的保障，应该在《城乡规划法》《土地管理法》《环境保护法》等相关法规基础上，建立符合空间规划体系的法规体系。同时在行政机构改革中，重新界定包括发改、国土、建设、环保在内的各类规划部门的职责，加强基础数据、技术标准、信息平台、行政管理等方面的协调配套机制，建立有效的空间规划编制、审批、管理内容和程序，同时做好公众参与工作，才能使空间规划真正成为人民群众的利益表达，提升国家治理的民主化和法制化。

3.4.2 城市规划是城市空间规划的主体

1. 城市规划在城市建设实践中的主体作用

城市空间是城市建设实践活动的产物，人类长期、连续不断的城市建设实践形成了城市空间。社会主义市场经济条件下城市规划的任务是，如何科学、有效地控制和引导城市建设行为，以高效、公平地利用城市土地和空间资源，以建设高品质的城市人居环境。城市空间建设实践活动包含规划的总体控制、具体的开发建设与管理维护行为。从具体城市公共空间建设的时序上看，应该是规划总体控制在前，在规划控制的基础上进行城市开发活动，管理（使用中的管理）维护在后，具有明显的时段特征。

因此城市建设活动与城市规划的关系，可以分为规划控制、城市开发和管理维护三大阶段（图3.18）。

从这个意义上讲，政府、企业、城市规划、城市设计都是影响城市空间形成的重要因素。它们共同作用在城市开发这一具体的建设实践活动上，形成了规划的城市公共空间。政府、企业、参与规划的公众以及从事城市规划的规划师，都属于城市建设活动中的决策主体，实际就是城市空间的建设主体。

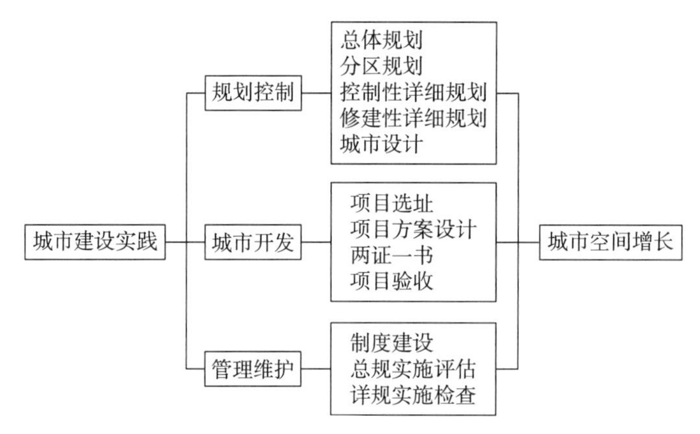

图3.18　城市规划在城市建设实践中的作用

2．城市规划体系的构成

1）城市规划体系的构成

一个国家的城市规划体系包括规划法规体系、城市规划运行体系、城市规划管理体系三个层面。其中，规划法规是现代城市规划体系的核心，包括国家基本的法律体系和城市规划专项法规等内容，为规划行政和规划运作提供法定依据。城市规划运行体系是城市规划行为体系的核心，通过规划编制、审批、执行和监督，反映了城市规划对城市空间的控制作用和控制过程。而城市规划管理体系是城市规划目标得以实现的手段。城市规划体系构成的三个方面的具体内容和相互关系如图3.19所示。

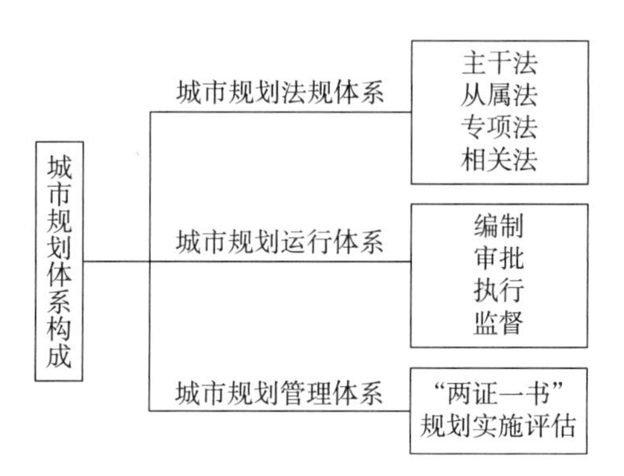

图3.19　城市规划体系构成

2）城市规划管理层级构成

城市规划管理体系是指在国家治理和机构设置的框架下，形成的关于规划管理机构以及管理层级的内容。

经过多年行政体制改革，我国已经初步形成了从国家到省（自治区、直辖市）、市和县的城市规划管理体系，如图3.20所示。但由于国内各城市社会经济发展过程、机构设置等多方面的原因，城市规划管理制度和管理程序在以上框架下有部分差异。由此导致的计划与规划、规划与建设、建设与用地等职能划分大多不尽相同，管理层级和管理方式反过来也影响着各自城市规划与建设的发展。

3．城市规划发挥作用的程序和过程

城市规划是城市空间建设直接的法定约束和技术指导，城市规划在城市空间的形成中发挥作用的法定程序和过程如图3.21所示。

城乡规划在空间管制过程中，依据《城乡规划法》，规划主管部门通过核发“一书三证”来发

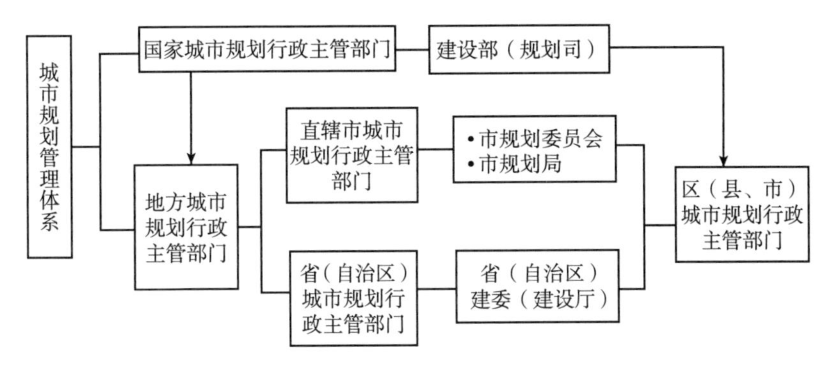

图3.20　城市规划管理层级框图

资料来源：曹春华. 转型期城市规划运行机制研究[D]. 重庆：重庆大学，2005：39.

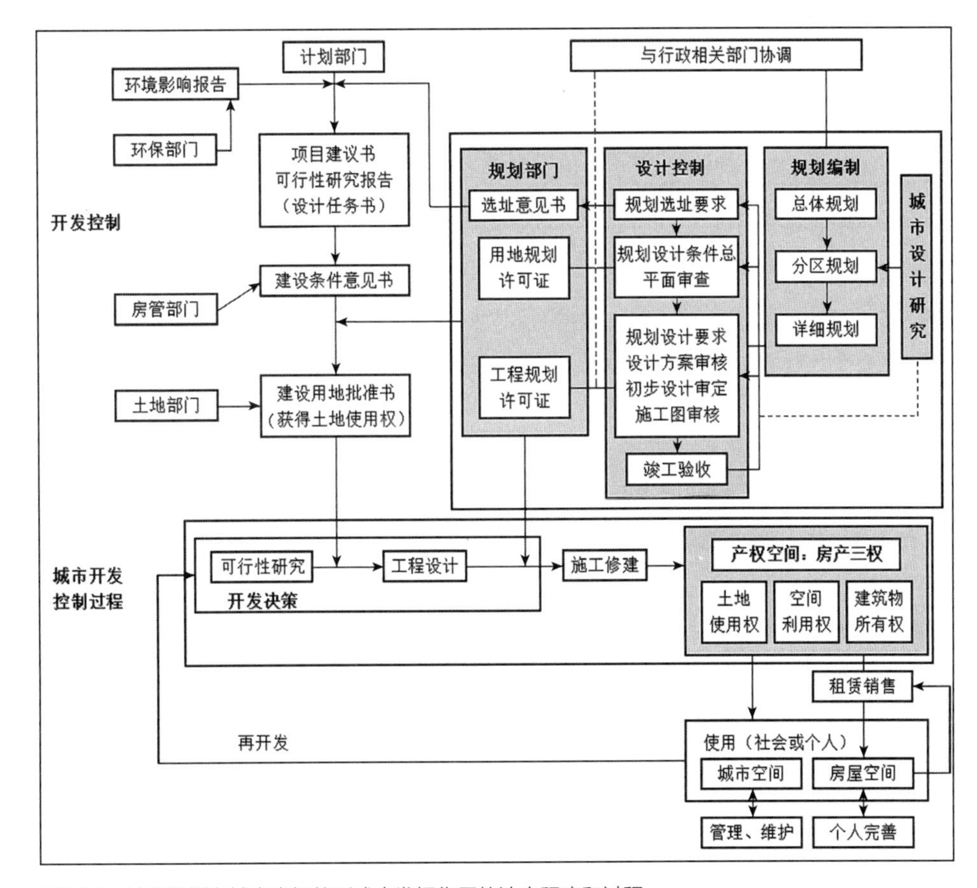

图3.21　城市规划在城市空间的形成中发挥作用的法定程序和过程

资料来源：周进. 城市公共空间建设的规划控制与引导[M]. 北京：中国建筑工业出版社，2005：193.

挥项目控制和空间监管职能；《城市规划编制办法》《城市、镇控制性详细规划审批办法》等明确了“三区”（禁止建设区、限制建设区、适宜建设区）和“四线”（蓝线、绿线、黄线、紫线）在城乡规划中的基本地位（李枫、张勤，2012）。在“多规合一”“多规融合”的城市空间治理和城市空间规划中，城市规划系统将持续发挥空间资源配置的主体作用。

4．现有城市规划制度的特征和问题

我国城乡规划的空间管控以法定规划体系作为支撑，发展脉络完整，实践创新丰富（林坚、许超诣，2014）。但在经济体制转型过程中，规划的管理办法也存在一定问题：如城市规划控制方式转变不及时、区域协调和多规合一的难度较大；城市规划是政府意志的体现，规划缺乏公众参与；城市建设用地指标分解，土地利用规划突破生态红线等方面。

1）城市规划控制方式转变不及时

在我国由计划经济向市场经济转型的社会背景下，城市规划制度是制度转型的一部分。在计划时期，城市规划是国民社会经济发展计划在空间层面的落实，可以将城市规划表现为计划落实的一个部分。在社会主义市场经济体制下，城市规划的参与主体、实施主体、规划的要素应该符合市场经济体制下供求机制、价格机制和竞争机制的一些特征，但城市规划的作用有一些不同之处（表3.12）。

计划经济体制和市场经济体制下城市规划的异同　　表3.12

	计划经济体制	市场经济体制
规划与计划的关系	规划是计划出台后的具体空间落实的设计与管理	符合规划要求是计划项目存在的必要前提
	规划设计方案符合计划项目的需求	计划项目符合规划要求
	在计划编制完成之后	应与计划同时编制
规划与土地的关系	行政划拨，无偿使用	土地有偿出让和使用
规划覆盖的空间	根据计划项目的范围确定覆盖空间	覆盖城市规划建设用地
规划编制的组织主体	政府或国有企事业单位	政府
规划编制的参与主体	政府和国有企事业单位	所有利益相关主体
规划成果形式	设计蓝图和技术说明书	图则和法定性文本
规划成果的公开性	内部使用，保密	社会公开
规划的服务和约束对象	政府和国有企事业单位	所有社会成员
规划实施的主体	政府和国有企事业单位	政府、开发企业和个人
规划过程的特征	行政管理过程	公共管理过程（空间利益交易过程）
规划的属性	技术工具	空间利益分配的公共政策

资料来源：何子张．城市规划中空间利益调控的政策分析[M]．南京：东南大学出版社，2009：12.

由于社会主义市场经济体制建设属于初步阶段，现阶段城市规划仍然保留计划经济时期的一些特点，但作为市场经济阶段对于空间资源配置的特征更为明显，其转变具体表现在：随着逐步建立的社会主义市场经济体制，资源配置方式发生了较大的变化，市场经济的发育发展程度超出了人们的预期，在城市形态上，超出的规划预期则是表现在城市用地向外拓展的速度和规模；城市经济结构和产业结构的调整速度超出了人们的预期，反映在城市空间上，表现为城市用地结构的调整速度超出了人们的预期；城市系统的系列改革，如住房制度、教育制度、医疗卫生体制等的改革措施，这些变化反映在城市用地布局和城市功能结构中，表现为城市规划布局适应相关变化的局限性和不足。

经济全球化背景下全球资本的流动和国际竞争的加剧，科技和信息技术的迅速发展，进一步加快了我国社会转型的步伐，也给我国的城市规划发展带来了难得的机遇和严峻的挑战：在规划内容上，从单纯的物质规划论到将社会、经济、文化、环境等因素纳入城市规划的转变，从终极蓝图到动态规划的转变，从规划设计到控制引导的转变这三个方面有明显的转变；在规划方法上包括宏观层次拓展、微观层次深化以及信息技术应用等，都预示着规划控制方式的转变。

2）区域协调与多规合一的难度较大

目前，我国实行“中央政府—省级政府—市政府—县政府—乡镇政府”的五级政权体制。行政区划包含了行政等级、行政辖区范围、行政中心等要素，行政等级高低与政府行政权力大小高度相关。从这样一种横向关系来看，在实践规划中，行政辖区范围，尤其是县乡级的行政辖区范围重叠的现象屡见不鲜。重叠的各个县乡根据自身的发展情况分别对重叠区域做空间规划，使得重叠区域难以协调发展。随着省直管县级市的出现，下级规划突破上级规划的现象屡见不鲜。

在同一个区域内分析，目前我国空间体系规划中主要的城乡规划、国土规划、国民经济和社会发展规划、生态环保规划等分别由城建部门、国土部门、发改部门、环保部门等独立管理。各类规划的参与主体之间既有共同利益，也有管理内容和管理方式的差异，在规划实践中加大了多规合一的难度（谢英挺、王伟，2015）。

“多规合一”与“多规融合”的宏观目标是达成生产、生活、生态空间的和谐共生与可持续发展。其参与博弈的核心空间开发权包括城镇发展、项目落地、耕地保护、生态环保、产业支撑、交通基础设施支撑等话语权。曾山山、张鸿辉、崔海波等（2016）将融合主题简化为图3.22所示的多规融合主体模式。

3）城市规划是政府意志的体现，规划缺乏公众参与

城市规划的基本价值取向要坚持价值判断中立和保护公众利益，城市规划对建设用地类型划分、公众利益的维护和社会公平起到了主导作用。城市规划同样也是对城市未来发展做出一定时期内的预判和安排，政府利用城市规划参与到经济活动中去，实行其调控职能，提高城市土地资源的配置和使用优化率，合理布局城市中生产和生活用地，提高城市生产水平和经济效益。

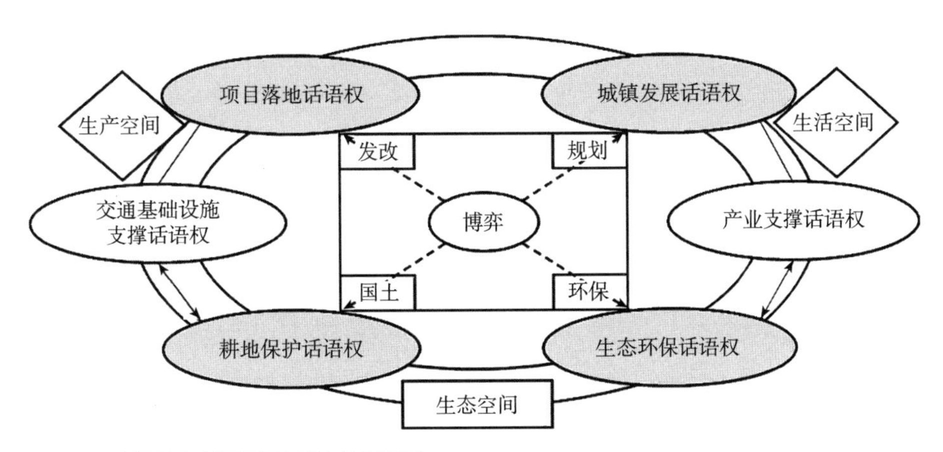

图3.22　多规融合空间话语权博弈的示意图

资料来源：曾山山，张鸿辉，崔海波，等. 博弈论视角下的多规融合总体框架构建[J]. 规划师，2016，32（6）：48.

在实践中，我国《城市规划法》规定，城市规划的编制、审批及实施管理均由地方政府负责。因此城市规划实践的行为主体是地方政府，而地方政府所制定的规划将对空间资源的配置利用产生直接影响。地方政府规划行为偏离了这一基本价值取向，而成为地方政府追求自身利益最大化的重要手段。

城市规划研究的核心课题是生产要素（企业、人口等）的空间优化配置。当前我国城市规划所聚焦的问题是“单体城市”淘汰产业的外溢，城市外围地区卫星城（镇）建设，城市中心城区功能的转变、更新或重建，以及居住郊区化等。实质上，城市规划与“行政区经济”相类似，沦为“行政区规划”，仅为“单体城市”内的经济发展和人民生活谋取利益。“真正的城市规划必须是区域规划”（Lewis Mumford），真正的城市化亦应当是城市区域化、区域城市化，并最终达到城乡无差别化或城乡一体化。

如上所述，在我国城市规划管理系统中（图3.23），政府行政部门是规划的编制主体，自上而下的编制过程，而公众参与空有理论并未完全落实，且公众在前期四个阶段缺乏话语权（立项、审议、批准、实施许可四个阶段），仅在规划草案编制完成以后的公示期间才有渠道表达公众的意见，而这个阶段的规划草案已无较大的调整空间。因而我国的公众参与方法简单，但质量水平不高。座谈会、论证会等参与主体主要是专家学者等精英阶层，而规划公示更多的则是强调观赏意义和宣教功能。公众参与主体覆盖面窄、层次单一且代表普遍性不足。

4）城市建设用地指标分解，土地利用规划突破生态红线

我国当前各级政府对于城市用地扩张的控制是一种自上而下指标分解和控制手段。研究表明，这种手段同样也是一个不同城市政府权力相互制衡的过程，即地方经济发展和城市化水平的提高不

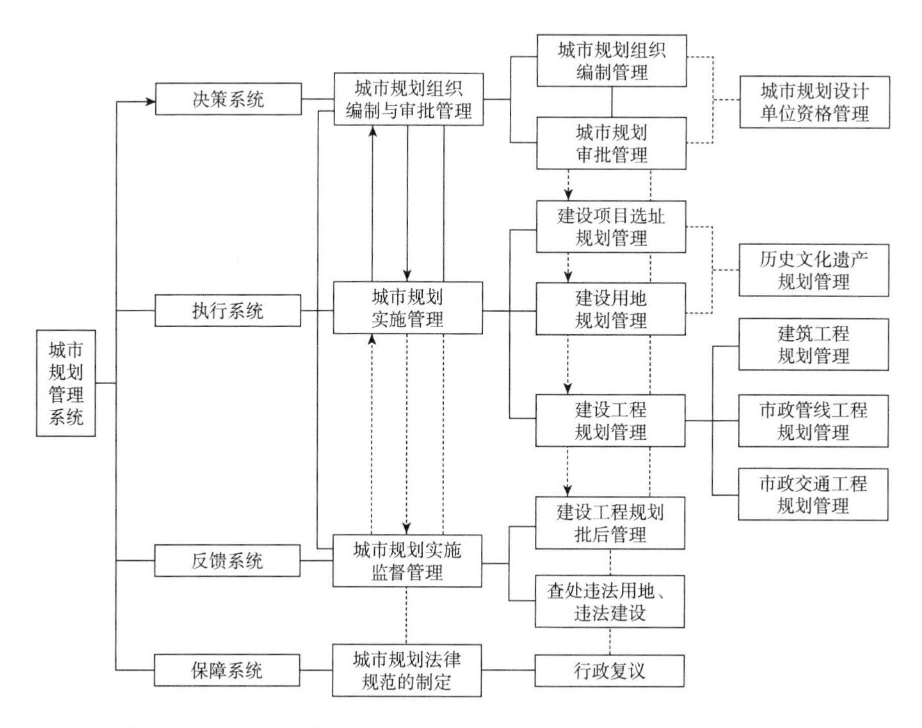

图3.23　我国城市规划管理系统框架示意图

资料来源：何子张. 城市规划中空间利益调控的政策分析[M]. 南京：东南大学出版社，2009：207.

能反映控制指标的分解。应如何确定城市用地扩张控制的数量、时间、区位等因素，可以从两个方面进行分析。首先从宏观层面，要从不同的时间、不同的城市化水平发展阶段、不同的产业发展阶段和不同的区域城市用地扩张规律进行综合的对比分析，找到在不同条件下城市用地的合理规模；其次从微观层面看，城市空间增长管控不仅是对增量用地的增长控制，更有必要对城市存量土地利用进行全面分析。对城市的存量和增量土地利用情况进行综合分析要通过对比不同区域空间增长的规律，才能得到时间与空间综合的城市空间增长值。因此，如何从宏观上与微观上找出城市空间增长的规律性，以指导城市空间增长管控，需要进行深入研究。

从执行的角度分析，随着经济的迅速发展，大小型企业和私营厂矿等工业大量出现，对周边环境带来了一定的影响，土地生态环境质量有所下降。部分城市及乡镇为了追求自身经济的发展突破永久基本农田以及生态敏感区等生态红线，严重违背了保护资源环境可持续发展的生态观。

3.4.3 城市空间增长管理制度

我国人口众多，耕地与淡水资源仅为世界人均水平的32.3%和28.1%，城市缺水现象十分严重，同时，20世纪80年代以来的快速城镇化过程中，土地、自然资源的粗放式利用造成的影响已经初现端倪[①]。如何在全球实现可持续发展，对于我国政府与人民更加任重道远。

罗马俱乐部（1972）指出，全球范围人口、粮食生产、工业化、污染和不可再生的自然资源的消耗还在以指数模式[②]增长着。为了避免“增长和崩溃的行为方式”，罗马俱乐部提出了“全球均衡状态中的增长”，并提出了均衡增长模型以及促进增长过程中人类平等的设想。当罗马俱乐部1972年以《增长的极限》为主题发表了研究报告时，西方国家正陶醉于高增长、高消费的“黄金时代”，对这种警示节制的警告，并不以为然（李宝恒，1997）。当前，经过全球广泛讨论、深入研究后，对增长的理性控制逐渐取得了越来越多有识之士的共识。

1. 城市规划是城市增长管理的主要依托

虽然城市空间增长管理已经成为我国城市空间发展的一个重要原则，但从体系上讲，当前中国的城市空间增长管理体系并不是一个独立的系统，它依托于城乡规划体系发挥作用（皇甫玥、张京祥、陆枭麟，2009）（图3.24）。

城市规划体系在城市空间增长管理体系中起基础作用，是最重要的控制手段。这是因为，通过对比城市空间增长管理行为和城市规划行为的对象、目标、原则和组织方式，两者具有一致性。区别之处在于，城市空间增长管理需要在上一级政府的协同下，在城市空间规划的视角下，通过多个部门、多个专项规划进行长时期的协作（表3.13）。

2006版《城市规划编制办法》中，曾明确提出城市总体规划中应该划定城市空间增长边界，但由于城市空间增长边界的表述并不明确、细致，同时没有纳入城市总体规划的强制性内容中，因此对城市增长边界的规模、范围和作用的认识往往差异很大，规划管理人员也缺乏相应的管理依据。

---

① 参见本书“1.1.2 中国城市空间增长现象与问题引起普遍关注”。

② 增长以变化的趋势来分类，可以分为线性增长和指数增长两种方式。当一个量在一个既定的实践周期内按常量增长时，这种增长方式是线性增长。当一个量在既定的时间周期中，其百分比增长是一个常量时，这种增长方式就是指数增长。

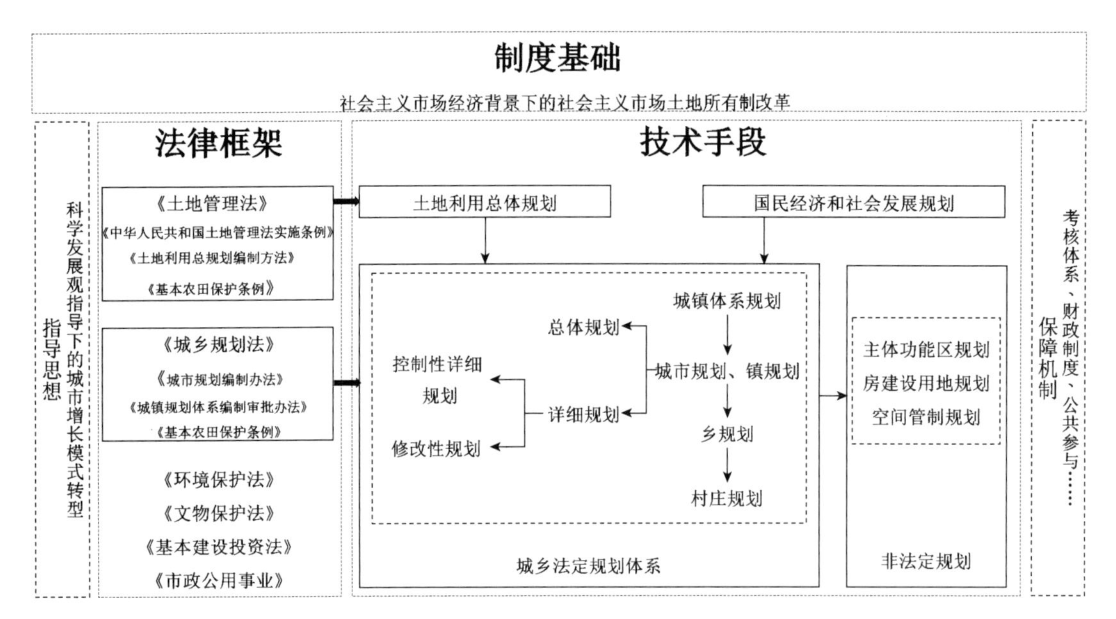

图3.24 城乡规划体系在城市增长管理体系中的作用

资料来源：皇甫玥，张京祥，陆枭麟. 当前中国城市空间增长管理体系及其重构建议[J]. 规划师，2009，25（8）：6.

城市空间增长管理与城市规划关系比较 表3.13

	城市规划	城市空间增长管理
相同点	都是以政府主导实施的公共行为	
	都是以城市空间作为行为客体	
	都是以实现城市健康有序发展为目标	
	都是以城市和城市外部系统和谐统一为基本原则	
差别	行为主体是受政府委托的规划技术部门	行为主体是受上级政府制约的城市政府
	是对一定期限内城市未来发展的安排	是一种连续的政策行为，没有明确的期限
	注重阶段性的目标设定	关注连贯的目标实现过程
	其成果经审批后具有法律约束力	其中一部分政策行为具有法律依据，另一部分则是软性的政府行为
	是一种结合社会发展的空间技术操作	是多种管理手段和工具的综合运用
联系	城市规划的成果是城市成长管理的目标和依据	
	城市规划和城市成长管理在内容上具有相互渗透的属性	

资料来源：张波. 中国城市成长管理研究[M]. 北京：新华出版社，2004：18.

在国家新的政策，如划定“城市开发边界”的颁布和实施下，原有城市总体规划中的“城市规划边界线”等控制内容将逐步退出历史舞台（许景权，2016），但城市规划的各个层面的规划控制要求，仍然是控制城市空间增长的最有利的依托。

城市规划对城市空间增长管理的作用体现在：首先在城市总体规划中，关于城市总体规模、用地结构、用地类型的划分是城市空间发展的基础和法定依据；其次，控制性详细规划所规定的、具有法定效力的“空间开发权”，是对城市土地开发建设进行规划调控及行政管理的直接依据，通过控规的强制性内容突出了容积率、建筑密度、建筑高度等指标组成的控制体系，是具体项目开发过程中修建性详细规划编制的基础，是控制城市空间配置效率、减少外部性、约束建设主体行为的最直接的依据。

2．城市开发边界制度

20世纪90年代以来，借鉴国外关于城市空间增长管理、精明增长经验的基础上，我国展开了关于“城市增长（开发）边界”的研究，一种思路是，通过“确定城市规模—分配总用地—确定边界”的思路研究城市空间增长边界，以城市为中心划定增长所需要的空间，给出增长的界限；另一种思路是以城市外围的各种资源的保护为出发点，基于划定“限制和控制类要素”而反向划定城市空间增长边界。建设部在2006年《城市规划编制办法》中也明确要求，城市总体规划需要研究确定“中心城区空间增长边界”。

2014年国土资源部下发《关于强化管控落实最严格耕地保护制度的通知》，重点提出了“严控建设占用耕地，划定城市开发边界”的要求。至此，划定“城市开发边界”，成为落实国家政策的任务之一。2015年中央城市工作会议明确“要坚持集约发展，梳理‘精明增长’‘紧凑城市’理念。”

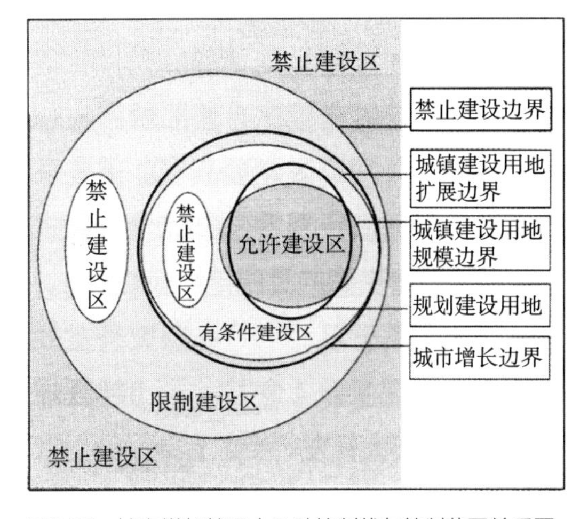

图3.25　城市增长管理中几种控制线与控制范围关系图

资料来源：龙小凤，白娟，孙衍龙．西部城市开发边界划定的思路与西安实践[J]．规划师，2016，32（6）：17.

我国存在着与城市空间开发边界有着不同程度功能重叠的城市空间控制边界线，其中有“规划七线”（红线、蓝线、黄线、绿线、紫线、橙线和黑线）、法定的城市禁限建区界限、绿化隔离区、非建设用地界限等法定界限，但城市空间增长边界的划定“城市开发边界”，作为一种政策工具的设计，有着特殊的语境（图3.25）。

城市开发边界是在城市空间规划（“多规合一”或“多规融合”）改革背景下提出的，是国家空间治理“一张蓝图”的核心体现，是空间规划实施的重要内容之一，不仅是国家对城市开发建设的有效管理手段，也是我国空间规划体系建立的技术基础（龙小凤、白娟、孙衍龙，2016）。

城市开发边界兼具空间形态属性与公共政策属性。从空间形态属性上来说，城市增长边界应该是介于城市建设用地与非建设用地之间的一个带状区域，这个带状区域的宽度由来自非建设用地的生态压力和来自建设用地的需求推力所共同决定的；从公共政策属性来说，城市开发边界是界定城市空间增长是否“合法”的基本准则之一，边界内建设是“合法”的，而在边界外建设则是“不合法”的。

从“城市增长边界”到“城市开发边界”的控制过程，是将开发方式和强度与空间特征建立一系列耦合对应关系的技术手段与公共政策，是对国家宏观层面节约、集约用地，促进人口资源环境与经济社会发展相协调及可持续发展等总体目标的积极回应，也是城市空间资源配置方式改革的具体策略（李咏华，2011）。

目前，“城市开发边界”的划定和落实工作总体上处于初步探索和经验总结阶段。可以预见，在城市发展面临国际和区域间激烈竞争、环境资源约束与和谐社会建设多重压力下，城市开发边界对于国家空间规划，以规模定总量、优化空间增量、盘活存量、提高空间资源配置效率等方面，对于国家空间治理的技术手段完善、提升城市发展质量等方面无疑具有重要意义。

3.5 本章小结

在影响城市空间发展的制度环境中，由于行政区划制度和行政治理制度是国家行政治理体系制度基础，城市土地是城市空间的承载体，城市空间规划是直接指导城市空间发展的制度安排，因此，本章选取行政区划和行政治理制度、城市土地制度和城市空间规划制度进行分析。

1. 行政区划和政府治理层级制度

行政区划是国家治理的地域划分，同时也是“权力的空间配置”，是“国家权力在其主权范围内不同地域空间的划分和配置的过程及状况”，它是国家治理结构在空间上的反映。我国所采取的五级政权结构，以及“条块”治理方式，由于层级较多，治理结构更为复杂，城市发展过程中所面临的竞争环境更加复杂。

我国经历了一系列的行政区划调整过后，宏观资源配置效率得到提高，微观经济效率得以改进，统一市场扩大后中心城市作用得以发挥；但是由于行政区划导致的行政区经济现象仍比较显著。

分权化改革是改革开放以来我国政府治理的主要方向，由于分权化改革，我国地方政府所面对的约束条件和激励机制发生了巨大的变迁，从高度集权的权威体制转变为适度分权的权威体制，这一变迁重塑了地方政府行为选择的制度环境（叶托，2012）。

财政分权是分权化中影响最为深远的制度。财政分权先后进行了包干制与分税制，地方政府与其他市场主体，成为利益直接相关的利益主体，同时也是激发地方政府内生性发展的经济压力，“财政分权”被很多学者认为是中国经济发展的一个重要原因。

2. 城市土地使用制度

我国城市的土地所有权属于国家，土地的使用权可以依照法律的规定转让。因此，在我国城市土地产权市场上交易的实际上是国有土地的使用权。

改革开放以后，我国城市土地改革的特征之一是政府逐步退出对城市土地的计划配置，开始运用市场化手段配置城市土地资源。

在土地使用权和土地利用权分离的情况下，对待开发地块来说，“规划设计条件”的内容实际上构成了依法获得空间利用权的一种权利，这可称为空间开发权。规划控制直接的法律对象就是“空间开发权”，因此，城市规划，尤其是控制性详细规划中所设定的土地开发条件，是城市空间增长管控的法律依据。

城市土地储备制度是我国新时期土地管理的一项制度创新，是城市土地有偿使用制度的一次深化和优化。国家鼓励有条件的地方政府要对建设用地试行收购储备制度。土地储备制度初步实现了土地征收、存量土地供应的政府垄断，实现了土地出让的转变，保证了城市规划的落实；城市土地储备制度的运营产生了巨额经济效益，作为地方政府财政外收入，能够弥补城市建设资金短缺等现实问题，因此，在城市发展中地方政府逐渐形成对于城市储备与土地出让行为的依赖，引发了低水平重复建设行为等不利影响。

3．城市空间规划制度

我国城市空间规划制度是不同部门制定的不同类型规划的综合，由于土地利用总体规划、城乡总体规划、功能区规划等规划的职能不同，控制目标和控制体系不同，控制方法也不同。“多规合一”和“多规融合”由于在相关法律法规的基础上面临不同部门管理权限和利益博弈，2013年以来，多种规划的融合工作在国家政策要求和指导下，已在多个城市展开试点，并在全国推广中。

我国城乡规划的空间管控以法定规划体系作为支撑，发展脉络完整，实践创新丰富，是城市空间规划的重要依托。城乡规划的任务是科学、有效地控制和引导城市建设行为，以高效、公平地利用城市土地和空间资源，建设高品质的城市人居环境。城乡规划系统是协调公共资源配置的有效手段，具有显著的公共政策属性。但当前城乡规划受到体制转型和国家治理方式的影响，城乡规划仍然存在控制方式转变不及时、区域协调和多规合一的难度较大、规划缺乏公众参与等具体问题。

综上所述，新中国成立以来城市空间配置的制度环境变迁，总体上可以概括为政治改革的分权化、经济改革的市场化以及由此产生的城市空间规划体制系列配套改革。这一过程中，完全以政府主导资源配置的方式逐渐退出，市场机制逐渐发挥更加重要的作用，城市规划协调城市空间资源配置的功能和效果逐渐增强。

从我国城市空间增长面临制度环境以及演变进程来看，对于城市空间建设的激励机制（驱动力）是制度内生的，对城市空间增长的约束是外生的。内生力量是指一种体制及其所具有的机制所发生的作用；外生力量是指从外界对经济活动进行干预，对经济活动进行刺激或进行抑制[①]。内生力量和外生力量比较，内生力量是根本。因此，在对城市空间增长的激励和约束机制中，体现出显著的“强激励、弱约束”特征。

---

① 这里引用“内生力量”和“外生力量”的概念，来源于厉以宁先生《中国经济：双重改革之路》中的描述。厉以宁先生形象地比喻：以人的身体机能为例，如果人的身体状况保持健康，一定是内在的生理机制在起作用，而外生力量就像是生命时服药或手术一样。“相对于外生力量而言，内生力量毕竟是最重要的。”

4

城市空间增长的主体行为研究

城市空间增长行为主体构成与价值偏好

行为主体相互关系与利益博弈

制度与行为视角的城市空间增长机制和增长模式

在城市化水平快速提升阶段，城市空间资源配置表现为不同建设主体围绕自身对城市空间的需求展开的竞争与博弈。

制度限定了经济行为的主体，在现代经济中，政府、企业和居民是参与经济运行的三大经济主体，同时是城市空间的建设主体（由于在治理结构中的地位与作用不同，政府又分为中央政府和地方政府）。这三大经济主体的经济行为活动塑造了城市空间增长的过程。因此，分析三种行为主体的价值取向、行为的特征以及行为规律，对于分析城市空间增长具有重要意义。

本章将对城市建设行为主体经济活动中的价值取向、行为特征进行分析，探讨行为主体对城市空间增长的影响。基于制度环境和建设主体行为特征的分析，本书提出基于“制度—行为”视角的城市空间增长机制，并提出地方政府主导、企业主导和居民主导的几种城市空间增长模式；同时，基于重庆市的案例，分析了重庆市城市空间在制度环境变迁和主体行为影响下的城市空间演变特征。

4.1 城市空间增长行为主体构成与价值偏好

经济行为主体指的是在一定资源约束下，将追求经济利益增长作为目标的所有经济组织、单位或个人。在市场经济中，政府（中央政府和地方政府）、企业和居民是参与经济活动三大行为主体。各种行为主体受观念体系的影响，有着各自的行为偏好，拥有各自的行为资源，表现为不同的行为能力（图4.1）。

在计划经济时期，我国城市建设是国家整体社会经济发展计划的一部分，城市建设是在国家计划的基础上，政府是唯一的建设主体。改革开放以来，我国开始从计划经济体制向社会主义市场经济体制转型过程中，政治、经济制度的变迁，改变了城市建设主体的构成，同时制度的变迁影响了城市建设主体的行为，改变了城市发展的过程。

在城市建设活动中，快速城市空间配置引发了政府、企业和居民等各方的利益博弈，政府、企业、公众的行为选择直接影响到城市空间增长过程，城市空间增长中的矛盾解决需要政府、企业、公众三方在博弈中走向合作，需要建设行为主体的协同，缺一不可。

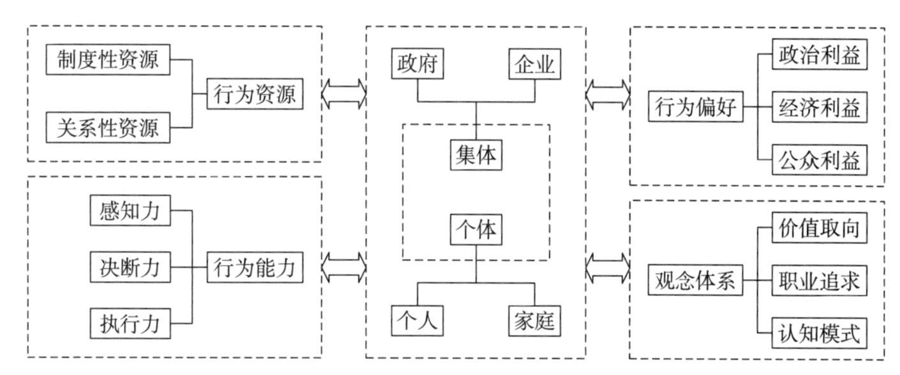

图4.1　行为主体的行为分析

资料来源：张晨. 转型视野中的地方治理：空间转换、体制重塑与绩效评价转向[D]. 苏州：苏州大学，2014. 有调整。

4.1.1 中央政府

政府是国家利益的代言人，通常是与国家混用的概念。广义的政府包含了行政、立法和司法三种职能，政府通过立法、司法和行政三种权力实施对国家的治理。从治理结构层面来划分，政府又可以被分为中央政府和地方政府两种类型。

中央政府是整个社会公共利益最直接、最集中的体现，是主要的制度提供者，以更加宏观和长远的眼光看待城市发展，目的是要实现国民经济整体的协调、稳定、可持续发展。中央政府负责制定整体国民经济发展计划，是主要的制度供给者，对于生态环境保护，耕地数量保护，地区之间、城乡之间均衡等问题更加重视，能够在地区之间、城乡之间做出理性的政策引导。

1. 中央政府的宏观调控功能

中央政府是促进全社会经济增长的核心，承担着宏观调控的职能。宏观调控是各国政府干预经济的重要政策和重要方式，我国社会主义市场经济体制的特征之一就是发挥国家对于整个经济的调节作用。

中央政府是制度的主要供给者，承担推动制度变迁的职能。中央政府通过权力下放的形式，向地方政府、企业、城市居民实施放权，以达到国家治理的目标（图4.2）。

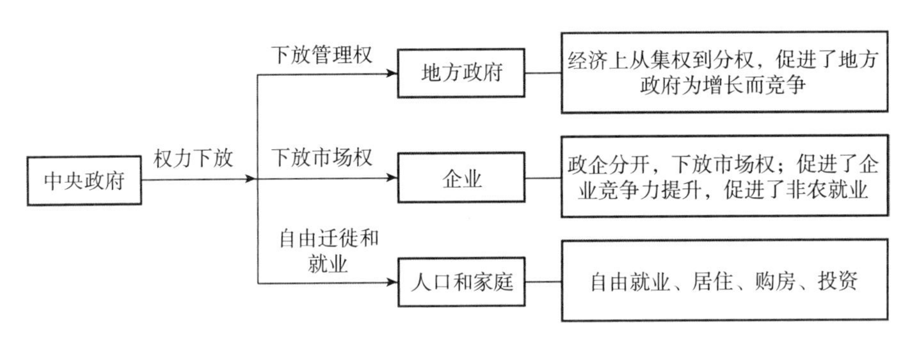

图4.2　中央政府向行为主体的分权及效益

2. 中央政府对国家层面空间资源的配置

中央政府对于国家全境具有管理的职责和职能，追求空间与国民经济协调、稳定、可持续发展。国家通过所属管理部门，制定相应的空间管理办法，从整体、宏观层面约束空间发展。图4.3列举了从20世纪90年代以来，国家在整体层面对城市空间制定的规划和发展战略。这些规划构成了国家空间规划层面的主体内容，是国家层面对空间配置的主要手段和方法。

3. 中央政府对城市土地资源的调控

对于城市空间建设来说，由于我国土地产权归国家所有，从法律意义上来说，国土范围内的土地使用是在国家统一制度安排下进行的。土地国有产权制度下，土地政策参与国民经济宏观调控被视为我国社会主义的独特优势。因此，国家对于城市土地的分配直接影响城市空间建设。从

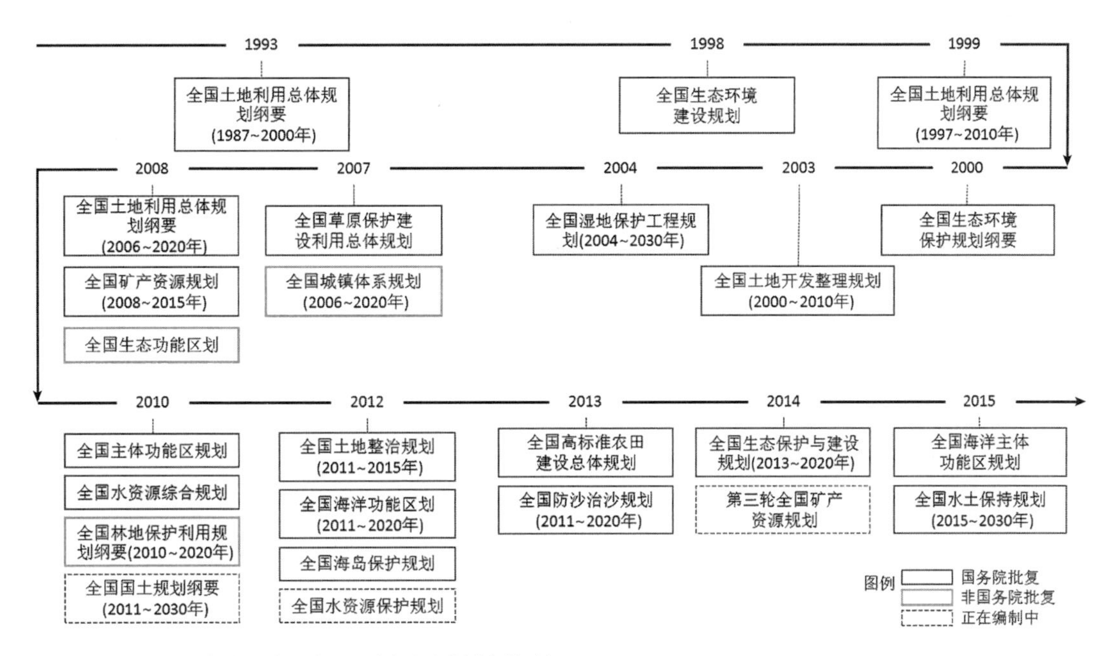

图4.3 20世纪90年代以来国家层面空间规划控制时间轴

资料来源：许景权，沈迟，胡天新，等. 构建我国空间规划体系的总体思路和主要任务[J]. 规划师，2017（2）：8.

对城市空间建设的角度，国家对土地控制的主要职能和特征如下：

在我国，全民委托中央政府行使土地所有权，或是说中央政府代表全民行使土地所有权，承担土地所有者相应的义务。地方政府虽然也能对土地行使权力，但是作为代理人的身份，接受中央政府的检查、监督。

中央政府协调地方政府使土地最大限度地提高社会整体效益。由于土地利用的外部性，地方政府土地供给的私人成本低于社会成本，个人收入大于社会收益。因此，这种现象将产生一个生产过剩问题，导致整体社会收入下降。

因此，中央政府有义务对国家经济进行宏观调控。中央政府实施分权化来保证地方政府、企业和居民的主体经济利益，激发其发展经济的动力，同时监督各种资源在中央政府、地方政府、企业和个人资源之间的合理分配，承担起提高社会福利和维护社会稳定的责任。

4.1.2 地方政府

地方政府是指由中央政府依法设置的，治理国家划定一定行政区划范围内社会事务的政府，是经济转型期从中央政府财政分权化过程中逐渐分化出来的一个相对独立的利益主体。

地方政府是单一制政治体制国家中的常用概念，与中央政府的概念相对应。地方政府是我国政府体系中的重要组成部分，是中央政府职能在各个地区的延伸。中央与地方政府都是国家行政机关的组成部分，都是社会公共利益的代表者、公共权力的执掌者和公共政策的制定者；同时基于其在国家行政系统中的地位、职责、权限的不同，地方政府与中央政府又具有各自的特性。

如前文所述，中央政府是整个社会公共利益最直接、最集中的体现，而地方利益则以辖区社会公共利益为前提，同时又有其相对独立性。地方政府既是中央政府的具体执行组织；同时又是地方的最高行政机关，具有地方性政策制定的决策权，具有地方性事务的负责权及管理权。这双重身份决定了地方政府在实现公共利益的同时，又不可避免地要实现地方利益。

1．地方政府是财政分权改革进程中的利益主体

自新中国成立以来，地方政府的职能根据社会经济发展改革的进程呈现出不同阶段的特征。

改革开放以前，与高度集中的计划经济体制相适应，我国各级政府是以政治和行政控制为主的规制型政府，各行业（条条）和各区域（块块）都是中央指令性计划的执行者[①]，国家是唯一的利益主体，地方政府是“代理型政权经营者”（郑国，2017），只是代表中央政府并执行中央各部门下达的计划。

改革开放以来，中央政府一直试图形成一个新的制度安排，使地方政府能够不断提高经济效益。地方政府在地方经济发展中的行为方式主要表现为经济管理和经济参与的行为。在经济活动中，地方政府有管理经济发展的职责，表现为经济管理行为，在这个行为过程中政府不作为直接参与者，却影响经济运行，扮演了“政府人”角色；同时，地方政府同样承担有发展地方经济的职责，即经济参与行为，这种行为是指地方政府直接分配资源活动，例如地方政府直接投资城市项目。地方政府在这个过程中充当了“经济人”的角色，利用资源进行生产和消费。有学者认为中国地方政府作为一个独立利益主体的自利趋势越来越突出，地方政府直接参与经济资源获取最大垄断利益，根据中国地方政府的这一行为特征，提出了“地方政府即厂商”的论点（Walder A G，1995），指出中国地方政府具有强大的组织生产能力，成为当地经济运行中的主导力量。经济管理行为与经济参与行为，是地方政府在经济活动中的主要行为方式，因此地方政府具有政府行为和经济行为两种属性。

当前的地方政府是一个多元的利益主体，在中国市场化改革进程中的作用是特殊的。由于具有政府行为和经济行为两种属性，地方政府既进行社会发展的政治组织活动，也参与经济领域的投资、经营与管理活动，体现出多种利益取向。这些利益既存在一致性，又有矛盾，因此，地方政府利益偏好的不同，决定了地方政府行为的复杂性和特殊性，在多重利益偏好的驱动下，实际经济运行过程中，存在着大量的越位与缺位现象：在符合其最大化利益目标函数的经济活动领域中，地方政府往往表现为强烈的越位冲动，而在地方政府财权事权等一定的条件下，一定领域的越位必然导致另一领域的缺位（图4.4）。

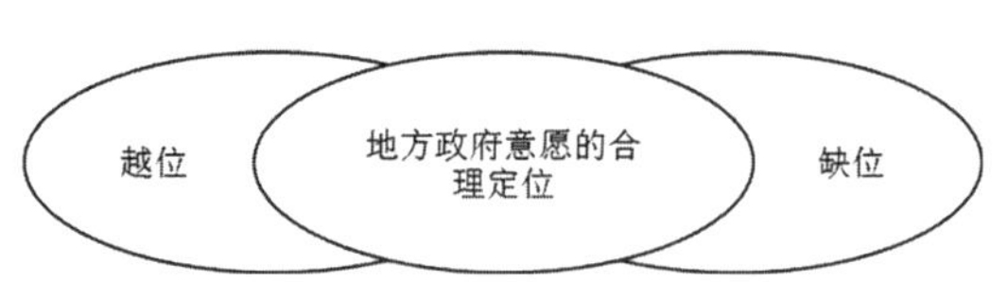

图4.4 地方政府的越位与缺位

资料来源：李军杰，钟君. 中国地方政府经济行为分析——基于公共选择视角[J]. 中国工业经济，2004（4）：32.

2．地方政府经济行为的约束条件

已有研究强调地方政府的经济行为是一种“政治企业家”的行为，在地方经济社会发展中作为主导力量，并在制度变迁中起到不可或缺的作用。由于地方政府对城市发展目标具有多重性，如何

① 参见本书3.2.2中关于“以‘条块’结构为特征的纵向层级体制”。

约束和引导地方政府理性经济行为成为一个重要问题。

地方政府行为将受到制度环境的约束：（1）体制因素：地方政府追求各种经济行为主体的权重系数，在很大程度上可以看作是相应的权力和利益安排的功能；（2）政治法律法规等因素：包括不同的国家政权、政党、分权模式和法律制度对地方政府的经济行为有着深刻的影响；（3）社会整体文化构成：文化基因的影响对政府行为的影响具有长期性和普遍性的特征；（4）任期约束：由于治理需要，地方政府主要行政负责人以三年或五年为一个任期，行政领导按规定在同一岗位上任职一般不超过两届。因此，地方政府官员面临客观上的任期约束，并对地方政府经济行为发生一定影响。

可以看出，地方政府经济行为的选择是外部因素与内部因素相结合的结果。具体的政法前提、经济制度、意识形态、文化和期限约束构成了政府行为的外部条件，外部条件会为当地政府的行为提供范围和界限。但是当地政府最终采取的行动取决于内部因素，即权衡和选择多元利益。在分权改革之后，地方政府作为“地方代理人”最重要的行为模式是利用可用的政治权力追求经济效率最大化。

3. 地方政府在多重竞争环境下的复杂行为特征

地方政府在分权化改革后具有了“政府人”和“经济人”的双重属性，决定了地方政府在经济活动中需要面对的是一个复杂的治理和发展环境。首先，地方政府在行政管理层级上需要面对中央政府和中央政府管理层级中的各个垂直部门；同时需要面对地方政府内部的各个部门和下级政府；其次，在参与市场经济活动的过程中，需要接受中央政府金融、财政部门的管理，同时需要面对辖区内的企业和城市居民；在经济发展的竞争行为中，面临纵向治理关系和同级政府之间的多重、复杂竞争关系。

地方政府在多重复杂环境下的经济行为，主要表现为地方政府的直接投资行为和吸引投资的行为；两种行为方式都对城市空间发展产生一定影响。同时，在关于城市空间资源分配的经济活动中，地方政府在土地市场中的特殊行为方式，对城市空间增长有更为直接的影响。

1）地方政府直接投资行为

固定资产投资作为拉动中国经济增长的三驾马车之一，是维持经济增长的重要因素之一。从世界各国经济发展的经验来看，在工业化进程中随着消费结构和产业结构的逐步提升，固定资产投资对经济增长的贡献不断加大，从而引起投资率上升、消费率下降。中国正处于工业化和城市化加快发展的经济发展阶段，积累和资本形成对经济增长具有重要影响，投资拉动对经济增长的重要作用需要保持投资较快增长。中国经济增长过程中一直伴随着较高的投资增长率，投资膨胀一直被认为是计划经济体制到市场经济体制改革过程中的伴生物。

从中国1990～2015年固定资产投资额和固定资产投资率等数据来看（表4.1），1990年我国固定资产投资为4517亿元，2015年为562000亿元，25年增长了124倍，年均增长17.56%；至2015年，全社会固定资产投资率高达81.6%。表4.1中的数据，说明了中国的固定资产投资处于快速增长过程中。如此之高的固定资产投资率、固定资产投资增长率，在世界范围内都非常罕见。

同时，地方政府在城市建设中相互攀比，非理性扩张建设用地，脱离国情，不切实际建设大广场、大草坪、宽马路、大学城、高尔夫球场，对城市建设用地造成极大浪费，消解了空间资源配置效率。

1990～2015年中国的GDP、固定资产投资额和固定资产投资率（单位：亿元）　表4.1

年份（年）	GDP（亿元）	GDP增长率（%）	固定资产投资额（亿元）	固定资产投资增长率（%）	固定资产投资率（%）	年份（年）	GDP（亿元）	GDP增长率（%）	固定资产投资额（亿元）	固定资产投资增长率（%）	固定资产投资率（%）
1990	18872.9	3.9	4517.0	2.4	23.9	2003	137422.0	10.0	55566.6	25.0	40.4
1991	22005.6	9.3	5594.5	13.1	25.4	2004	161840.2	10.1	70477.4	20.1	43.5
1992	27194.5	14.2	8080.1	25.3	29.7	2005	187318.9	11.4	88773.6	24.0	47.4
1993	35673.2	13.9	13072.3	27.8	36.6	2006	219438.5	12.7	109998.2	22.1	50.1
1994	48637.5	13.0	17042.1	18.1	35.0	2007	270232.3	14.2	137323.9	20.2	50.8
1995	61339.9	11.0	20019.3	10.9	32.6	2008	319515.5	9.7	172828.4	15.6	54.1
1996	71813.6	9.9	22913.5	10.4	31.9	2009	349081.4	9.4	224598.8	33.2	64.3
1997	79715.0	9.2	24941.1	7.0	31.3	2010	413030.3	10.6	251683.8	19.5	60.9
1998	85195.5	7.8	28406.2	14.1	33.3	2011	489300.6	9.5	311485.1	16.1	63.7
1999	90564.4	7.7	29854.7	5.5	33.0	2012	540367.4	7.9	374694.7	19.0	69.3
2000	100280.1	8.5	32917.7	9.1	32.8	2013	595244.4	7.8	446294.1	18.9	75.0
2001	110863.1	8.3	37213.5	12.6	33.6	2014	643974.0	7.3	512020.7	14.7	79.5
2002	121717.4	9.1	43499.9	16.7	35.7	2015	689052.1	6.9	561999.8	9.8	81.6

资料来源：根据历年统计公报绘制。

2）地方政府吸引投资的行为

地方政府“非独立化人格”的角色定位即主体地位的非独立性、思想动力的矛盾性和角色的非协调性。显然这种角色有助于积极完成特定时期的重要任务。这个角色对经济和社会发展的当前和今后一段时期陷入困境埋下了伏笔。对于转型期地方政府角色的影响，本研究试图概括为“不平衡与不协调”。强烈的激励来自中央政府，地方政府总是试图最先想到各种权力和中央政府的资源上，当然这些也是最容易看到的地方政府成绩。于是，为了达到一定的目标而不顾其他的目标成为他们“理性”的选择。当他们针对某一特定目标而忽略了其他子层次的目标时，整个社会的协调发展将成为一种幻想（鲁敏，2012）。

城市空间是人口和经济社会发展的载体，土地是城市发展的平台，是城市政府的最大资产（杨保军，2008）。在现有体制下，中国地方政府在地区的经济增长中起到非常重要的作用，他们寻求各种可能的来源用以投资，以促进当地经济发展的热情，在世界上也是罕见的（杨保军、靳东晓，2008）。

同时，城市规划的用地审批、实施和监督检查的制度越来越严格，为了争取开发建设的主动权，地方政府往往倾向于在总体规划阶段把规模做得大一些，以避免突破规模带来的一些烦琐手续。

3）地方政府在城市土地市场中的行为方式

由于土地是地方政府的最大资产，同时地方政府是地方土地管理机构，具有严格的土地管理和提供公共物品的职能，因此，地方政府的双重作用主要体现在对城市土地市场的管理中。在现行土地制度下，在地方城市土地资源的配置上有很大的自由度，为地方政府最大限度地为地方利益提供条件和手段。因此，地方政府的双重属性直接导致了土地流转的双重性。

城市土地出让中的地方政府具有“政府人”和“经济人”双重行为特征。在经济运行实际过程中，中央政府、地方政府和个体（地区企业、居民）紧密联系在一起（图4.5），并存在于我国经济生活各个领域。

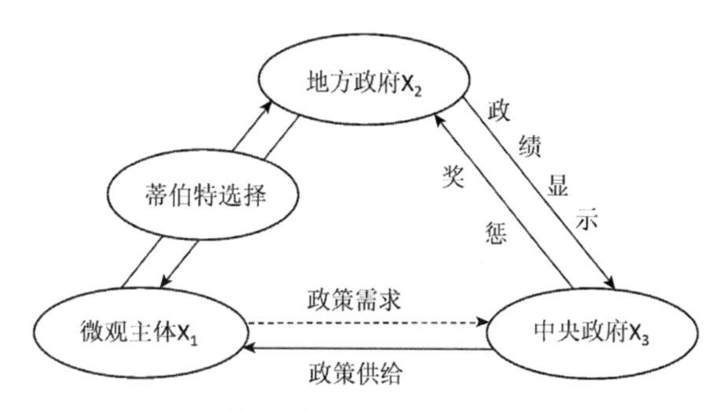

图4.5　地方政府效用目标函数

资料来源：李军杰，钟君．中国地方政府经济行为分析——基于公共选择视角[J]．中国工业经济，2004（4）：29.

在现实中，地方政府所掌握的土地资源是有限的，作为“政府人”，地方政府由于政府职责会与中央政府在土地管理方面从政治的高度上保持一致；但地方政府的升迁与所管辖地区的经济发展挂钩，所以地方政府作为“经济人”会将地方经济的发展放在首位。“政府人”身份对当地政府的激励性不够，“经济人”身份对当地政府行为约束性缺失，双重身份之间的矛盾关系是城市土地出让市场上当地政府出现的种种非理性行为的制度原因。诺思的“政府悖论”中指出要实现“政府人”和“经济人”行为取向的统一，就要规范地方政府的职能，约束地方政府在土地出让市场中的行为，使地方政府利用土地发展经济的行为不以土地管理的失效为代价。

地方政府在土地出让中的特殊行为主要体现为：地方政府是土地出让中特殊的垄断供给者和需求者；是土地出让中的特殊的价格规制者。

（1）城市土地出让中的地方政府：特殊的垄断供给者和需求者

国家是我国城市土地所有权的唯一主体，所有者权利由中央政府代行。但在实践中，我国城市土地一级市场是地方各级政府被委托完成的土地使用权的交易。且交易的实际收益大部分为地方政府和土地使用者获得，所以地方政府才是土地使用权的真正垄断者。

现阶段，土地收储行为是土地出让市场得以形成的一个重要依托，在土地市场，地方政府作为土地征用市场的主要卖家和市场供应的主要卖方，实际上是将土地供应市场分为两部分：农村买方垄断市场和城市的卖方垄断市场。在这两个市场中地方政府享有绝对的垄断地位，土地市场价格有绝对的控制。虽然土地出让制度的改变提高了城市土地资源配置的效率，但地方政府在城市土地市场上的垄断地位，使得土地市场市场化程度不足，无法达到更高效率的土地资源配置（图4.6）。

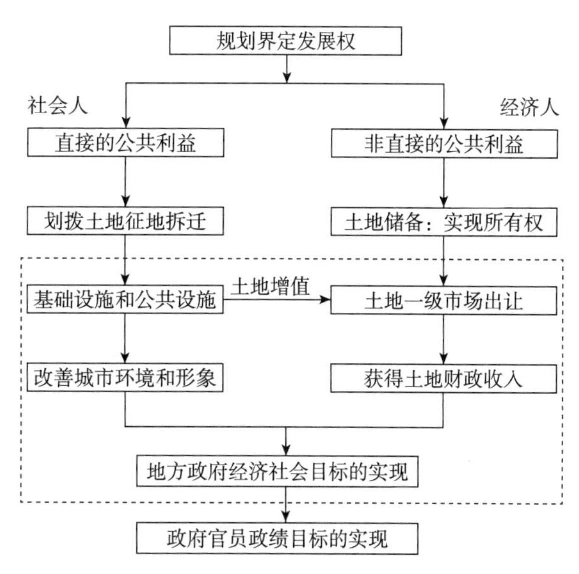

图4.6　地方政府土地供给的行为逻辑

资料来源：马小刚．房地产开发土地供给制度分析[D]．重庆：重庆大学，2009：79.

（2）城市土地出让中的地方政府：特殊的价格规制者

地方政府具有特殊的垄断地位，在我国城市土地市场中担当垄断供给者。其行为影响城市土地价格与土地市场、城市土地供应价格和需求，改变城市土地价格，从而影响

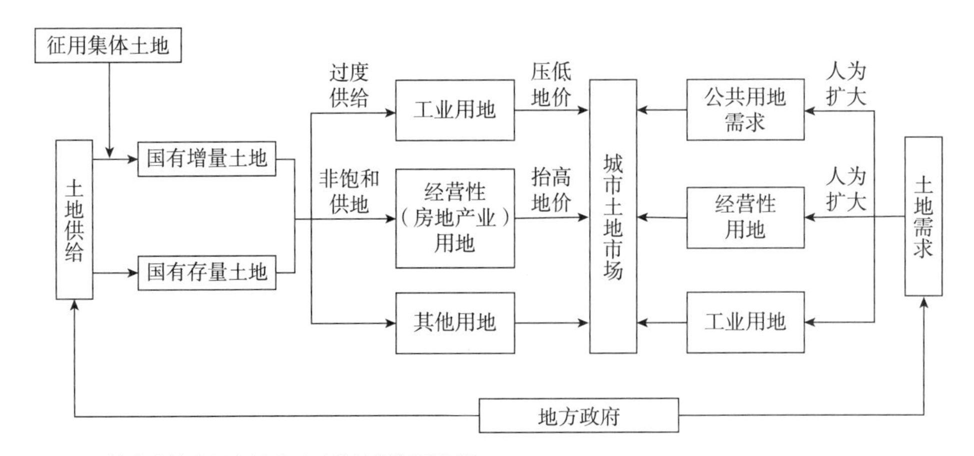

图4.7　城市土地市场上地方政府价格规制示意图

资料来源：张飞，曲福田．土地市场秩序混乱与地方政府竞争[J]．社会科学，2005（5）：21-26.

价格的二级和三级市场。城市土地市场是一种特殊的价格管制（图4.7）。

城市土地价值和利益的关系具体表现在土地价格上，土地价格的变化趋势反映土地供求关系。发挥市场配置土地资源的基础性作用，最重要的杠杆是土地价格。土地市场供给模型中，一般供给和需求决定了均衡地价，即城市土地供给“S”等于城市土地需求“D”的状态时，土地市场价格即形成（李俊丽，2008；黄贤金，张安录，2008）（图4.8）。

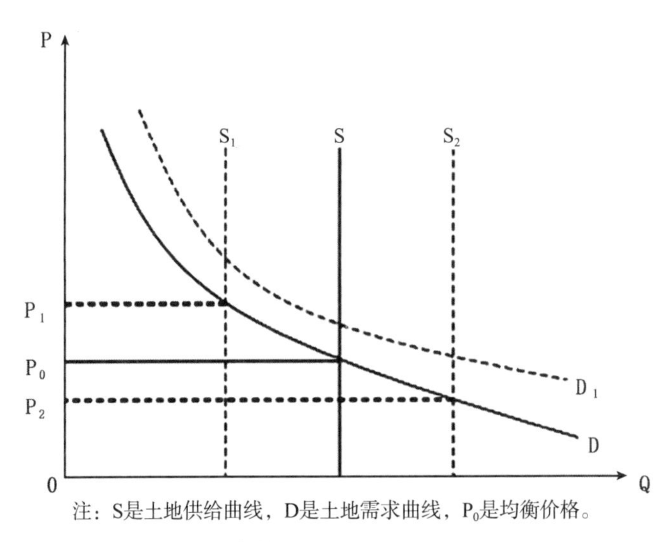

注：S是土地供给曲线，D是土地需求曲线，P_0是均衡价格。

图4.8　城市土地市场一般模型

资料来源：李俊丽．城市土地出让中的地方政府经济行为研究[D]．成都：西南财经大学，2008：43.

土地是一种独特的稀缺资源，其供给弹性非常小。同时由于土地一级市场是由地方政府控制的垄断市场，在城市土地出让环节，地方政府未达到更高的土地出让金、吸引投资、提升居住品质、参与城市竞争等多元目标影响，决定了地方政府既不一味抬高土地价格，也不一味压低土地价格，而是根据自身的需要确定实际土地供需量来影响土地价格，通过差别定价来实现自身目标效用函数的最大化（李俊丽，2008）。

地方政府一般倾向于通过征地来增加城市建设用地供给数量，地方政府掌握的土地资源越多，对城市土地的垄断能力就越强，就越有利于其根据需要来对土地资源进行配置。但增加的土地只有少部分用于经营性用地，大部分通过协议出让被用于工业企业用地市场上，在工业用地过度供应的背景下，地方政府通过降低地价而进行招商引资。而对于房地产业等经营性用地，地方政府则通常采取“非饱和供应”，通过限供、惜供等有意限制土地的投放总量，使土地市场处于饥渴状态而形成卖方市场。从城市土地出让中地方政府的操纵行为中可以看出，地方政府是作为土地市场的特殊的价格规制者。

4.1.3 企业

企业是国民经济的基本单位，是市场经济的主体之一。每个参与市场活动的企业都直接或间接地影响着社会和经济活动，是宏观经济活动的微观基础，国家、地区或城市的经济发展、社会进步、城市建设，最终是企业实施市场活动。

企业具有资本、技术、劳动力等经济要素，是指为了实现自己特定的利益而进行决策的组织形式，是基于社会分工，为了满足社会的需要，进行不断地营销创新，提高劳动生产率和社会资源转化为物质财富增长，同时提高了自己的利润，并自负盈亏，具有独立经济利益的经济实体。

企业作为一个市场主体，是以独立的法人身份进入市场的，各个法人有自己独立的经济利益，因此，企业利益和国家、社会利益既有共同的一面，也有矛盾的一面。

依据对于城市空间布局的影响分类，企业的性质可以粗略概括为两类，一类是以工业生产活动为主的工业企业，另一类是房地产开发企业。

1. 工业企业

工业生产是人类活动的重要组成部分，在工业化时期如此，在后工业社会、信息化时代仍然如此。工业作为城市主要功能之一，占据一定的城市空间，吸纳一定的就业人口，工业的发展演变体现了人类社会科技的进步和社会的发展，在城市中工业的发展演变改变着城市的组织、运作方式和城市结构，影响着城市发展。从区域角度看，工业的发展即工业化改变了区域经济发展方式，改变了区域内人口聚居和生活的形态，促进了城镇化的发展。城市是人类活动包括工业等经济活动集中的场所，基于城市和区域可持续发展的要求，工业组织的形态以及地域工业布局将出现大的变革，相应的城市与区域发展道路也面临抉择，与之相伴随的城市职能、用地、空间形态、城市区域合作、城市体系均将面临较大调整。

工业作为生产系统，为城市创造财富，工业企业上缴的税金是政府赖以维持运转和进行城市建设的主要资金来源之一，同时创造了大量就业机会；作为基本经济部类的工业部门决定了城市在区域的劳动分工和职能定位，是城市发展的根本动力；再者，工业作为城市系统的一部分，依据自身活动规律和要求显现的组织形式、结构形态是城市物质形态的表现，同时对城市其他功能与居住、交通产生一定影响；更重要的是，工业是社会生产要素（劳动力、资金、技术、信息、物质）物质和能量的聚集体（特别是在工业社会），工业成为城市功能、设施以及人口、用地规模和城市空间

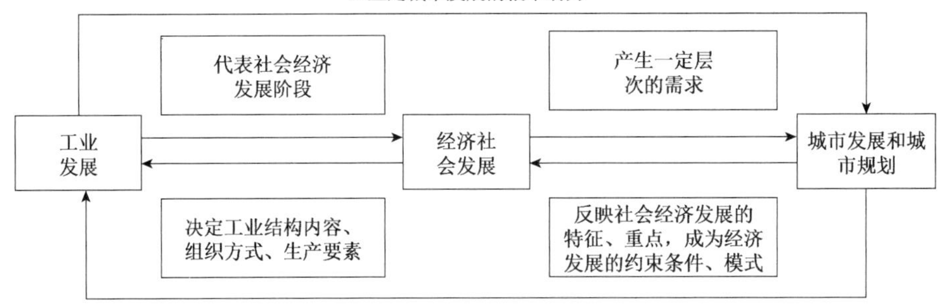

图4.9　工业发展与城市发展相互作用框图

资料来源：胡晓玲. 企业、城市与区域的演化与机制[M]. 南京：东南大学出版社，2009：57.

形态、结构的导向因素和组织者（图4.9）。

在某些特定条件的城市发展进程中，工业企业的规模、布局在很大程度上决定了城市的空间形态。以重庆市长寿区为例，长寿区在除重庆主城以外的区县中具有较强的独特性，其本身作为国家级化工基地，重庆市重要的钢铁制造基地，承担了部分国家及市级的城市产业职能，且一直以来也是重庆主城产业转移的最为重要的承接地（图4.10）。相对于其他区县而言，长寿区发展一直处于承接重庆主城和沿海产业转移的被动式发展，其城市生长一直呈现出突变和偶然性，经过重钢、巴斯夫等系列市级重大项目的被动落地后，城市工业发展的态势主导了城市规模和城市空间布局。具体表现在，由于大型项目的落地选址，使得工业用地比例急剧增加，和生活类型、公共类型的空间比例失调，城市表现出了众多亟须解决的复杂城市问题（图4.11）。

在城市工业用地的供给中，出现了显著的“低价供地”的现象。工业企业在城市建设用地的博弈中常常能够处于优势地位，主要表现为，工业用地在土地出让中长期存在低价出让的情况。关于政府低价出让工业发展土地的条件和动机，张五常（2009）在《中国的经济制度》一文中有一个简单、直接的推论：地方政府在土地出让金中有百分之七十五的提留，在投资者需要支付的百分之十七增值税中有四分之一提留，即百分之四点五；而取得开发土地的补偿农民的成本约占百分之五，加上开发基础设施费用，按照工业用地建设容积率零点八计算，依据投产时最常见的劳工密度，地方政府拿到的产品增值的百分之四点二五大约是工业用地总成本的百分之十二，地方政府可以把工业用地送出，甚至再补贴投资者一点点，还不至亏蚀。

为了规范工业用地低价供地的情况，国务院2006年31号文提出了工业用地必须采用“招标、拍卖、挂牌”方式出让，并明确出让价格不得低于公布的最低价标准，最低价标准不低于土地取得成本、土地前期开发成本和按规定收取的各项费用之和。因此，从工业用地协议出让到实行“招、拍、挂”出让以来，对于工业用地出让价格，国家一直有明确规定且要求还在不断提高，从规定协议出让时不得低于生地取得成本和基准地价的70%，“招”“挂”出让不得低于取得成本、前期成本和规费之和。

从协议出让分析，工业用地最低价中包括了三个部分，一是土地取得成本，将集体土地征为国有土地过程中土地种类、性质改变以及对农民的安置和补偿，包括土地补偿费、青苗补偿费、地上附着物补偿费和安置补助费；二是土地前期开发成本，这是将土地从生地转为熟地过程中由当地政

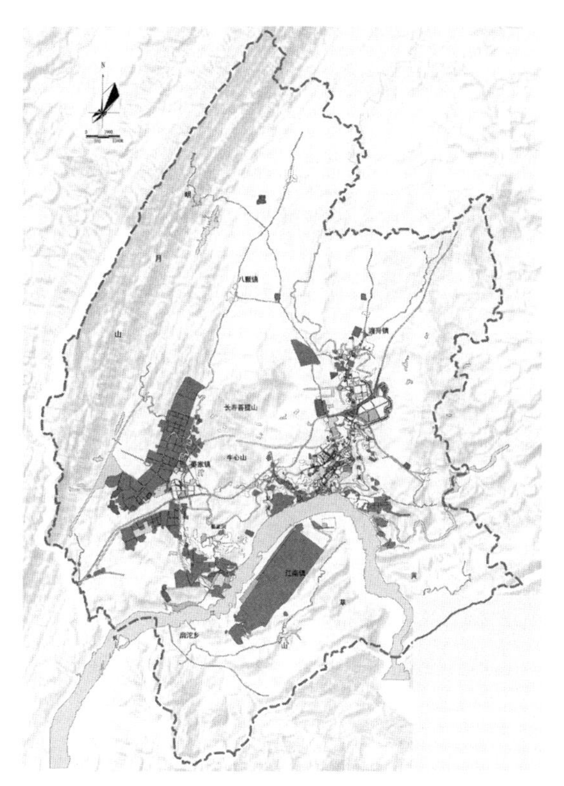

图4.10　长寿区中心城区2011年用地现状

资料来源：重庆大学城市规划与设计研究院有限公司．重庆市长寿区城市总体规划（2011—2030）[Z]．2011.

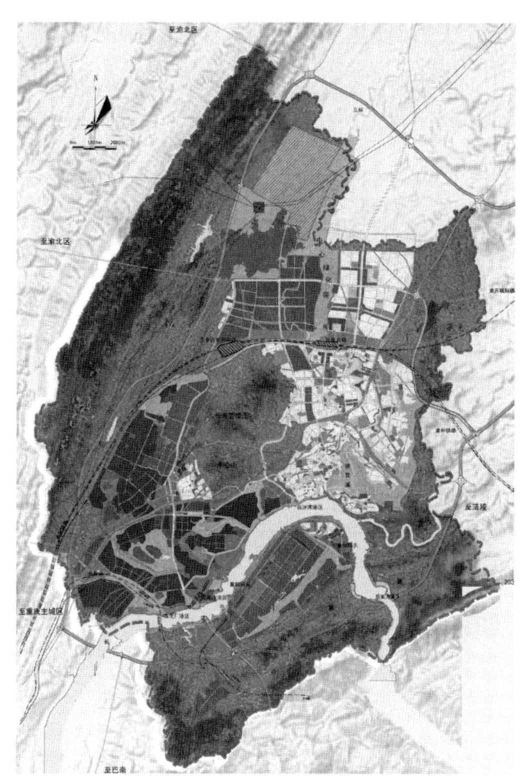

图4.11　长寿区中心城区土地利用规划（2011—2030）

资料来源：重庆大学城市规划与设计研究院有限公司．重庆市长寿区城市总体规划（2011—2030）[Z]．2011.

府所付出的开发费用，一般包括房屋拆迁和补偿费用，土地平整费用，通水、通路和通电费用，有些地区也会进一步提高前期开发标准，达到五通一平、七通一平；三是上缴国家规费，包括耕地占用税、新增建设用地有偿使用费、耕地开垦费等。

《全国工业用地出让最低价标准》体现了成本控制的原则，工业用地最低价格不低于其基本费用，并适当考虑征地补偿费用和其他因素。在土地利用率和新增建设用地将作为该有偿使用费标准的基础上，通过计算工业用地成本与新增建设用地土地有偿使用费之间的倍数关系，拟定了工业用地出让最低标准和思路。

2．房地产开发企业

我国取消了福利分房制度以后，房地产开发商成为提供住宅、建设城市空间的重要和活跃的主体。由于房地产开发在特定的发展时期内收益较高，因而引发大量社会资本进入房地产开发领域；同时，由于房地产开发占用大量资金、开发周期长、行业竞争等不确定因素，房地产开发上面临着较高的风险，也引发了该行业的投机性行为。

但所有开发行为均应符合市场规则，其中必须符合国家相关法律法规的规定。完善的市场规则抑制了开发商的投机性行为，但更为重要的是提供了一个平等的开发环境，并降低了投机失败带来的高风险。在具体开发项目中，追求利益最大化的行为动机使开发商并不完全自觉接受法规的约束，但在可能的情况下寻求突破监管的限制，表现是开发商与法规执行者之间的协商，也说明了监管机构的规则和规章也是不确定的，或存在弹性。因此，为了规范市场行为需加强相关法律法规的制定和保证法规的确定性。

在社会主义市场经济条件下，开发商做出的开发决策总是以经济效益最大化为价值取向的。以住宅开发为例，因为有较大的获利空间。同样地，开发商所作出的开发决策由决策的效益预期决定。这实际上取决于开发商的实践经验和价值观（图4.12）。

开发商价值观念的形成，首先受制度环境的制约，同时取决于开发商对于当前经济发展环境的判断和自身所掌握的认知水平。在房地产的开发行为中获得利润是房地产的基本目标，基于此，对于开发地块的区位选择、以往在市场上获得成功（盈利）的经验对以后的开发决策产生重要的影响，或者说具有“示范效应”。针对房地产商开发行为的特征，为了控制开发过程中对公共利益忽视等外部性行为，规划控制不仅需要建立完善的城市开发的游戏规则，同时还应建立相应的激励与惩罚机制。一般而言，对于开发商的约束机制是保证城市公共利益得到保障的前提。在运营过程中，由于房地产开发商强大的资金能力和运营能力，常常能够利用法规和管理的漏洞，突破开发条件的限制，侵害城市公共利益与消费者的利益。房地产企业的行为规范，尤其是投机行为与违规行为的规范，有赖于有关法规制度的完善，尤其是执法机制的完善。

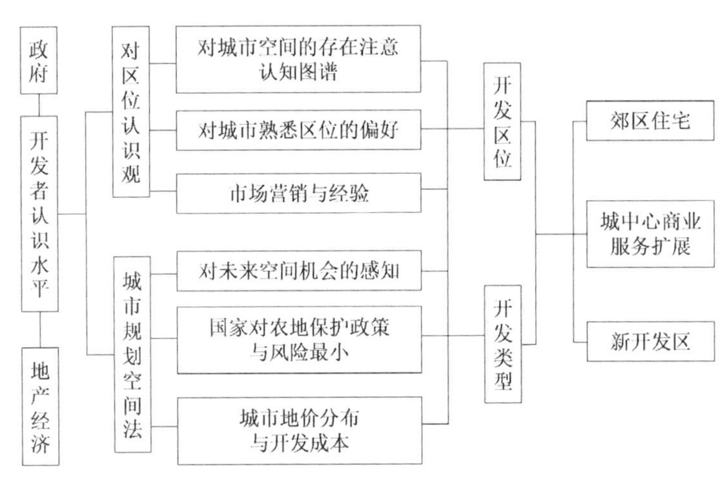

图4.12 房地产开发公司对城市土地利用的认知模式

资料来源：王兴中．中国内陆大城市土地利用与社会权力因素的关系——以西安为例[J]．地理学报，1998，65（B12）：179.

4.1.4 居民

1．居民（家庭）作为经济活动主体的含义和行为特征

在经济学研究中，居民也可以理解为家庭，或者说居民是作为家庭的经济用语。居民部门的主要经济职能是以个体的身份参与经济、从事消费活动等。

居民作为社会经济的行为主体，它在经济运行中是劳动力的供给者、生活资料和服务的消费

者、积累资金的储蓄者或投资者。与居民的三重身份相对应，具有三种基本经济行为：提供劳动力要素取得收入的行为、支出货币取得生活资料和服务的行为、利用剩余收入进行储蓄或投资取得利息或投资收益的行为。居民作为市场主体，既是生产要素的所有者，又是消费者，其经济行为是通过生产进行的。居民经济行为同企业的经济行为共同制约着经济的运行。

居民作为经济行为主体，其特殊的经济利益目标是个人的消费满足，即效用最大化。居民从事劳动的最终目的是为了获得消费品，在存在社会分工和劳动交换的商品经济中，居民从事劳动的直接目标是为了获得收入。居民的行为特征，无论是向社会提供劳动力等生产要素取得收入，还是进行消费活动、储蓄或投资，都是为了达到这一目标，即居民为自己规划的最大满足，要使自己的物质和文化生活水平不断提高和发展。因而，收入最大化是居民提供劳动取得收入行为的基本行为特征，而效用最大化则是居民全部经济行为的基本行为特征（郭其友，2001）。

作为经济运行的需求主体之一，居民赚取收入之后，为了满足自身的需求和发展进行消费。居民的经济行为密切关系着国民经济是否能够稳定运行。一旦居民的行为出现重大问题，定会影响着国民经济秩序甚至造成混乱。为了满足自身的最大需求，居民将其既定的收入用以购买相应的各类消费品或服务。居民分配收入的决策受制于国家经济条件、文化水平、道德水平。

2. 居民在城市空间内的居住需求

个人是居住空间消费行为的主体。个人行为的另一种目的是基于空间的经济属性而进行的投资行为。

我国的城镇居民人均住宅面积自改革开放以来有很大的提升，见表4.2和图4.13所示。

在中国城市化的不同阶段，城市住房供给由于国家的政治制度、经济制度的变迁，体现着不同的特点（表4.3），李瑞、冰河（2006）将城市住房特点的变化大致分为五个阶段，城市居民的居住品质和居住状况随着住房供给的特征而变化。总体而言，我国居民住房条件在过去的几十年时间里得到了很大的提升，同时出现了城市居民居住和工作分离等问题。

1978～2012年中国城镇居民人均住房面积（单位：平方米）　表4.2

年份（年）	城市居民人均住宅建筑面积	年份（年）	城市居民人均住宅建筑面积	年份（年）	城市居民人均住宅建筑面积	年份（年）	城市居民人均住宅建筑面积
1978	6.7	1987	12.74	1996	17.03	2005	26.1
1979	6.9	1988	13	1997	17.78	2006	27.1
1980	7.18	1989	13.45	1998	18.66	2007	28
1981	7.7	1990	13.65	1999	19.42	2008	28.3
1982	8.2	1991	14.17	2000	22.25	2009	31.3
1983	8.7	1992	14.79	2001	20.8	2010	31.6
1984	9.1	1993	15.23	2002	22.79	2011	32.7
1985	10.02	1994	15.69	2003	23.7	2012	32.9
1986	12.44	1995	16.29	2004	25		

资料来源：根据历年统计年鉴整理绘制。

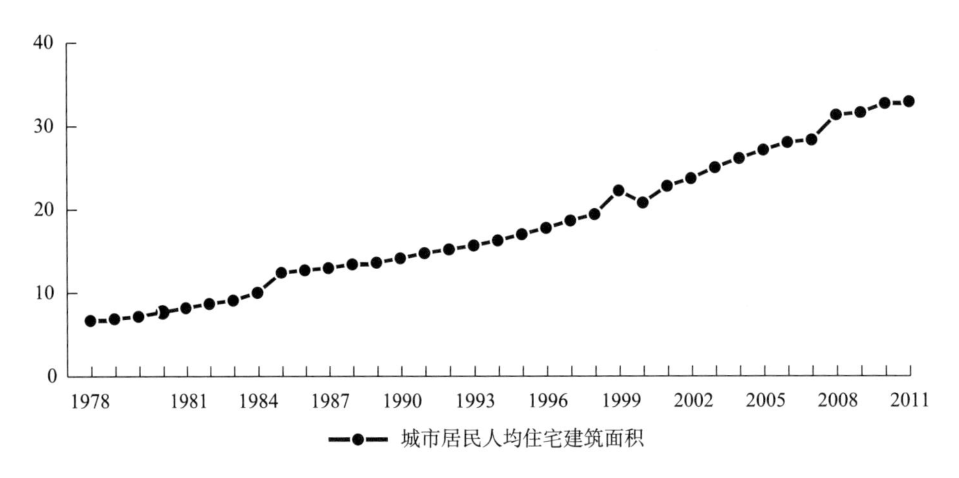

图4.13　1978～2012年中国城镇居民人均住房面积

资料来源：根据历年统计年鉴整理绘制。

中国城市化及城市住房特点　　表4.3

时间	城市化特点	城市住房特点
第一阶段： 1949年及以前	（1）地域性差异显著 （2）密集的城市中心区	（1）多样性的地域性住房 （2）低层（1～3层）
第二阶段： 1949～1958/1961年	（1）快速的城市扩张 （2）战后重建 （3）没收私有财产	（1）自有住房 （2）以4～5层公寓楼为主的街区 （3）苏联式现代主义规划 （4）街区的居住建筑在城市规划边缘或以填充的方式在原有建成区内出现
第三阶段： 1961～1977/1978年	（1）限制城市化（限制户口政策） （2）国有住房经费的大量削减 （3）规划重点放在重工业城市	（1）少量大面积的城市住房建设 （2）城市住房更加拥挤 （3）已有住房进一步被分割 （4）已有住房以简陋的自己搭建的方式扩张
第四阶段： 1978～现在	（1）城市对外开放 （2）对私人资产能动进行规划 （3）卫星城吸纳一部分新的人口	（1）城市外环出现高层住房街区 （2）用地职能分离，上下班交通时间增加
第五阶段： 1988/1989～现在	（1）内城拆迁重建 （2）外环和卫星城的不断发展	（1）加速了内城人口的转移 （2）由单位的工资水平差异导致不同收入人群居住空间日益分离

资料来源：李瑞，冰河．中外旧城更新的发展状况及发展动向[J]．武汉大学学报（工学版），2006，39（2）：117.

家庭的生命周期主要体现在以下两个方面：第一，家庭成员发生变化，相应地对房屋面积、房屋质量等的需求也随之变化；第二，由于家庭的不断发展引起收入和支出的提高，或者相反，这些变化也影响到他们的住房需求。家庭生命周期深刻影响着家庭的住房选择和需求。在家庭生命周期的不同阶段，家庭的家庭成员、收入水平、家庭目标各不相同，对住房也有不同的需要（表4.4）。

3．居民对于城市空间的投资需求

所谓投资需求是指居民个人用于投资增值而非消费的对房地产的购买能力。随着房地产市场的持续升温，人们对房价的预期普遍看好，投资欲望高涨。另一方面，在目前投资渠道选择类型少且

家庭生命周期不同阶段的家庭概况　　表4.4

年龄阶段	家庭生命周期阶段	成员数量	家庭类型	家庭结构	家庭概况
25岁以下	单身	1	单身家庭	单身	完成教育，开始工作的单身人士，离开父母单独生活
25~30岁	新婚	2	核心家庭	年轻夫妇	婚后尚未有小孩，年轻夫妇共同生活，生活习惯上仍然带有单身的特点
30~36岁	生育	3	核心家庭	下一代尚小	孩子年幼，抚养上需要投入很多精力和资金，同期家庭收入依然较少
36~42岁	满巢1	3	核心家庭	夫妇与下一代	孩子开始上学，教育投资大幅增加，同期家庭收入开始逐渐上升
42~48岁	满巢2	3	核心家庭	夫妇与下一代	孩子接受中高等教育，独立性强，要求更多个人空间，家庭收入达到较高阶段
48~54岁	离巢	3	核心家庭	下一代开始脱离家庭	孩子长大，逐渐开始离家独立生活
54岁以上	空巢	2	核心家庭	中年夫妇	中年夫妇的生活，收入的稳定性下降，开始向老年生活过渡

资料来源：根据翟波. 人口资源环境约束下的城市住房制度研究[D]. 青岛：青岛大学，2009：129–132. 相关内容整理绘制。

银行利率低、股市风险较大的情况下，激发了人们加入房地产投资的欲望，进一步激励了持续上涨的房地产行情。而持续上涨的房地产行情影响甚至严重影响人们的投资视野和理性判断，进一步加剧了房地产行情的上涨。

目前我国房地产投资需求呈快速上涨态势，同时，居民缺乏其他有效的投资渠道，因此，居民对于城市房地产的投资需求比较旺盛。

4.2 行为主体相互关系与利益博弈

政府、企业和个人作为经济活动的主体，相互之间的作用关系如图4.14所示。建设主体之间的利益博弈，主要有中央政府与地方政府之间的博弈、地方政府之间的博弈、地方政府与企业之间的博弈以及政府与公众之间的博弈等。

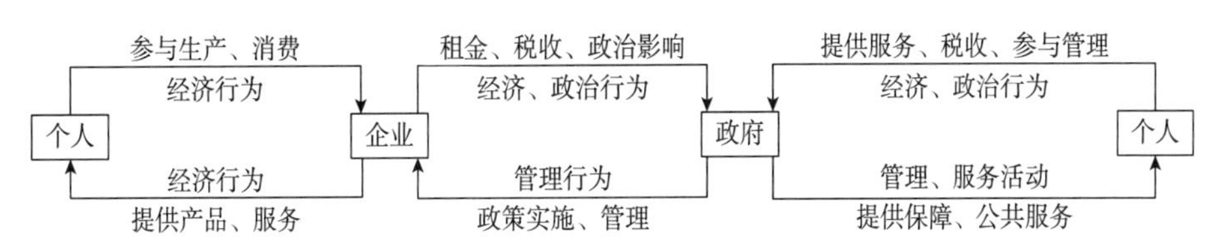

图4.14　城市空间增长相关主体行为关系

4.2.1 中央政府和地方政府：行政权力与空间资源配置

1. 中央和地方政府关系的演变

在我国，中央地方关系是指中央政府与地方政府之间的关系，也包括省、自治区政府之间的关系。中央政府与地方政府，尤其是省、自治区政府，即是一种中央地方关系，是政府间关系的一部分。故完全有必要结合二者一并研究。

我国自1949年以来，经历了国家政治体制、行政体制、经济体制的一系列重大变革，以及相应的社会转型，使得我国的中央与地方关系、政府之间关系发生了复杂、深刻的变化。

改革开放前，中央政府充分地控制和配置所有资源，各级地方政府无权对资源进行分配。中央政府与地方政府之间属于强制性服从关系，当时国家采用强制性和行政动员方式管制社会。改革开放后，中央政府与地方政府的关系发生变化，表现在结构调整、市场化、简政放权、财税体制改革和财政转移支付等，地方政府的自主性明显增强。中央和地方政府关系的演变过程见表4.5。

不同学者从不同的视角对新中国成立后中央与地方关系演变进程进行了研究，提出了不同的观点，其代表性的观点有以下类型，见表4.6。

中央政府和地方政府关系演变　　表4.5

阶段划分		特征
改革开放之前	大区分权阶段（1949～1952年）	为确保全国解放，将全国划分为东北、华北、西北、西南、中南、华东六大行政区，各大区作为中央政府在各地的代表机关，拥有立法权、行政权和人事权
	中央集权阶段（1953～1957年）	为强化中央的统一领导，撤销大区制，加强中央政务院机构和管理职能，地方独立性和自主权逐渐萎缩，地方政府逐渐成为中央在地方的延伸，成为中央计划的执行者和中介
	集权与分权交替（1958～1978年）	为解决地方积极性降低的问题，中央政府两次向地方政府放权，但受到大跃进等政治运动的影响，体制改革未能顺利实行
改革开放之后	分权展开阶段（1978～1994年）	在农村地区实行土地承包责任制，逐步放开国有企业的管制，同时逐步放开地方政府的经济管理权力，如放开几个管制，财政“分灶吃饭”、建立经济特区，同时进行了党政分开的改革，党委不再直接干预经济管理活动
	分税制阶段（1994至今）	1994年实行分税制改革，中央与地方财政建立规范化财政运行机制

资料来源：根据[1]罗震东．中国都市区发展：从分权化到多中心治理[M]．北京：中国建筑工业出版社，2007．[2]吴文钰．政府行为视角下的中国城市化动力机制研究[D]．上海：华东师范大学，2014．[3]谢庆奎．中国政府的府际关系研究[J]．北京大学学报（哲学社会科学版），2000，37（1）：26-34．等资料绘制而成。

中央与地方政府关系的主要观点　　表4.6

	中央地方关系	政府间纵向关系
运行机制层面	收放循环说、授权说、非零和博弈说、财政分权说、财政集权说	压力型体制说、官员晋升的政治锦标赛说
体质架构层面	中国式联邦制说、分割的权威主义说、合理分权说、选择性集权说、重层集权说	“十字形”博弈说、职责同构说、轴心辐射说
国家与社会层面	两次分权说、集分平衡说	

资料来源：薛立强．授权体制：改革开放时期政府纵向关系研究[M]．天津：天津人民出版社，2010：8.

从中央政府和地方政府关系的演变来看，我国地方政府在公共资源配置中的作用在不断被扩大。通过制度的改革，我国一直在提高财政分权程度。传统财政分权理论认为，相较于中央政府，地方政府能够为当地居民提供更好的公共服务，因此理论上一般认为财政分权是促进政府部门提高效率、节省中央政府支出的重要措施。但是财政分权要发挥作用取决于一些重要前提，如地方政府的政务公开化、高效化，市民能够充分享受地方政府的服务；地方政府的行为不具有外部性，不会影响到其他地区；人们可以自由流动，收入不受迁移影响等。但是以上关于地方政府理性化的假设在现实社会中难以达到。因此，在财政分权治理中存在经济增长的波动、市场的分割、公共福利损失、收入差距扩大与公共支出结构异化等负面效应。因此，在当前财政分权的制度基础上，不仅要关注经济增长的速度，而且要注意经济增长的质量，关注城市产业结构的持续和长期的影响，同时关注公共福利的提高、居民实际生活水平的提升和城市建成区的品质提升等问题。

在中央和地方关系的改革中，中央政府由于制度创新和经济发展的需要，允许各级地方政府进行自主改革探索，由此地方政府获得了一定的改革自主权。对于地方核心行动者是一种动力，这种动力表现为地方执政者获得从未有过的权力和更多自己施展的机会，甚至是有助于执政者的考核与升迁；但同时地方政府的自主权同样也是一种压力，这种压力表现为地方核心行动者需要承担更多的责任，需要承担原本属于中央政府承担的责任，或者说需要承担中央甩掉的包袱。由于这种责任是前所未有的，相应地政府和官员责任机制也通过引入目标管理、行政发包制（周黎安，2014）、项目制（渠敬东，2012）等方式得以强化。在这种背景下，20世纪80年代以来我国地方政府兴起了一股“发展型地方主义”（developmental localism）的浪潮（郑永年，2013）。这样，地方执政者在地方经济和社会事务中发挥重要作用，以及在各级地方经济竞争中承担主体作用。但也有学者指出，自20世纪70年代末以来，随着权力下放和市场化改革的推进，权力能够带来比以前更多的物质利益，特别是大量的权力下放给县、乡一级的领导者，从而造成制度环境对政府行为约束的“软化”（李军杰，2005）；任期制造成了行政管理者行为预期的短期化、考核制度造成了行政管理者的追逐利益化，造成许多有限理性的地方政府，带来资源掠夺型的发展模式，同时也造成了片面注重固定资产投资、生态环境恶化、资源使用效率低下、社会服务提供不足等问题。

任何体制都是在现存体制的基础上不断发展起来的，改革后地方政府治理会面对“压力型体制”，这种体制运作的特点靠上级对下级规定的各种任务和指标，以上级对下级规定任务和指标的完成情况的考核，并以一票否决的方式对下级施加压力。从这种体制可以发现历史造就了体制空间，但是随着体制改革深化，体制内部的机制结构被撬动，地方政府行动的积极性会受影响，但可以促使制度空间内的具体制度和操作机制明确化，且赋予了压力型体制新的内涵和目标，而压力型体制下的运动式治理也成为地方政府实现改革的重要运行机制（张晨，2012）。

2．中央和地方博弈的特征

从中国城市成长的实践中存在的问题来看，地方政府的行为取向成为城市成长管理的主导，这是由于：

1）国家体制的复杂化造成执行的偏差

在国家行政管理体制中，由于管理的需要，往往设立多重管理层级，理论上各种管理层级有着共同的管理范围和管理目标，在同一纵向机制中，下级机构服从上级机构的管理方式和管理政策，从而达到管理的目标。但在具体的事务管理中，每一级机构都有自己相对独立的利益，它的目标并不总是与上级要求的目标完全一致，所以与一般的既定目标往往在管理过程中出现差异，且一般层级设定越多，差异越大。中央政府对于基本政策的设定，往往是出于国家战略发展的考虑，如保护耕地、减少城市建设占用可耕地的政策，但在具体执行过程中，一些地方城市非农建设占用耕地的计划超过中央计划指标，就是一个重要例证。

在国家纵向治理的层级中，中央政府政策执行的力度与治理层级有着显著的关联。在一些距离国家管制层级较近的行政级别中，由于管理成本相对较低、上级政府监管和谈判能力较强，中央的威慑力和执行力都较好；而在治理层级下端，监管成本非常高，下级政府不服从上级政府管理意愿并脱离监管的概率更高。因此，在多层次的政府体制下，国家意志的执行力度随着管理层级的增加而下降，由于管理层级和管理结构的复杂，造成政策执行的偏差。

2）信息的偏好引起国家政令的不畅

在中央政府与地方政府的治理关系中，由于治理层级和价值选择的偏好，在政策信息传递过程中，由于知识或信息能力有限、人为加大信息噪声，或是其他方式所引起的信息不对称，即便中央政府供给正确而连续的信息，但同时由于地方、部门、企业本位利益的存在，他们会自利性筛选中央信息，故这种现象必然引起信息传递不畅或是信息扭曲。

在城市土地管理和开发建设过程中，由于土地在征用到城市建设用地的转变过程中存在较大的价格差异，地方政府既是利益的直接获得者，同时本届政府以批租的形式获得几十年的土地使用权的租金收入，由此带来的财政收益和城市建设水平的提升，双重收益对地方政府的政绩吸引，使得地方政府对于中央政府的严格保护耕地资源、控制城市建设用地扩张等要求，在执行过程中往往是上有政策，下有对策，而中央政府，由于在政策执行过程中，无法准确获得所有地区、所有层级政府的准确、及时的信息反馈，因此，很大程度上无法保证政策执行的效果。

3）地方政府对城市公共事务具有直接管理权

由于分权化的实施，地方政府实际获得了对地方公共事务的管理权。例如，我国的土地和城市相关法规有以下规定，地方政府代行国家土地权力，可以出让土地使用权，同时地方政府可行使城市空间的规划权和部分规划修编权，通过以上规定地方政府可以直接管理城市发展问题，具有强有力的发言权。在当前的财税体制下地方政府为了扩大支配资金，一方面开拓征税对象，吸引企业入驻，提高征税税率，积极扩大土地收益；另一方面，地方政府官员在任期内尽量多批地、多卖地，城市快速扩展侵占了大量的城市周边农地。

城市空间资源的配置是从空间上体现行政建制等级，或者说是政权结构体系的空间布置。行政治理层级中，尤其是行政区划设置方法与行政管理制度，很大程度上反映了具有直接管理权的各级地方政府的管理意志。

3. 中央和地方政府关于空间开发权的博弈过程

在解放初的计划经济时期，中央政府与地方政府的博弈主要表现为各级地方政府围绕资源计划配置展开竞争，各区域、各层级的地方政府争相提高计划指标。这一时期，国家重点关注工业体系的建立，城镇发展是作为工业体系建立的组成部分，按照“条件、特点、问题、措施”为主体的操作办法，制定城市发展内容。计划经济时期高度集中的管理方式，使城镇空间发展作为国民经济计划的组成部分，完全依靠国家统一的计划安排。

由于在计划经济体制下，各级政府对于发展经济、城市建设缺乏积极性，造成了经济、社会发展中的一系列问题与矛盾。改革开放初期，中央政府启动分权化改革、土地市场化改革等系列改革措施，地方政府获得了更多的资源支配权力，发展地方经济成为地方执政的主要职责。这一时期，中央与地方政府的关系处于“讨价还价”的博弈状态，同时也反映了我国渐进式改革的逻辑（童乙伦，2011）。

20世纪90年代中期，随着市场经济体制改革的深化和分权制的建立，地方政府的经济主体地位得以建立，分权改革使地方经济利益合法化，地方政府拥有剩余索取权。因为行政任命制以当地经济绩效考核为核心，这也导致政府追求地方经济利益的最大化（吴一洲、吴次芳、罗文斌，2009）。

在转型期的社会发展过程中，由于市场经济环境的成熟和监管的不完善，中央政府和地方政府不完全是行政关系，同时具有合同关系的性质。在制度的激励和约束下，地方政府的行政边界和权力边界已经固化，由此产生了“地方主义”，阻碍了当地经济的健康发展。地方政府日益增长的政治经济实力和不当的权力管理导致了地方发展机制的不合理。一方面，行政分权与财政分权的中心位置、利益联盟之间形成区域城市的发展，共同争取地方利益。另一方面，财政分权加剧了地方政府间的竞争。此外，在规划编制和实施过程中，规划体系还存在一些弊端，造成空间利益冲突、资源利用率低、生态环境威胁。

4.2.2 地方政府之间：空间资源分配的过度竞争

地方政府之间的竞争，是指不同地方政府为了寻求辖区发展，在制度创新、政府效率、投资环境等方面开展的竞争。地方政府竞争的直接目的是为了吸引更多生产要素的流入，通过生产要素的流入和生产组织使政府能够获得更多的直接投资、就业机会与财政收入，用以增加和提升本辖区基础设施建设水平，公共物品、公共服务供给的数量和质量，以增强地区的综合竞争实力（孙亚忠，2011）。

1. 地方政府竞争的表现形式

地方政府竞争的表现形式主要有公共服务竞争、制度竞争、优惠政策竞争等。

1）公共服务竞争。如果地方政府不能进行公正、正规的管理，当地商业和制造业很难长期繁荣，居民对其财产和签订的合同也没有安全感。公共物品必须由政府提供和配置，政府的权威性和强制性为公共物品的供给提供了一种安全的制度环境，对于一些不能排他或非竞争性的公共消费品，同样需要政府提供。地方政府提供公共物品的数量、质量和水平，直接关系到一个地区吸引各种生产要素的能力，也同时影响地方政府的竞争力，因此，各级地方政府有动力优化配置各种公共物品。同时，在公共物品供给方面确实存在大量的政府间竞争。

2）制度竞争。在竞争行为中，各级地方政府越来越重视政府服务、投资环境改善等制度建设。在社会经济发展中，制度竞争作为一种导向，属于较高层次的竞争，发挥着重要作用。“制度竞争是一项长期工作，它需要调动技术上、经济上和组织上的创造性，增强政府的企业家行为特征，创造性地进行城市建设和发展城市经济”（柯武刚、史漫飞，2000）。

3）优惠政策竞争。优惠政策包括税收优惠和土地价格优惠。税收优惠竞争是指拥有地方税权的各级地方政府，通过竞相降低有效税率，或实施有关税收优惠等途径，以吸引其他地区财源流入本地区的政府竞争行为，其目的是寻求长期经济利益和税收转移的短期税收利益。

从国家整体利益的角度来看，为了发展经济而发展税收优惠政策，以吸引外资到国内投资。国务院规定了外商投资企业在各种经济技术等级和地区的经济开发区和经济特区的税率减免额度[①]，并明确说出了具体执行办法由国务院规定。但现实是除了优惠政策，地方政府甚至突破了国家税收法律、法规和中央政府的有关政策规定。

在以经济建设为主要目标的发展模式下，制度建设的主要目的是为了吸引投资者，在各地招商宣传中，经常可以听到“一切为了投资者”的口号。因此，在这个意义上，多数地方政府之间的制度竞争仍然是局限于吸引外部生产要素的竞争，只有在跨越了对资金、固定资产投资的依赖之后，地方政府竞争才进入实际的制度竞争状态。

2. 地方政府过度竞争的空间表现

地方政府竞争，在合理的边界范围内，很大程度上增加了经济增长的活力，促进了城市建设水平的增长，对整体社会经济的发展起到了积极作用。但是，地方政府之间的竞争，如果超过了理性的竞争边界，出现竞争过度的负反馈效应，对城市发展起到消极作用。

由于我国处于市场化建设的初期，市场化规制的不健全、不成熟，必然使地方政府之间的竞争存在“竞争过度”的行为，并因此而产生对城市空间的影响。在地方政府竞争的行为中，空间上主要表现有：

1）城镇体系等级的梯度化差异

城镇体系构成是城市发展长期演变的结果，受到城镇自然条件、资源条件和国家政策引导等多种因素的影响。各级地方政府在纵向空间资源配置中的行为方式，在很大程度上影响着城镇空间体系的布局。首先，从国家总体布局来讲，由于东、中、西经济社会发展的差异，各地区城市发展水平有很大差别，梯度现象较为明显。其次，在城镇空间结构中，由于城市级别的不同，城镇体系的布局分为以大城市为核心的城市群结构、块状组团式的城市聚集结构、条状组团式的城市聚集结构等类型（李震、顾朝林、姚士媒，2006），反映了我国各级政府纵向治理结构、地方政府不同行为模式、竞争结果的地域空间结构的分布、联系和组合形态，即城镇空间组合形式。

2）产业空间失序化发展

按照产业空间发展的规律，产业集聚是由空间集聚、专业化集聚到系统化集聚的发展历程。空间集聚是指统一类型的企业布置在较为集中的一定区域内，企业之间的发展关联性不高；发展至一定阶段之后，区域内出现相关配套的产业和为企业提供服务的中介，产业特征和产业链基本形成，达到专业化集聚的程度；随着产业链的完善、系统化水平的调高，区域内的产业竞争能力增长，产业集聚达到系统化的水平。

在地方政府横向竞争的背景下，各级政府之间的同质化、低水平的竞争行为，一定程度上扰乱了产业空间集聚的规律，使得空间集聚、专业化和系统化发展受到制约，在城镇空间结构中出现了

---

① 具体参见《中华人民共和国外商投资企业和外国企业所得税法》。

离心分散化的弊病。

3）城市建设用地低效率扩张

各级地方政府在竞争环境中，为了实现辖区的经济发展目标，吸引资本和要素流入，最常见和有效的手段是采取政策优惠，政策优惠的形式包括降低土地出让成本、税收优惠与收费让度等。

其中，低价出让土地，直接造成了城市建设用地的低效率扩张。我国31个省市的实际测算结果显示，东部、西部、中部工业用地平均成交价水平分别为129元/平方米、63元/平方米、72元/平方米，其中的成本价分别为160元/平方米、105元/平方米、83元/平方米，而全国工业用地最低平均成本约为120元/平方米，显然实际成交价格远低于现实成本，而且这种现象已经持续多年（赵松，2007）。

为了解决低价土地吸引招商的问题，2004年国务院《关于深化改革严格土地管理的决定》明确指出“禁止非法压低地价招商”，协议出让土地除必须严格执行规定程序外，出让价格不得低于最低价标准，违反规定造成国有土地资产流失的，要依法追究责任，情节严重的，依照《中华人民共和国刑法》的规定，“以非法低价出让国有土地使用权罪追究刑事责任”。

由于造成土地低价出让的根本机制问题没有解决，在地方政府为争夺资源、资金的竞争中，城市土地低效率扩张的情况仍然没有得到有效的控制。

4）资源浪费

我国城市化发展进程缓慢使得城市基础设施建设滞后，地方政府在建设过程中注重基础设施建设和提高城市服务水平。但是在竞争过度的环境中，地方政府为了优化城市投资环境，吸引投资者，纷纷加大了固定资产投资规模，每个城市都在争相建立高新工业园区、高教园区、会展中心等项目，然而这些大型修建的项目和城市的产业结构却出现了同质化竞争的现象，因此造成了资源浪费。

在房地产建设中，由于不少违背了房地产居住和使用属性的投资行为，使得住宅空置在许多城市成为普遍现象，一些城市地区，由于居住修建过多而无人居住，被人们称为“鬼城”。从经济资源配置的角度来看，长期空置的房屋，同样属于资源浪费的现象。

4.2.3 地方政府和企业：增长同盟与利益分歧

1. 增长同盟

为了实现城市经济增长的目标必须依赖于政府、商业机构、民间团体等各种利益集团的合作，于是在实际中便结成各种各样的合作伙伴关系，亦即Molotch和Logan（1987）所称的“增长联盟”（Growth Coalition）或“增长机器”（Growth Machine）（叶嘉安，2005；张京祥、吴缚龙，2004）。

从世界大多数国家的发展状况看，城市的发展都需要政府与市场的相互作用，虽然各国城市发展环境不尽相同，政府与市场的相互关系表现得或松或紧。政府在经济发展中行使权力的范围、程度并不是固定的，而是根据市场经济发展过程中的不同时期、不同阶段而不断变化，在过去的几百年中，政府力量和市场机制关系的变化就是一个此消彼长变化的过程。这种政府权力与市场机制在经济增长联盟中反复博弈，呈现出来的就是各自消长的变化过程。

在市场经济条件下，由于政府直接控制的发展资源日益减少，因此政府需要借力市场满足自己的经济与政治需求，而市场为获取高额利润也希望有机会介入公共部门活动，因此，地方政府为了取得政治经济成绩借助于私人公司的资本，同时地方政府也给这些公司提供一些优惠条件，在这种背景下城市政府就与企业集团结成了各种各样的增长联盟。但这种增长联盟，在西方社会的发展过程中，受到社会公共约束的制约，如果这种结盟牺牲过多的社会利益，例如城市发展带来的利益未能分享给市民，则市民可以通过民主制度限制这种增长联盟甚至通过民主选取改选城市政府。而新的城市政府一旦产生，必须为发展城市经济吸引投资，不可避免地向某些控制资源的企业集团让步或与之结盟，从而产生了新一轮的政体变迁（张庭伟，2001；张京祥、殷洁、罗震东，2007）。但是，由于中国长期的治理体制的影响和民主化、法治化改革进程的滞后，城市的市民社会、非政府组织、公众参与公共事务治理的方式和途径受到限制，所以民众在关于城市发展的决策过程中基本是被排除在城市政府、工商企业集团的增长联盟之外，增长联盟往往具有更强的话语权和更多的行动自主权，行为过程也缺乏有效的监督，这种地方政府和市场建立起来的增长联盟或合作关系，必定会引起城市空间的变化。

自20世纪90年代以来，我国在分权化改革过程中，中央政府将部分中央权力下放给地方政府，地方政府的独立行权能力不断上升，成为城市发展规划的主力军。由于我国城市化进程不断加快，近些年许多城市满足城市空间拓展的迫切需求纷纷在城市外围建新城、新市区，地方政府与市场合作结成增长联盟。政府需要市场资金，而市场反过来需要政府宣传、政策支持，地方政府与市场进行合作，共同提供公共物品和社会服务，客观上推进了中国城市空间发展、城市建设水平提高的进程。

2．利益分歧

同时，在我国政治经济体制转型过程中，地方政府与市场也存在着利益分歧的博弈：为了使自己的政治利益和经济利益最大化，地方政府往往会利用其在某些领域的控制地位来获得高额利润，或直接采取行政手段控制和干预市场运行；而市场也会基于自身的经济利益做出相应的顺应或抵制。

在城市建设的用地选址和相关建设要求中，投资主体选择的建设用地在很多情况下与城市政府所做的城市规划相悖，因此城市政府务必要在城市自身的发展和投资经济效益增长间做出抉择和协调。在这种前提背景下，城市的成长方式、区位发展和发展时间的推演都是投资主体和城市政府间博弈的结果。

一方面，由于城市经济的增长和城市综合竞争实力的增强对政府具有较强的吸引力，因而政府对投资方抱有积极的态度。同时政府又会对一些对城市生态环境和土地资源造成污染、浪费和破坏的投资抱有谨慎的态度。另一方面，投资主体为了获得土地使用权，在面对地方主管部门时常常强调投资所带来的正面效应，掩盖负面效应，同时采取利益诱惑或是意欲转投他地等手段以达到取得土地使用权的目的。

同时需要引起注意的是，投资主体的寻租行为间接地导致了中国在城市发展进程中城市空间的社会分层现象的产生。通过对发达国家的研究可以看到，人口和城市空间的分化会造成许多城市问题的产生，因收入差距导致的人口分化和在城市空间上产生的隔离，会破坏原有稳固的社会结构，这是被普遍证实的市场经济导致的结果。

4.2.4 政府和公众：治理权与参与权的博弈

在西方国家的社会体制下，对于城市空间发展的决定权往往由政府、企业、市民、媒体和技术专家共同构成（表4.7），政府同各种组织和居民形成了一种较为稳定的、制度化的合作关系。在涉及对市民组织和城市居民相关的城市发展问题中，形成了相对健全的交流、咨询、协调、合作机制。在这种机制下，城市居民的参与程度相对较高，各方的意愿、目标更容易得到有效的体现。

西方现代民主制度语境下拥有不同力量的城市规划行为主体　　表4.7

主体类型	权力来源	作用方式	作用效率
政府	公权	公共资源	秩序、整体效率
企业	资本	私有资源	利润、部门效率
市民	选择	选票、消费	公平、个人需求
媒体	舆论	大众信息传播媒介	不确定、分化
技术专家	知识	信息、智力	不确定、分化

资料来源：史舸．十九世纪以来西方城市规划经典理论思想的客体类型演变研究[D]．上海：同济大学，2007：260．有调整。

在我国以往的城市规划和城市建设活动中，城市事务多数是自上而下，政府是主要的主导部门，社会组织和城市居民以建设主体的方式参与到城市建设中去，但是较少参与到决策系统，公众在规划制定阶段缺少话语权，仅在公示阶段才能有渠道表达意见。在现有法律规定中，虽然存在公开征求意见、听证会、座谈会等方式，但质量水平不高，公众参与城市建设和发展仍然停留在形式和理论层面，公众参与主体覆盖面窄、层次单一而且代表普遍性不足。

随着治理理念和法制化的健全，公众参与越来越受到人们的重视。在我国城市空间规划中，公众参与具有很强的可行性和极大的有利条件。我国居民传统的生活空间形态和生活习惯使得他们愿意关心自己的生活空间，如果我们将公众参与城市空间规划落实到社区中，建立起实际的时空结合的配套方法和制度，必然会收获良好的效果。

4.3 制度与行为视角的城市空间增长机制和增长模式

4.3.1 制度与行为视角的城市空间增长机制

准确认识城市空间增长的机制，可以全面地把握城市发展的规律，进而制定符合现实的城市空间增长管控策略。已有研究对城市空间增长机制的解释包括历史经验、史实梳理、经济学、制度学、社会学等多个方面（刘盛和、陈田、张文忠等，2008）。基于前文的研究，本书提出从影响城市空间增长的制度环境和主体行为共同作用的视角进行分析，认为城市空间增长是在制度环境变迁的基础上，在各种城市建设的行为主体，包括政府（中央政府和地方政府）、企业组织和城市居民等根据自身价值取向、地位特征和相互关系的基础上进行的经济行为的结果，从“制度—行为”的视角分析城市空间增长的机制。

影响城市空间增长的制度环境主要包括行政区划与行政治理制度、城市土地利用制度和空间规划制度三个方面，分析制度体系的构成、特征和变迁的过程，在整体制度供给和制度环境的影响下，各级地方政府、企业组织和居民在城市建设过程中的行为方式，即对政策资源、指标资源、经济利益等的需求与竞争，最终反映在城市空间资源分配中，从而影响城市空间增长的过程和结果。根据主体行为选择的差异，总结城市空间增长的基本模式，即政府主导模式（包括新城建设、经济开发区、高科技园区、大型重点项目、旧城改造）、企业主导模式（包括工业企业、FDI外资企业、房地产企业）、居民主导模式三类，并通过一些典型案例的分析，论证几种不同发展模式对城市空间增长——城市产业空间、居住空间、服务设施空间和交通空间的影响。基于以上分析思路，本书提出基于“制度—行为”视角的城市空间增长机制如图4.15所示。

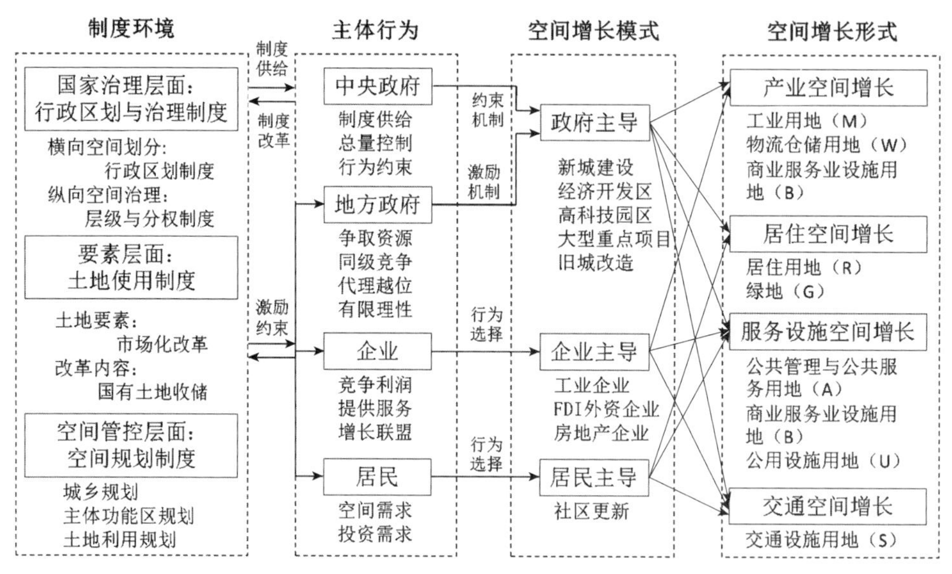

图4.15 “制度—行为”视角的城市空间增长机制

4.3.2 地方政府主导空间增长模式

在城市空间增长过程中，由于地方政府可以凭借拥有的土地、财产和收入直接介入城市增长空间的发展中，也可以借助所拥有的政治权力，间接干预城市增长空间的发展，因而，在地方政府主导下的空间增长模式，是我国最为普遍和具有代表性的空间增长模式。

政府主导驱动模式突出表现为由政府主导的新区建设、政府主导的经济开发区建设、政府主导的大学城及高科技园区建设、政府主导的大型重点项目建设、政府主导的旧城改造等。

1. 政府主导的新区建设

城市新区是城市旧城区趋于饱和、扩展条件受到限制的情况下，脱离原有城区规划新建的一个具有系统整体性、功能独立性的开发建设地区。在改革开放以来，新城区开发成为我国地方经济建设和城市拓展的主要载体，是城市空间增长的主要模式之一，推动了城乡面貌的快速发展（汪劲柏、赵民，2012）。城市新区以优惠的投资政策、充裕的土地供应、良好的人居环境和完善的基础设施，对区域和城市的人口、资本等资源形成强大的吸引力，也成为城市参与全球化竞争的重要抓手，新区建设在很大程度上也成为区域、城市竞争的重要手段（李建伟，2012）。

新区建设由于不是自发形成的，其建设选址、规模、布局等内容渗透着开发者的意志。新城的规划选址结合城市主要发展方向，在城市总体规划等上一层级规划和新区建设总体规划中决定了新区的建设规模。政府的作用产生于确定选址和组建城投公司之后，在编制并审批城市规划、决策城市拓展方向和协调各部门、各群体之间的利益等方面起到统筹作用。

以重庆万州区江南新区建设为例（图4.16）。在将万州建成重庆第二大城市和渝东北地区经济中心的背景下，为了充分发挥万州的经济带动和辐射功能，重庆市、万州区两级政府做出了开发建设万州江南新区的决策。江南新区2003年1月1日正式运行，成为重庆市人民政府批准建设的以城市开发为主的市级开发区。

图4.16　重庆万州区江南新区建设进程对比（2007年、2014年）
资料来源：重庆万州政府网信息。

在万州城市总体规划中，提出了城市发展要“过江推进”，尽快形成“一江两岸、八组团”的格局。江南新区位于万州长江以东、五桥河以北的沿江地带，与万州老城隔江相望，是万州的八大组团之一，辖区面积34.75平方公里，辖区具有较好的长江景观、绿化植被和竖向开发条件，其地势呈带状分布，是万州唯一土地成片完整的区域，区位优势十分突出。

江南新区作为万州建设重庆第二大城市的重点项目，是万州有史以来最大的城市开发工程。江南新区从2003年开始建设以来，万州区委、区政府等政府部门迁入江南新区办公，同时引进大型房地产开发项目，完成几百万平方米的住宅建设，引进聚达隆船舶修造、千岛湖游艇等多个企业、项目，三峡中心医院江南分院、三峡移民纪念馆、市民广场、南滨公园等项目陆续竣工或开建，提升了文化功能和配套水平。辖区已经通航的万州机场、建设中的万宜铁路、已投入使用的标准集装箱深水码头，以及直接相连的达万铁路、渝万及万宜高速公路，将成为万州新的交通枢纽中心。到2011年，基本建成核心区，建成区面积达到4.8平方公里，城区居住人口3万余人（图4.17）。

地方政府主导的新区建设模式也体现在合川区南城新区建设中。南城新区位于合川市区南部，因汇集兰渝铁路、遂渝铁路、武合高速及合川港区和自身良好的资源和发展条件而成为合川区的重

图4.17　重庆万州区江南新区建设进程对比（2003年、2014年）
资料来源：重庆万州区政府网信息。

图4.18　重庆合川南城新区用地现状图（2007年）
资料来源：重庆大学城市规划与设计研究院有限公司．合川南城新区城市设计[Z]．2007.

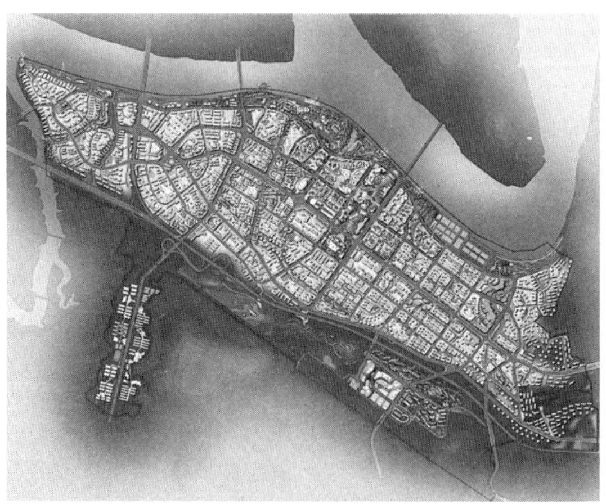

图4.19　重庆合川南城新区整体城市设计
资料来源：重庆大学城市规划与设计研究院有限公司．合川南城新区城市设计[Z]．2007.

要产业、形象门户之地（图4.18）。

重庆合川南城新区在政府主导模式的驱动下，其重新选址开始城市建设，与老城区隔江相望。南城中心区定位为金融商业、文化休闲娱乐、行政办公和配套居住为一体的城市副中心。南城核心区位于南城片区的中心地带，周边为大面积居住与工业用地。相较于合川老城区，南城新城区的发展将为合川城市发展增加新的用地范围，有利于合川区人口城镇化和土地城镇化的同步发展，同时也提升了城市整体形象和竞争力（图4.19、图4.20）。

2．政府主导的经济开发区建设

我国自20世纪80年代初开始兴建经济技术开发区（也称之为高新技术开发区）。开发区建设是为扩大改革开放、促进经济快速发展以及应对世界范围新技术革命而采取的重要战略举措。经济开

图4.20　重庆合川南城新区
资料来源：重庆合川区政府网信息。

发区的建设，使国外、先进地区的领先技术、资金、设备和管理经验等直接为本地区所用，为所在城市的经济发展增加了投入，带来直接经济效益并促使城市竞争力的提升。国内许多城市通过开发区建设，在很短时间内完成了人口的集聚和产业的升级，实现了人口规模、城市空间的跳跃性增长。经过多年的开发建设之后，开发区作为中国对外开放的窗口和经济改革的试验场，已经成为全国和区域经济振兴的重要支柱（仇保兴，2012）。

以重庆两江新区为例，两江新区成立于2010年6月，是中国内陆第一个国家级开发开放新区，同时是继上海浦东新区、天津滨海新区后，由国务院直接批复的第三个国家级开发开放新区。重庆两江新区规划定位为西南地区对外开放的门户型新区，通过创新制造业和服务业的发展，拉动内需，提高重庆在国家开发开放格局中的重要地位。两江新区的行政辖区包括江北区、渝北区、北碚区3个行政区的部分区域（图4.21）。

两江新区2015年人口221万，建设用地209平方公里，规划人口400万～500万人，建设用地550

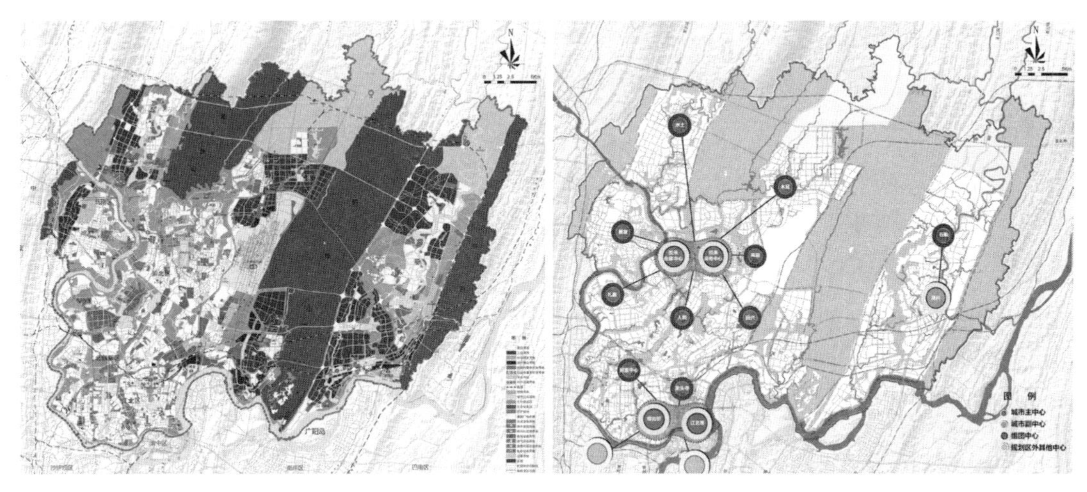

图4.21　重庆两江新区建设用地规划示意图和中心体系规划示意图
资料来源：重庆市规划局．两江新区总体规划[Z]．2011.

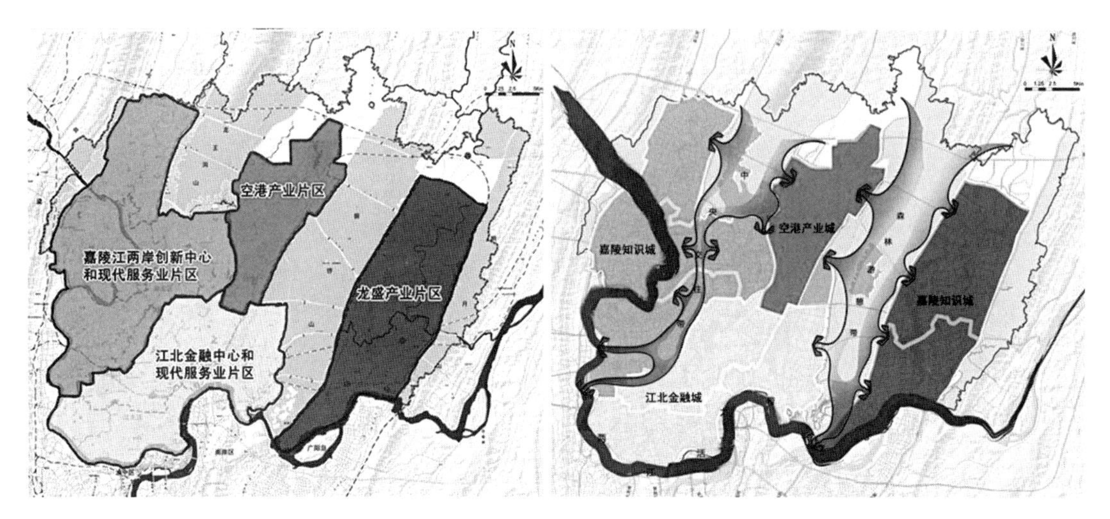

图4.22　重庆两江新区功能分区示意图和产业规划示意图
资料来源：重庆市规划局. 两江新区总体规划[Z]. 2011.

平方公里①。总体空间结构分为四大片区，分别是江北金融中心和现代服务业片区、嘉陵江两岸创新中心和现代服务业片区、空港产业片区、龙盛产业片区，总体用地布局为公共服务设施用地（图4.22）。

两江新区由重庆两路寸滩保税港区、重庆两江新区工业开发区、重庆空港工业园区等开发区构成，规划了六大城市功能组团：龙盛产业新城、水土高新城、礼嘉商务旅游城、悦来会展城、照母山科技创新城、江北嘴金融城。两江新区作为中国（重庆）自由贸易试验区，建设模式利于探索内陆地区开发开放的新模式，提升重庆经济实力和综合竞争力，对于重庆市城市建设具有重要意义。

3．政府主导的大学城及高科技园区建设

大学城作为新兴教育空间的形成，因为投资密集、开发力度大和具有明显改善所在区域的空间地景、地貌的特点，成为调整城市空间的有效途径，能够对新城区的开发产生明显的带动作用。由政府主导的大学城及高新科技园区建设，先期是由政府提供土地、投入资金建设为主，然后交给入驻的高校、高新技术企业管理和使用。大学城从策划、规划、投资、建设都以政府投入为主，典型案例如重庆大学城。

重庆市城乡总体规划确定沙坪坝区虎溪镇规划建设成集教学、科研、居住等功能为一体的大学城（图4.23）。2005年开始建设以后，重庆大学、重庆医科大学、重庆师范大学等高校相继入驻。规划人口规模约22万人，其中学生人数为15万人。重庆大学城以高校教学为主要功能，同时利用大学的优质人才资源，发展高科技园区，将学校与城市进行有机连接，并形成学、研、产、住一体化的产业链条，建设成为沙坪坝西永城区的重要组成部分，也是富有人文气息和内涵的综合性城市区域（图4.24）。

① 两江新区全域规划总面积1200平方公里，其中可开发建设面积550平方公里，水域、不可开发利用的山地及原生态区共650平方公里。

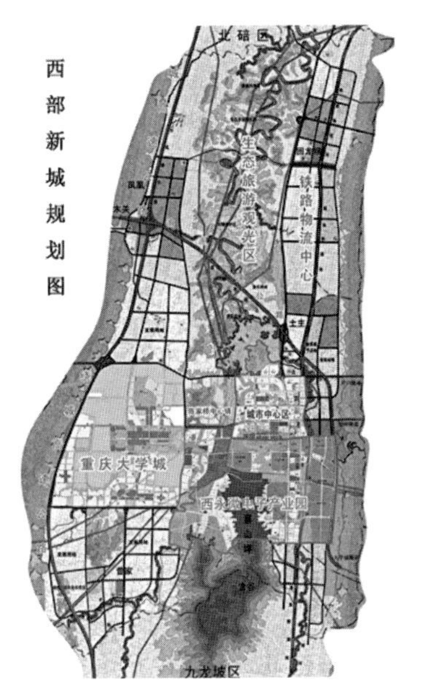

图4.23　重庆大学城选址区位图
资料来源：根据重庆市规划局相关资料绘制。

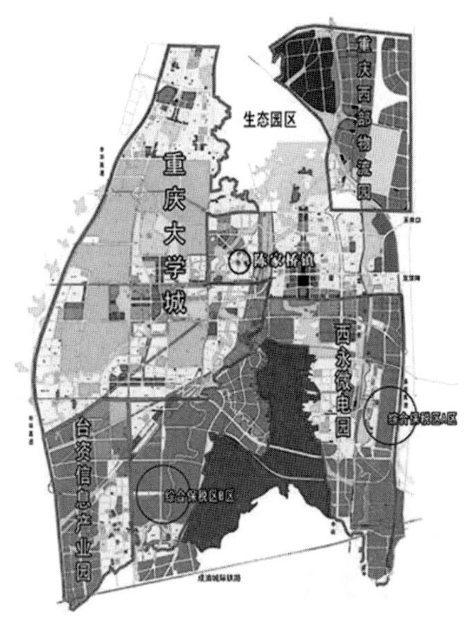

图4.24　重庆大学城用地布局图
资料来源：根据重庆市规划局相关资料绘制。

4．政府主导的大型重点项目建设

政府主导的大型重点项目建设主要包括大型交通基础设施、公共服务设施、展览设施或公益设施等，大型重点项目一般占地较广、区位相对独立，同时需要较多配套。大型重点项目的建设一定程度上加速了城市空间的增长。

以重庆中央公园的建设为例。重庆中央公园，位于重庆两江新区，介于江北国际机场和悦来会展中心之间，占地面积1.53平方公里，大体呈南北长条形展开，其南北长2400米，东西最宽770米，最窄600米，占地1.53平方公里。重庆中央公园于2011年6月正式启动建设，项目总投资约46亿元，是重庆市最大的开放式城市中心公园。

此外重庆中央公园的建设也拓展了城市功能布局，起到了将城市内部的人口向外转移的作用。中央公园周边地区国际中心区的核心区，其功能为集合商务办公、文化娱乐、商业消费、行政办公等中心功能（图4.25）。重庆中央公园的规划设计和建设依托重庆山水风貌特色，是体现自然和谐之美的现代城市公园，主要包含了中央广场、阳光草坡、活力水景、半岛镜湖和密林溪流五大景区。中央公园的建设与其周边临空消费中心和渝北行政中心共同构成了中央公园综合中心。围绕中央公园展开的城市建设一方面能够带动城市郊区新城的基础设施建设逐渐完备，另一方面能够促进新城人群、产业的集聚，为新城建设提供活力（图4.26）。

5．政府主导的旧城改造

政府主导的旧城改造项目，是当前旧城改造开展的主要方式，同时也是促进城市空间增长的模式之一。旧城改造的主要方式，一种是通过大拆大建的城市改造模式，通过迁移原地区的居民，再通过出让土地的方式进行新的商业、居住地产的开发。这种方式，一般出现在城市区位地段较好、人口密集、经济活力较强的地区，建设过程中一般拆建比较高，对于原有地块的开发强度有很大提

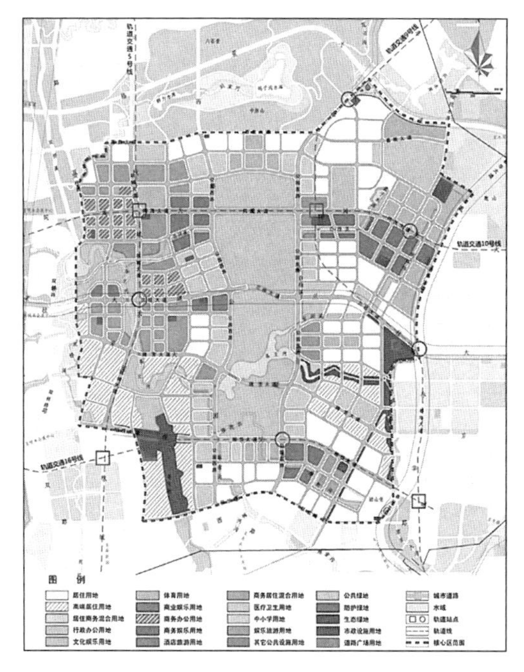

图4.25　重庆中央公园用地布局图

资料来源：中国城市规划设计研究院西部分院. 重庆中央公园暨两江新区国际中心区规划设计[Z]. 2012.

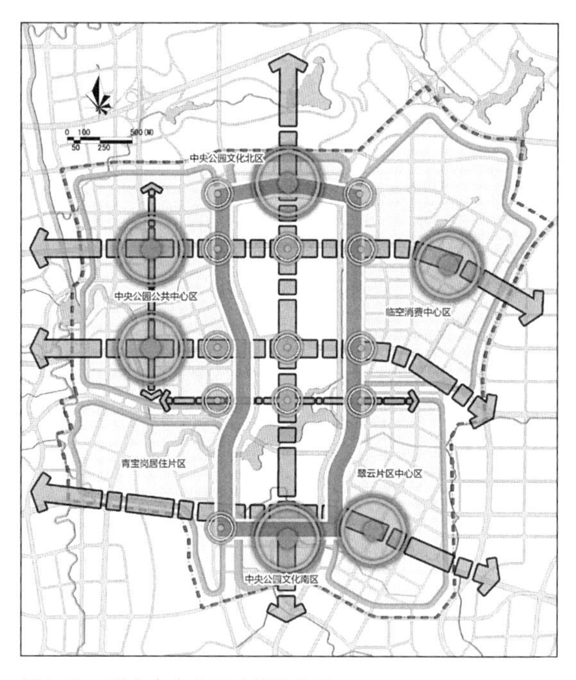

图4.26　重庆中央公园功能结构图

资料来源：中国城市规划设计研究院西部分院. 重庆中央公园暨两江新区国际中心区规划设计[Z]. 2012.

升，增加了城市空间供给；但是，在城市拆迁、改造过程中，容易造成社会矛盾、产生城市低收入者逐渐迁移出市中心等社会问题。另一种旧城改造的模式，区别于大拆大建的方式，采取政府主导、鼓励公众参与的更新方式，这种更新方式中，利用微改造的策略，优化资源周边用地布局，植入新的功能，在城市建设微观层面，通过增加、改建有限的城市空间，既可以改善环境，又可以提高居住舒适度、提升社区活力，从而使居民受益。

以重庆北碚滨江旧城区城市更新为例，对于城市更新区域经济价值最高、改造难度最大和居民改造愿望最迫切的地区，通过增设公共空间的方法激活底层商业资源，进行社区层面综合更新。如在北碚区静宁路建筑更新设计案例中，通过骑楼的增设，既丰富了底层商业空间，又盘活了2、3层公共功能，为滨江休闲旅游业态和居民文化休闲活动提供了载体，通过增加较少的服务设施，既增加了物业的商业开发价值，又提升了空间的品质（图4.27）。

树池结合休憩设施
统一雨棚
三层阳台开敞
统一广告、店招
骑楼屋顶公共化
增设楼梯
骑楼灰空间
购物
中间休憩空间
休闲

图4.27　重庆北碚区城市更新案例

资料来源：重庆市规划设计研究院. 重庆·北碚旧城滨江休闲产业带总体研究及重点地段详细设计[Z]. 2015.

4.3.3 企业主导空间增长模式

在城市化进程推进到中程的今天，商业服务业已经取代工业成为城市的主导产业，产业结构的提升日益成为提高城市竞争力的手段。大量的商业、金融业等企业取代了传统工业企业，改善了城市功能，推动了城市空间的变迁。工业企业在城市周边交通便利处布局，扩大了城市空间范围，同时也引起服务业、居住功能在工厂周边的集聚，提高了当地的城市化水平，从而将乡村地域转变为城市地域。这种城市增长空间产生的模式即为企业主导驱动模式。企业主导驱动模式依据企业性质的不同大致分为工业企业、FDI（外资企业）和房地产企业三种类型，这三种类型对城市增长空间的影响又分别体现在城市开发区、城市经济开发区和城市内部土地投资建设三个方面。

1. 工业企业主导下的城市增长空间

当前地方政府执行的招商引资、土地政策和郊区低廉的土地价格是工业用地向城市周边扩散的主要影响因素。由于近年国家对基础设施建设的投入，郊区的交通条件相对完善，这对注重区位优势、降低运输成本的工业企业而言具有明显的诱导作用。再加上政府的规划引导，形成了块状分布的开发区形态，促进了城市空间的进一步提升。

以万州国家级经济技术开发区为例。万州区原有较好的工业基础，三峡库区建设期间，大量工业项目搬迁重庆市主城区，但近年来，随着大规模的产业梯度转移，国际的产业转移、沿海向西部产业转移，包括重庆市主城区向周边的产业转移，以及万州区在西部大开发、三峡库区、统筹城乡等享有的优惠政策。同时，万州作为重庆直辖市第二大城市，战略资源独特，具有承接重庆主城产业外溢的社会经济和战略资源的优势，投资价值快速提升，成为产业转移的承接地之一。2010年6月26日，国务院批准同意万州工业园区升级为国家级经济技术开发区。随着大量工业企业的入驻，项目类型涵盖了机械电子、新材料新能源、新型纺织服装、机械电子、物流配套加工、现代盐气化工等多种产业类型，经济开发区占地面积大幅增长（图4.28、图4.29）。

万州地处山地地形，为大山大水的城市格局，用地坡度较大、用地选择相对困难，工业企业在一个时期的集中建设，改变了城市的空间结构。由此构成的万州经开区用地构成、交通组织、城市形象、生态环境保护具有显著的山地特征。同时布局较为分散，由于用地选址的苦难和建设时序的制约等问题，工业用地和居住用地的关系难以形成理想的布局结构，造成了工业用地围绕居住用地布置和交叉布局的不利局面，对城市居住生活造成一定程度的不利影响（图4.30）。

2. 地产企业主导下的城市增长空间

如果将工业企业在郊区聚集的现象看作是企业促使城市增长空间的横向发展，将FDI大规模进入城市看作是企业促使城市增长空间结构调整变迁的话，地产企业在城市内部的建设过程则是促使城市增长空间的纵向和横向同时发展。地产企业作为开发商根据城市规划信息与市场偏好，购买政府即将建设公用设施附近的生地在基础设施完善、周边市场成熟时，开发商在地价升值后将开发商品推向市场，从中赚取土地升值差额。还有一种方式，开发商选择周边相对成熟的地块，通过提高土地利用强度、改变使用性质，虽然支付了较高的土地成本，同时也能获得丰厚的利润。

例如重庆龙湖时代天街的开发案例。案例涉及的地块在开发前的规划总用地面积为19.741万m^2，

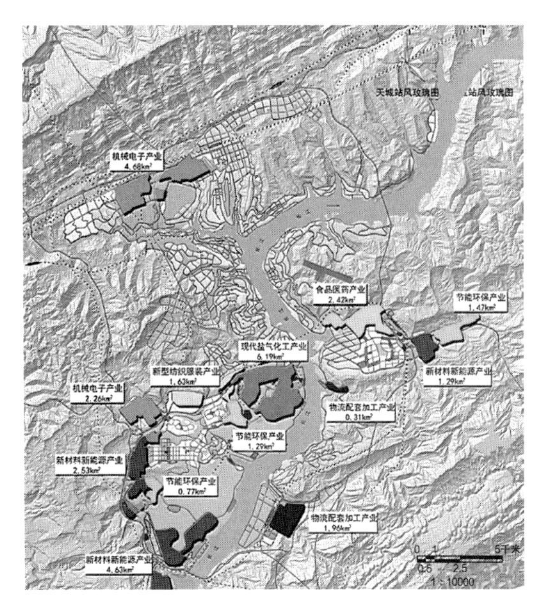

图4.28　重庆万州区产业转移中承接的项目

资料来源：重庆大学城市规划与设计研究院有限公司，万州区规划设计研究院．万州经济技术开发区总体规划（2010—2020）[Z]．2011.

图4.29　重庆万州区经济技术开发区用地增长

资料来源：重庆大学城市规划与设计研究院有限公司，万州区规划设计研究院．万州经济技术开发区总体规划（2010—2020）[Z]．2011.

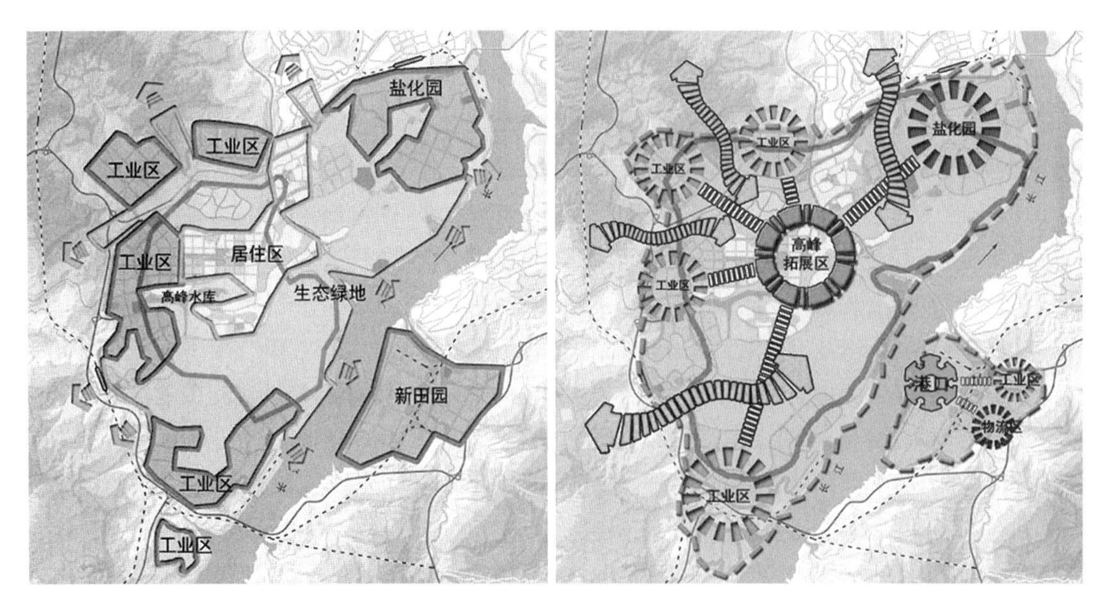

图4.30　重庆万州区经济技术开发区工业用地和居住用地交叉布局的结构分析

资料来源：重庆大学城市规划与设计研究院有限公司，万州区规划设计研究院．万州经济技术开发区总体规划（2010—2020）[Z]．2011.

规划建筑面积为91万m²，其中商业占16万m²，住宅占75万m²，容积率控制在4.61，建筑密度为30%。当开发商介入地块开发时为了满足开发商追逐开发后土地升值利益的目的，开发商会基于周边环境的考虑在开发建设时对地块的规划控制条件提出部分调整的要求。因而案例项目地块在控规调整后商业面积达到了61万m²，住宅面积则下降到了30万m²，虽然容积率保持不变，但建筑密度相应增大了一倍，整个地块的空间由原先较为松散的状态，变得紧凑起来（图4.31 ~ 图4.33）。

图4.31　龙湖时代天街项目原控规地块用地性质
资料来源：龙湖房地产股份有限公司项目研发资料。

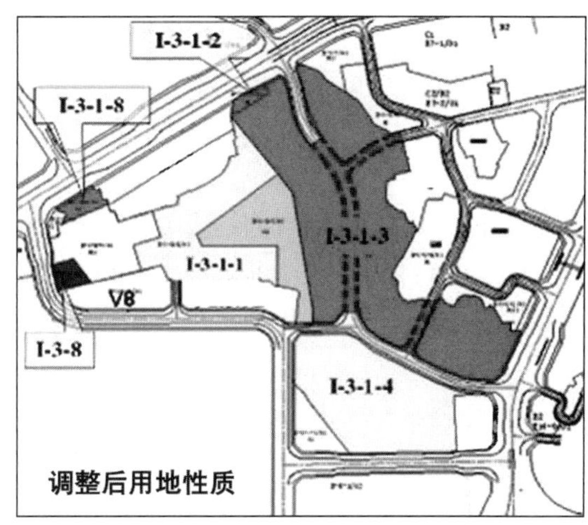

图4.32　龙湖时代天街项目修改后控规地块用地性质
资料来源：龙湖房地产股份有限公司项目研发资料。

图4.33　龙湖时代天街实景图
资料来源：龙湖时代天街宣传资料。

4.3.4　居民主导空间增长模式

居民是城市空间消费的主体，也是基于空间的经济属性而进行投资的投资者。通过市场规则下个体行为的积累实现地区的城市空间增长，这样的一种“自下而上”的城市空间增长模式为居民主导的驱动模式。

当前居民作为个体在参与城市空间增长过程中，由于现行关于城市建设用地的相关法律法规规定，城市建设过程中的城市建设用地需在实现土地收储、重新“招、拍、挂”后才能进入城市更新与建设的环节，居民作为个体业主所进行的建设行为很大程度上缺乏自主权。同时，在规划编制过程中，居民参与的机制尚未健全①，与政府主导的空间增长和企业主导的空间增长相比，居民

① 参见本书“3.4.3现有城市规划制度的特征和问题”中“城市规划是政府意志的体现，规划缺乏公众参与”的具体论述。

主导只在城市空间增长这一过程中起到非常有限的作用。

但是，由于关心和改善自身的生活，环境的改善和与此相关的利益是居民驱动模式的根本原因。居民驱动的方式虽然在空间的增长方面受到建设量的限制，但是，居民驱动的空间增长方式往往在建设富有活力的街道空间，提升空间品质、丰富城市空间内涵方面有积极的贡献，加以适宜的规划和引导，能够形成有特色的城市片区，提升整体城市形象，带动周边区域协同发展。

重庆市磁器口的发展过程充分体现了居民参与带动城市空间增长的过程。磁器口古镇位于重庆市沙坪坝区西北部，曾作为嘉陵江下游商业码头，距今已有1800余年的历史，不少民俗传统、古老风貌至今犹存。地域特色鲜明的沙磁文化、红岩文化、巴渝文化、宗教文化等在此荟萃。1998年磁器口由国务院批准成为重庆市首批传统文化历史保护街区，而后逐步形成集餐饮、娱乐、休闲于一体的传统文化旅游街区。

磁器口居民大多为土生土长的原住民，外来人口流入极少，且基本保持了传统产业结构特征。自20世纪90年代起，磁器口居民主要通过三种途径达到参与城市建设和驱动空间增长的目的。首先当地居民通过经营旅游商品、餐饮等形式驱动空间增长。据不完全统计，磁器口古镇60%的居民均投入到旅游经济活动中，除了经营旅游商品、餐饮之外，利用磁器口独特的文化优势，居民开办茶馆、书斋和其他一些文化娱乐事业，增加自身收入的同时提升城市街区活力，丰富城市空间文化内涵；其次，居民对游客提供导游服务，在此过程中讲解历史事件以及祖辈的生活故事等，能够有效地营造传统文化氛围，增强游客旅游体验；同时，从居民个体自身利益出发，小范围地改造生活环境，促进人居环境品质的提升。通过上述三种方式，居民能够积极、有效地参与历史文化保护和城市建设中，保持长久不衰的文化吸引力，从而促进空间的活力和繁荣，丰富城市空间的内涵（图4.34）。

自磁器口开始实施古镇保护规划和着力发展旅游业以来，其空间格局演变极为显著，并形成了极富山地特色的山地街巷空间。1998～2006年，古镇空间格局主要沿主街集中分布，2006年开始，旅游用地开始向非核心地带拓展，外部交通道路北侧临街用地逐步演变为旅游用地。由此，

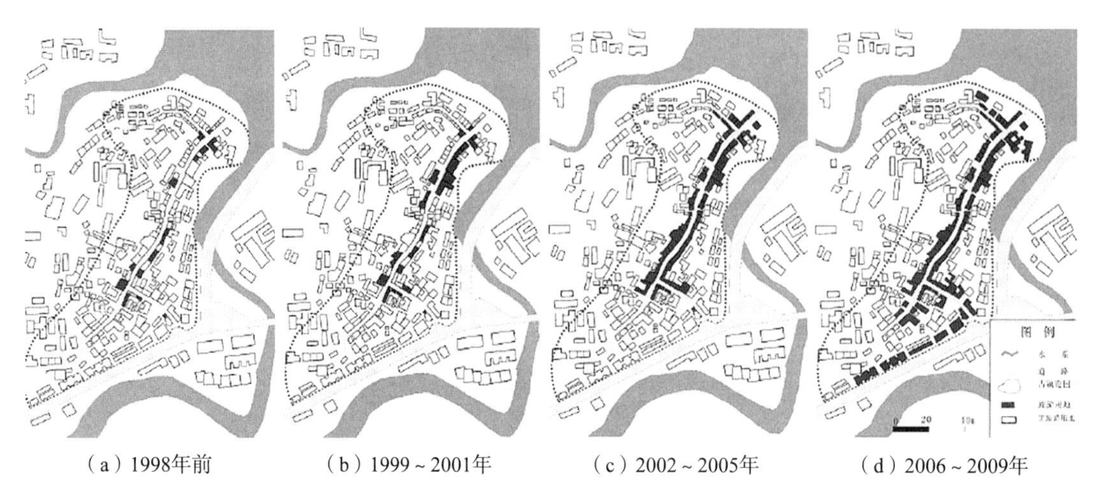

图4.34　1998～2009年磁器口空间格局演变

资料来源：根据刘俊，袁红. 1998～2009年重庆市磁器口古镇旅游用地空间结构演变[J]. 地理科学进展，2010，29（6）：658. 改绘。

图4.35　磁器口发展带动的沙磁文化产业园

资料来源：根据重庆市沙坪坝区人民政府网相关资料改绘。

基本形成以购物区、餐饮区、休闲娱乐区、游览区四大集聚区为主的空间格局（李玉臻，2011）（图4.35）。从空间格局角度来说，磁器口古镇旅游用地从早期沿核心街道南北两端集中布局模式，逐步发展为目前向外围非核心区街道扩散的均衡布局模式。

磁器口因其丰富多样的传统文化和鲜明地域特色的建筑风貌，表现出旺盛的生命力和强大的吸引力，从而有力带动周围区域快速发展。依托磁器口古镇为核心打造沙磁文化产业园将促进古镇由单一观光向休闲度假转型。沙磁文化产业园规划面积4.5km^2，以磁器口古镇为核心，沿沙坪坝滨江路辐射延伸，将形成集沙磁文化、红色文化、巴渝文化、抗战文化等于一体，构建以休闲文化旅游为主导，以培育艺术设计、文化艺术为辅，以文化服务业为支持的产业体系，区域将涵盖磁器口古镇、沙滨路沿线、歌乐山烈士陵园三大板块，主要划分为5个功能片区。沙磁文化产业园重点建设项目近20项，包括将在艺术文化片区重点打造的国富沙磁文化广场和中国抗战美术公园，以及巴渝文化片区将重点打造的磁器口旅游码头等，这些重点项目将会大力促进城市空间发展和经济增长。

4.4　本章小结

综上所述，城镇空间增长的过程是整体经济社会发展、资源配置、开发建设行为的结果，现阶段我国城市空间增长受制度环境、建设主体行为方式的影响，由不同的建设主体主导城市空间建设而产生不同的空间增长模式，体现出不同的城市空间增长特征。

政府、企业和居民是参与经济运行的三大经济主体，同时是城市空间的建设主体。这三大经济主体的经济行为构成了经济社会发展和城市建设的主体过程。

中央政府是整个社会公共利益最直接、最集中的体现，以更加宏观和长远的眼光看待城市发展，目的是要实现国民经济整体的协调稳定发展；转型期的地方政府已经不是计划经济时代中央政府的代理人，而是一个从事制度创新的企业经营型政府，经济行为具有“政府人”和“经济人”双重行为特征。由于其“经济人”的行为特征，地方政府主导土地出让成为土地出让中特殊的垄断攻击者和需求者，同时也是土地出让中的特殊的价格规制者；为了发展本区域的经济，倾向于投资和吸引投资的经济行为方式。企业作为地方经济发展的支持者，同地方政府存在利益分享的同时，也存在利益分歧，总体表现为合作中的博弈关系。居民与政府之间是治理权和参与权的竞争，总体上来说，在城市建设过程中，政府和企业是活动的主体，个人通过参与生产、消费等行为参与到城市建设活动中，在经济关系和权力关系的博弈中相对处于从属地位，现阶段居民参与城市公共管理事务和参与城市规划活动的途径没有得到很好体现。

在政府纵向博弈中，一般而言中央政府或地方政府中层级较高的管理机构代表了更多主体的利益，其目标也更加多元，发展战略更为长远、全面，支持地方和下级行政系统经济发展，也较多考虑社会和生态的可持续发展，关注环境保护、关注民生等问题。而下级政府发展目标相对单一，行为方式趋利性、经济导向性、短期性更加显著。

基于城市主体的价值取向和主体利益博弈分析，可以看出，土地的商品化是中国经济发展的重要推动力，中国当前城市土地制度赋予了地方政府实现土地资产开发和市场化运作的现实条件，而财政制度和政治制度为地方政府主导城市经济发展提供了制度保障和双重激励，为地方政府的治理提供财政来源和政治晋升资本。因此现阶段我国的城市空间增长驱动力主要表现为地方政府推动，各级地方政府为增长展开积极竞争。

基于制度环境和主体行为特征的分析，提出“制度—行为”视角的城市空间增长的机制，即认为城市空间增长是在制度环境变迁的基础上，各级地方政府、企业组织和居民在城市建设过程中的行为方式，最终反映在城市空间资源分配中，从而影响城市空间增长的过程和结果。

根据主体行为选择的差异，总结城市空间增长的基本模式，即政府主导模式，包括地方政府主导的新区建设、经济开发区建设、大学城及高科技园区建设、大型重点项目建设、旧城改造等模式；企业主导模式，包括工业企业、FDI（外资企业）和房地产企业主导的模式；以及居民主导模式三种类型。不同城市空间增长模式对城市产业空间、居住空间、服务设施空间和交通空间的布局和土地使用效率产生了影响。

5

制度与行为视角的重庆城市空间增长研究

前文“制度与行为”视角城市空间增长的理论分析，讨论了影响城市空间增长的制度环境、主体行为等内容，并对城市空间增长机制和增长模式进行了论述。本章结合理论研究的内容和结论，分析“制度与行为”视角的重庆城市空间增长的过程与演进特征。

重庆在中国近现代以来的发展历程中，经历了开埠、抗战（陪都）、“三线建设”、三峡库区建设、设立直辖市、成立全国统筹城乡综合配套改革试验区、设立中国内陆第一个国家级开发开放新区等众多标志性事件，城市发展中制度环境不断发生变迁，影响了重庆城市空间结构的变迁。改革开放以来，尤其是直辖以来，重庆城市空间迅速增长，在国内大城市空间发展中具有典型性。本章通过对重庆城市空间增长的制度环境演变、主体的行为分析（以地方政府行为特征分析为主），总结重庆城市空间增长的机制，在此基础上解释重庆市域城镇空间体系与主城区城市空间增长的演变过程与布局特征。

5.1 重庆城市空间增长制度环境演变

政府的制度供给和制度的演化是一个十分复杂的过程，分析制度构成及其对城市空间增长的影响，能够实现对城市空间增长动力机制的科学解读。按照本书提出的理论框架，结合重庆市实际情况，在影响重庆城市空间增长的制度环境中，首先分析在国家行政管理体系中，重庆行政地位和城市定位的演变过程，进一步分析影响重庆城市空间增长的土地制度和空间规划制度等内容。

5.1.1 重庆行政地位的演变

重庆位于我国西南地区、四川盆地东部，是我国西部的门户城市。重庆市地形条件复杂，以丘陵、山地为主，其中山地占76%，有“山城”之称。

重庆建城已有2000多年的历史[①]，由于地处长江和嘉陵江的交汇处，水运交通便利，一直是西南地区的物资集聚地和重要的交通节点。在我国近代百余年的发展进程中，根据在不同历史时期所承担的历史作用，重庆的行政地位和城市定位发生了一些重大变迁，影响着城市的功能、规模、布局等特征（表5.1）。

重庆在古代由于长江水运的发展，已经发展成为川东地区的区域中心城市，但重庆城市功能由古代向近现代跃迁、由封闭向开放式格局转变，还是发生在1891年重庆开埠以后。随着外国资本进入西南地区，重庆较早成为我国内地开埠、开放的城市之一，由原先川东地区商品转运枢纽的城市地位逐渐发展起近代工业和服务业，开启西南地区近代化的先声。

---

① 根据考古发现，在距今25000年前的石器时代，重庆两江地带就分布了一些氏族公社。在周朝初期，重庆就是巴子国的都城，距今2000余年。参见：周勇. 重庆通史[M]. 重庆：重庆出版社，2002.

中华人民共和国成立后重庆行政建制变化　　表5.1

时间	行政地位	行政区划调整过程与影响
1950～1954年	西南大行政区直辖市	中华人民共和国成立后重庆作为西南区行政、经济中心，成为西南大行政区直辖市，国家重点建设项目全面展开，生产总值占西南区1/3以上
1954～1967年	计划单列市	大行政区制度取消后，鉴于重庆在经济和政治方面的重要地位，国家决定对重庆实行计划单列，这一时期的发展奠定了重庆成为国家工业基地的基础
1963～1987年	省辖市	“文革”时期，国家行政秩序紊乱，重庆计划单列市被无故取消；这一时期“三线建设开始”，大批国防工业、相关产业布局重庆，实现重庆工业第二次飞跃
1983～1996年	计划单列市	1983年中央批准重庆进行经济体制综合改革试点，实行计划单列；同年与永川地区合并，辖区面积由9848平方公里增至2.3万平方公里，人口由650万增至1380万
1997年以来	成立直辖市	直辖后将万县市、涪陵市、黔江地区划入重庆，1998年共管辖40个区县，面积8.24万平方公里，人口3100万。直辖后的行政区划调整构成了当前的重庆市的总体格局

资料来源：根据[1]重庆市地方志办公室. 重庆建置沿革[M]. 重庆：重庆出版社，1998. [2]马述林，张海荣. 重庆发展和布局研究[M]. 重庆：西南师范大学出版社，2013. 等资料绘制。

抗战爆发，国民政府将重庆定为战时陪都，中国沿海工业由卢作孚先生的民生轮船公司完成了被称为“中国实业史上的敦刻尔克大撤退”搬迁至重庆，使中国的工业基础在重庆得以延续。搬迁的约400家的工厂中，包括“洋务运动”时期兴办的金陵兵工厂、汉阳兵工厂、汉阳铁工厂等，当时为抗日战争胜利做出了历史贡献，同时他们构成了长安集团、重钢集团的前身，至今仍发挥着重要作用，奠定了重庆为中国工业城市的基础。大量机关、学校、工厂迁入重庆地区，使得重庆刚刚发展起来的现代城市基础得到极大的跨越式发展，成为具有全国意义的中心城市。

1949年解放初期，重庆作为西南区行政、经济中心，成为西南行政委员会所在地，因此确定为中央直辖市。1954年大行政区制度取消后，重庆与四川省合并，经过短暂的调整，鉴于重庆在经济和政治方面的重要地位，国家决定对重庆实行计划单列。

20世纪60年代，为应对复杂的国际关系，国家以临战状态开始了“三线建设”。重庆作为中心的常规武器基地是“三线建设”中的重点之一，并配套扩建了机械、电子、冶金等一批企业。“三线建设”持续了十余年，至70年代初期，重庆固定资产、工业产值一跃为全国前列，成为国家重要的工业基地。1984年开始，“三线建设”时期的国防工业、企业和科研院所从深山搬到了南坪、石桥铺等地，为重庆主城区的产业园建设和工业发展奠定了物质基础（马述林、张海荣，2013）。

1997年重庆成立直辖市以来，由于行政层级、行政权限的提升，扩大了行政地域和行政范围，为重庆城市的大发展奠定了体制条件。随着国家系列政策的逐步落实，当前重庆市的定位为：国家中心城市、长江上游地区经济中心、全国统筹城乡综合配套改革试验区、成渝城镇群双极核之一、国家“一带一路”和长江经济带重要战略节点。

新中国成立以来，在国家行政区划调整的影响下，重庆管辖范围由18个区294.33km^2，扩大到成立直辖市后辖40个区县82403km^2，面积扩大了近280倍。截至2015年，辖区面积8.24万km^2，辖38个区县。户籍人口3375万人，常住人口2991万人，常住人口城镇化率59.6%（表5.2）。

重庆市主要行政建制及面积变化　　表5.2

年份	辖区	辖县	建制镇	面积（km^2）	年份	辖区	辖市	辖县	建制镇	面积（km^2）
1950	8		26	459	1978	9		4	37	9848.43
1951	7	1	26	2861.37	1981	9		4	39	
1952	5	4	26		1983	9		12	44	23113.95
1953	6		31		1995	11	3	7	374	
1956	7		35	1496	1998	13	4	23	648	82403
1958	7		22		2001	15	4	21	680	82403
1959	7	3	23	7692	2003	15	4	21	648	82403
1975	9	3	35		2015	23		15	610	82403

注：1983年前建制镇为重庆市和永川地区的总计。

资料来源：[1]徐煜辉. 历史・现状・未来——重庆中心城市演变发展与规划研究[D]. 重庆建筑大学，2000. [2]重庆市地方志办公室. 重庆建置沿革[M]. 重庆：重庆出版社，1998. [3]重庆市规划局. 重庆市城市总体规划（2005—2020年）[Z]. [4]历年《重庆市统计年鉴》。

在重庆历次行政地位的变化中，其行政区划范围、行政层级体制一直在不断地调整之中。重庆市现行的是“市—区（县）—乡镇”的三级行政区划层级体制，实现了市对区县、区县对乡镇的直接管理，基本建立了适应“省级规模、直辖体制”的行政体制和治理结构，在国内城市中特征鲜明。

纵观近代以来重庆行政地位和城市定位的变迁，与国家历史发展的关键时期紧密相连，在中国城市史上是非常独特的变迁过程。尤其是在1997年直辖以后，提高重庆行政层级、行政权限，扩大重庆行政区域、行政范围，为重庆城市建设为大都市创造了体制条件。

5.1.2　重庆城市土地制度演变历程

1．重庆土地制度演变历程及对城市空间的影响

近代以来，重庆城市空间发展与土地制度的变革息息相关（图5.1）。开埠时期，土地私有制导致土地兼并加快，小尺度的传统院落空间逐渐消失，被西式独栋建筑取代，尺度较原有建筑有所扩大。抗战时期，政府执行“涨地归公”政策①，对由于内迁而引致的地价上涨和土地兼并实行一定程度的抑制，使得内迁工厂选址倾向于渝中半岛之外的城郊，形成沿长江、嘉陵江的“重庆工业区”（马述林、张海荣，2013），城市空间得到拓展。

解放后城市土地属性变更为国家所有，可以大规模征用土地建设，营建大型城市设施，改善城市空间格局。土地公有制也为三线建设时期的工业用地划拨提供了制度依据，以重工业、军事工业为核心的重庆工业建设产生了大量厂区，由于通常附带有居住和服务设施，这些厂区的体量十分巨

① 民国时期的土地政策主体上仍是土地私有制，孙中山“平均地权”口号下最重要的土地经营策略就是“涨地归公”，这一方面出于当时意识形态下对城市土地经营的策略，另一方面又是以清朝后期土地兼并导致的经济制度崩坏为鉴，为长远考虑，确保土地私有不会出现大规模兼并导致社会问题。

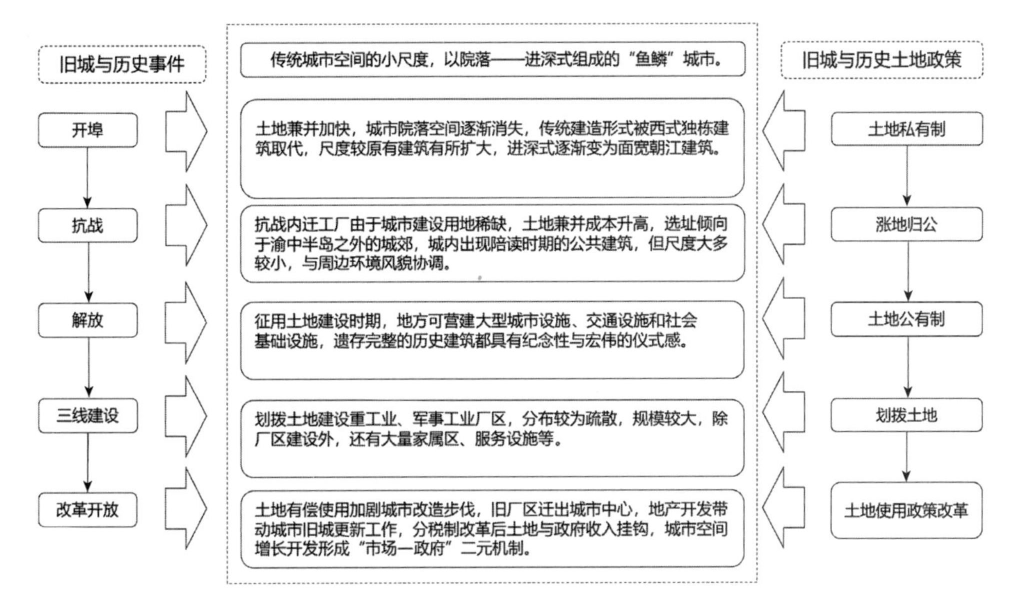

图5.1　重庆土地制度演变对城市空间增长的影响

大，也使得城市空间向两江沿岸深度拓展，逐渐填满中梁山、铜锣山之间的空间。

改革开放以后，国家开启社会主义市场经济改革，土地使用制度在土地公有制的基础上，由原有土地无偿划拨供给的制度逐渐转向无偿划拨与“招、拍、挂”相结合的双轨制①。重庆城市发展，在城镇化与工业化共同驱动下，促动人口和产业快速向城镇集聚，城镇空间也开始快速增长，重庆主城区在改革开放以来，尤其是直辖以来，城市建设用地布局跨越主要山体、河流等自然环境限制，在北起北碚、南至巴南，东至缙云山、西至明月山之间的广阔区域快速增长。

2000年6月，重庆颁布《重庆市国有土地使用权有偿使用办法》，完善了重庆国有土地使用权有偿使用的内容、范围和方式，从而提高了重庆土地资源市场化配置的程度。随着土地出让市场化程度的发展，在国家土地制度改革框架下，重庆市制定了具有自身特色的土地储备制度与“地票”的产权交易制度。

2．重庆土地储备制度

重庆土地储备工作在全国起步相对较早。2002年，重庆成立了土地储备中心，作为专门机构开展土地储备相关工作，并颁发《重庆市国有土地储备整治管理办法》，逐步建立了由土地行政管理部门、土地储备机构和土地交易中心组成的重庆土地储备体系。

重庆土地储备模式总体而言是参照了杭州的模式，即政府在土地收储过程中起主导作用②，所

① 参见本书“3.3.1 我国城市土地使用制度改革逻辑与进程”。

② 国内主要土地储备的主要模式通常被总结为三种：一是以市场机制运行为核心的土地储备模式，强调土地市场内部自身需求，由市场需求主要土地储备机构的土地储备决策，以上海为代表；二是行政、市场相结合的二元模式，强调政府导向为基本，土地储备机构基本作为一个被动的执行者执行土地储备事务，以杭州为代表；三是行政、市场、土地资产管理相结合的多元模式，强调政府行政管理与土地储备机构市场运作并重的观念，以武汉为代表。三种模式，都是既有市场运作的成分，也有政府行政的因素，区别在于是“政府”成分多些或者是“市场”多些。总体上来说，土地储备行为本质是一种政府行为，目标是土地储备控制和控制土地一级市场。

有需要盘活的土地原则上都要经过土地储备机构的收储程序。对于经营性项目用地，无论是使用新增土地还是存量土地都要经过土地储备机构的收储。结合自身社会经济发展实际情况，从2003年起，重庆通过由政府投资或者优化整合国资委下属资产的方式逐步组建几家国有建设性投资集团[①]，以代表重庆市政府行使土地储备运作职能，即政府主导一级土地市场储备方向和规模，具体操作授权给国有背景的投资机构进行市场化运作。

重庆市土地收储方式的建立，使重庆市有地可供，通过制定合理的供地计划，实现了对经济的宏观调控，尤其是对于房地产的调控、推动公共服务设施建设、重大项目的工程建设等方面起到了重要作用。

重庆收储制度保证了重庆市城市建设用地有地可供，为制定土地供应计划提供了保障。土地储备制度实施以前，重庆市政府在城市基础设施、公共服务设施建设过程中，土地供应捉襟见肘，“2002年以前，重庆市政府手中的储备土地几乎归零，政府要用地，要跟开发商去买地”[②]，造成了土地一级市场巨额增值收益几乎完全被房产商占有，国有资产流失、土地市场混乱等现象。2002年，重庆主城建成区200多平方公里，近300万城市人口。当前，重庆主城已经从“一环”主城向“二环”发展，整个主城二环内面积有2000多平方公里，可建设用地为1000多平方公里，重庆在设计土地储备制度时，依照“超前储备，一步到位”的原则，在2002至2003年储备了40多万亩地，对后期发展所用的城市建设用地的供给起到了基础作用。在土地收储的基础上，同时采取“细水长流，逐年供应”的原则，保证了土地供给计划的实施[③]。

其次，在土地收储制度建立起来以后，将土地收储制度同城市规划结合起来，先完成城市规划，后出让土地，将城市控制性详细规划给定的建设用地条件作为地块出让的依据，保证了城市规划的实施。

城市土地储备运作过程中推动了公共服务设施、社会公益事业和重大项目的工程建设。截至2013年，重庆市储备的土地使用了约19万亩，其中近10万亩是公共服务、公益事业用地，如公租房建设、大学城建设、铁路机场建设等；有9万多亩用于房地产开发，将其收益用于整个19万亩的征地动迁成本，以及一些基础设施开发建设[④]。在土地收储至出让中产生的收入，投入到大型基础设施、公共服务设施的建设中，为基础设施、公共服务设施的建设提供了资金保障。如在从事土地储备的集团公司中，除地产集团外，其他均负有承担基础设施建设的职能。各集团公司在自身的业务范围内，通过储备土地的出让后获得的收益，负责为自身承担的重大项目建设进行融资。如重庆高等级公路投资公司利用公路沿线的土地储备开发获取利润，推进全市道路的建设；重庆水利投资公

---

① 重庆市组建的具有土地储备运作职能的投资集团分别是：重庆地产集团、重庆市城投集团、重庆市水利投资有限公司、重庆市高等级公路建设投资有限公司、重庆渝富公司等。

② 党的十五届四中全会通过了相关决议，“非上市企业经批准，可将国家划拨给企业的土地使用权有偿转让及企业资产变现，其所得用于增资减债或结构调整”。土地收储实施以前，重庆的国有工业集团下面曾有近2000家大大小小的工厂，一些企业由于经营不善，将土地直接卖给开发商，“在20世纪90年代中后期，开发商拥有土地动辄几千亩，在渝北、江北和城乡接合部，土地十几万、二十万一亩，全（卖）出去了”。见：程维．重庆土地收入：如何从2亿到980亿[N]．第一财经日报，2011-02-18（05）．

③ 土地储备制度政策制定之初，基于对储备土地资源可持续利用和对储备土地未来升值空间的考量，重庆市政府计划20年内每年只开发5%，40多万亩地的储备资源，一年最多用2万亩。

④ 数据来源见：黄奇帆．让广大人民群众“住有所居”——解析重庆市土地及房产管理20条规则[N]．中国国土资源报，2013-2-22（007）．

司是为全市的重大水利项目进行融资的主要单位，通过土地储备整理出让后获得收益，用于全市重大水利基础设施的建设；渝富资产管理公司是为了全市工业结构的调整而设立的投资公司，通过土地储备出让获得的收入用于为重大工业项目的建设提供资金（孔捷鸣，2015）。

同时，重庆土地储备制度的实施，通过对土地市场的调控，控制了房价过快上涨的趋势。重庆在储备土地进行出让时，并没有采用"价高者得"的拍卖方式，而主要采用了挂牌方式。竞标者除了考虑价格外，还要将竞标方案符合政府一系列关于规划设计的具体要求。通过该措施，重庆有限地遏制了房价过快上涨的趋势，重庆的房价在全国大中城市中都处于较低水平（孔捷鸣，2015）。

重庆土地储备制度实施了15年左右的实践，实现了城市建设用地"一根管子进水、一个龙头放水"的管理方式。在重庆土地储备制度实施过程中，虽然存在在土地储备范围选择与城市空间规划范围相适应的问题、土地收储经济行为的金融系统风险问题、政策法律风险等（廖文婷、何多兴、唐傲等，2016；徐瑞华，2010），但重庆土地收储制度作为我国土地储备制度的重要创新，在重庆市范围内形成了对土地市场的有力调控。其以国有独资集团公司为主体的土地储备体系，拓宽了土地储备资金来源，适应了城市发展的需要，对城市空间建设做出了重要贡献。

3. 重庆"地票"制度

重庆的"地票"制度，其根本上是城乡之间建设用地指标流转的制度设计，是对城乡建设用地增减挂钩政策的改进与创新，实现了指标跨县域、远距离、大范围的置换城乡之间建设用地指标流转。

重庆直辖以来，经济、社会和城市建设获得了巨大发展，但由于重庆直辖市辖区范围较广，城乡二元结构突出，兼具大都市、大农村的特征，经济发展带来的城市空间的增长，对地区农村资源造成了巨大的压力。2007年6月，重庆市与成都市获批全国统筹城乡综合配套改革试验区，重庆市利用试验区独特的制度先行先试优势，率先开始试行建设用地指标管理的制度尝试。成为国家统筹城乡综合配套改革试验区后，由于统筹城乡综合配套改革内容之一就是建立统筹城乡的土地利用制度，针对重庆城乡土地利用与城市建设中出现的困难和问题，如何充分利用农村闲置的土地资源，成为改革的一个关注点（蒋萍，2012）。

2008年国土资源部支持重庆探索集中使用土地整理专项资金，推动土地整理，试验城乡建设用地流转。同年，重庆市发布《重庆农村土地交易所管理暂行办法》，重庆市农村土地交易所挂牌成立，标志着城乡之间建设用地指标流转的制度正式启动。由于重庆市在建设用地指标流转制度建设中使用了"地票证书""地票成交确认书"等系列的概念[①]，因此，"地票"概念代替了"建设用地指标"，并为管理制度和民间交易所认可，并沿用下来。

地票制度的具体操作是，农户或农村集体经济组织将闲置的农村建设用地（宅基地及其附属设施用地、乡镇企业用地、农村公共设施和农村公益事业用地等）复垦为耕地，经由土地管理部门验收合格后发放给他们等量面积的建设用地的指标凭证，指标交易即是城乡建设用地增减挂钩指标的交易。

作为土地管理制度方面的一个创新，地票交易制度创新了土地利用机制，开辟了以城带乡、

① 详见《重庆市国土房管局关于印发〈地票证书〉等文书示范文本（试行）的通知》（2008）等文件。

以工促农的新途径。地票具有其特有的法律性质，如特殊的法律权利主体和尚待其他配套制度明确的权利内容。地票重要的制度价值体现在其逻辑展开和制度演绎上，农村建设用地复垦权的地票化、农村建设用地本身的地票化，甚至城镇建设用地的地票化，都将进一步体现“地票”的价值，并凸显土地资源的重要性。地票制度将大大促进我国农村土地的复垦、征用与城镇国有土地的出让、开发等工作中的社会利益协调，并为城乡土地提供统一交易的制度通道（郭振杰、曹世海，2009）。

地票交易制度自运行以来，创新了农村集体建设用地与城镇建设用地置换模式，建立了城乡统一的土地要素市场；显化了农村土地价值，为农民增加了财产性收入，并优化了农村土地空间布局；以“先补后占”替代“先征后补”的建设占用耕地的占补平衡模式，补充可耕地耕地，有利于重庆市保护耕地资源，实现耕地占补平衡。总体来说，该项制度的运行对重庆市统筹城乡发展起到了巨大的推动作用，取得了明显的社会、经济、生态效益。

重庆市在全国率先推出的“地票制度”对我国城市与乡村之间建设用地的流转具有重要参考价值。尽管地票交易制度取得了一定的成效，但同任何一项制度创新一样，在运行过程中仍存在一定的不足：首先地票制度前期探索中缺乏一些上位法的依据，其次价格形成机制的理论依据有待探索，同时收益机制仍需进一步完善（蒋萍，2012）。地票交易制度运行中存在的不足暴露了城乡之间建设用地指标交易制度仍存在一定的风险，同时，由于在城乡之间建设用地指标转移中，需要大量资金和住房设施作为补偿保障的机制，在实际操作中，由于保障和补偿不及时、不到位，仍然可能造成复垦农户利益受损等问题。后续的操作过程中，应探清城乡建设用地指标交易制度面临的风险，并建立风险防范控制体系，才能使城乡之间建设用地指标转移的制度切实起到提高建设用地利用效率、控制城乡建设空间增长的效果。

5.1.3 重庆城市空间规划制度改革历程

基于前文我国城市空间规划体系的构成与改革历程分析[①]，本节主要分析影响重庆市城市空间增长过程的规划制度变迁。首先，总结重庆城市规划体系的构成；其次分析总体规划、详细规划等各层级规划编制情况；最后，对当前正在进行的“多规合一”的主体内容和影响进行探析。

1. 城市规划制度体系的改革历程

重庆城市规划的制度体系建设，在改革开放以后取得了重要进展。回顾自今至改革开放之初的重庆城市规划实施的制度建设，大致可以划分为制度建设探索阶段、制度建设置后阶段、制度建设规范阶段三个历史阶段（曹春华，2005）。

改革开放以后，以重庆市规划局成立为标志，重庆市城市规划实施在制度的建设和规范方面开始了新的探索和尝试。为解决重庆市长期以来存在的统一规划和分散建设之间的矛盾，1982年重庆市政府提出“旧城改造与新区开发相结合，以新区开发为主”的建设方针，按照“统一规划、合理布局、综合开发、配套建设”的原则，由市规划局统一规划布点，由市房屋开发建设公司负责组织

---

① 参见本书“3.4.1 城市空间规划体系的构成与改革历程”。

实施，启动了第一批综合开发建设的试点工作。这一阶段，城市规划管理实行的是市、区两级管理，加之规划力量不足以及规划意识淡薄，各区为了本区的利益，很难协调好局部和全局的利益，城市建设混乱，见缝插针现象以及严重违反城市规划的行为屡见不鲜。

1989年5月，《重庆市城市规划管理条例》由重庆市政府颁布实施。条例颁布实施后，重庆市进一步加强了城市规划的实施管理，长期以来规划实施中乱占乱建的混乱状况得到很大程度上的扭转，并取得了相当好的实效。至1997年重庆市直辖后，重庆市城市建设的速度和规模空前高涨。在这个阶段，暴露出的最大问题是地方制度建设滞后以及城乡地域分割。

直辖以后，重庆开始逐渐加强城市规划的制度化建设，形成了市规委会、重庆市规划局、各区（县）规划分局体系的管理机构。从2001年开始，重庆市在坚持城市规划集中统一管理的基础上，开始探索并实行集中统一下的适当放权的规划管理办法。从2001年最初的在管理范围上放权到2004年在管理职责、权限的下沉①，一个显著的特点就是“突出了市局抓宏观、重指导，分局抓管理、重服务”的分层管理的特征（曹春华，2005）。

机构与制度建设过程中，重庆逐渐形成了较为完备的规划编制体系和审批体系，对城市建设的蓝图规划和行为规范起到了重要的作用。首先，城市规划决策作为政府行为之一，是影响城市空间拓展的首要条件。随着新城区开发逐渐成为重庆都市区经济建设的城市拓展的主要载体，城市发展方向、开发模式成为政府决策的主要内容。由于重庆都市区地域的广阔性，各种新城开发模式均有较为代表的案例，最典型的例如工业园区、科技园区、大学城、卫星城等。在这类新城开发过程中，政府一般处于主导地位，对新城的产业入驻、土地整理、建设管控和后续运营等几乎承担无限责任，促进新城向成熟的城市演进。其次，政府部门组织城市规划编制，决定了城市的空间布局。城市规划的内容包括城镇用地和人口规模、城市功能结构和建设用地布局、禁止、限制和适宜建设的地域范围及各类专项规划等，对未来一定时期内城市空间发展作出部署。最后，城市规划的实施依赖于城市规划审批制度。通过各类规划的审批，政府掌握了管控城市建设行为的权力，既能保证规划的顺利实施，又能阻止建设行为失当对城市空间带来的损害。

重庆市现行规审批体系主要是基于总体规划阶段规划审批、控制性详细规划审批、土地出让环节规划管理以及建设项目审查阶段四个环节管理。总规阶段控制城市总体发展思路；控规阶段通过建设指标限定开发容量；土地出让环节将容积率、建筑密度等指标落实到“一书、三证”②中；建设项目通过施工图审查和工程验收进一步检查规划指标落实情况，通过规范核发“一书、三证”，实现对城市规划各项建设用地和各类建设工程进行组织、控制、引导和协调，使其纳入城市规划的实施轨道（图5.2）。

---

① 2004年重庆市规划局开始深化并推行“局审区办、管理下沉”的管理模式，并对一部分情况不复杂、对城市整体形象影响不大的项目审批权下放分局。

② “一书三证”规划许可主要是指：1.《建设工程选址意见书》规划许可管理（确定建设工程的选址定点，审定建设工程规划设计条件，核发《建设工程选址意见书》及其附图）；2.《建设用地规划许可证》规划许可管理（审查建设工程方案设计，核发《建设用地规划许可证》及其附图）；3.《建设工程规划许可证》规划许可管理（审查建设工程施工图设计，核发《建设工程规划许可证》及其附图）；4.《建设工程规划验收许可证》规划许可管理（验核建设工程规划许可的实施情况，核发《重庆市建设工程规划验收合格证》；对不符合的，依法处理）。

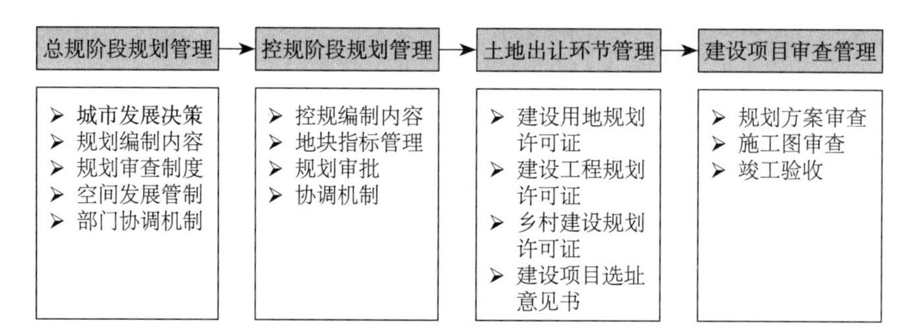

图5.2　重庆现行城市规划管理制度

2．"多规合一"的空间规划整合

基于前文关于空间规划的理论分析，城市规划是城市空间规划的整体①，2014年，"多规合一"工作在全国28个市县开展试点工作②，重庆江津区列为试点。结合主城区相关规划之间不协调，造成用地资源浪费，制约建设项目落地等矛盾还较为突出，为做好规划之间的衔接可以更好地提高规划的科学性、保障规划的刚性、发挥规划的引领作用，从2015年开始，重庆市规划局会同市发展改革委、市国土房管局等市级部门共同推进主城区"多规合一"工作。

重庆"多规合一"工作，共涉及19项部门专业、专项规划资料内容（表5.3），其具体工作内容不是编制新的规划，也不取代已有法定规划，其本质是协同，促进多个规划协调同步，做好各类规划之间的衔接，保障建设项目顺利落地。进一步优化生态和建设空间，按法定程序各自完善各类规划。各类规划形成统一平台，实现数据共享，同时构建"一张图"（统一的空间规划蓝图）。"多规合一"工作完成后，"多规"按照法定程序各自进行调整完善。

重庆"多规合一"协调的规划类型　　表5.3

类型	对应部门	资料名称
城乡规划类	城乡规划主管部门	城乡总体规划，城市、镇总体规划，乡规划，村规划，城市、镇控制性详细规划，修建性详细规划，城乡规划全覆盖，相关专业专项规划
土地利用规划类	国土主管部门	土地利用总体规划、城市周边永久基本农田划定
生态环境保护类	环保局	生态保护红线划定方案、自然保护区总体规划、集中式饮用水水源保护区划分
	园林主管部门	绿地系统规划、风景名胜区总体规划
	林业局	森林资源规划设计调查、林地保护与利用规划、森林公园总体规划、湿地公园总体规划
	水利主管部门	水资源管控及水利设施、布局规划、河道岸线保护与利用规划、防洪规划
其他类	发改委	"十三五"国民经济和社会发展规划
	农业主管部门	农业发展规划
	旅游主管部门	旅游总体规划、旅游度假区总体规划
	交通主管部门	空、铁、水、公等空间布局规划

资料来源：根据重庆市规划局. 重庆"多规合一"编制技术指引[Z]. 2017. 相关内容绘制。

① 参见本书"3.4 城市空间规划制度"。
② 参见国家发展改革委、国土资源部、环境保护部、住房和城乡建设部联合下发《关于开展市县"多规合一"试点工作的通知》（发改规划〔2014〕1971号）。

“多规合一”虽然涉及的规划类型较多，但是最主要的内容还是城乡总体规划和土地利用总体规划之间的矛盾。《重庆市城乡总体规划（2007—2020）》中规定，至2020年，重庆建设用地1669.92平方公里，其中城镇建设用地1188平方公里，城镇发展备选区域约310平方公里。所规定的城市建设用地中，与《重庆市主城区土地利用总体规划》之间，有各种空间布局、类型等不协调的用地300多平方公里。“城规”和“土规通过”“指标、空间、分类”三合一。其中，空间合一：协调完善城镇建设用地空间不一致的约360平方公里，协调完善建设用地的其他缺漏、空间不一致的约316平方公里（图5.3）；分类合一：以国民经济与社会发展规划、城乡规划、土地利用总体规划为基础，协调农业、环保、林业、园林等部门规划，梳理各类规划差异矛盾，在一张图上共同划定各类控制线（图5.4）。

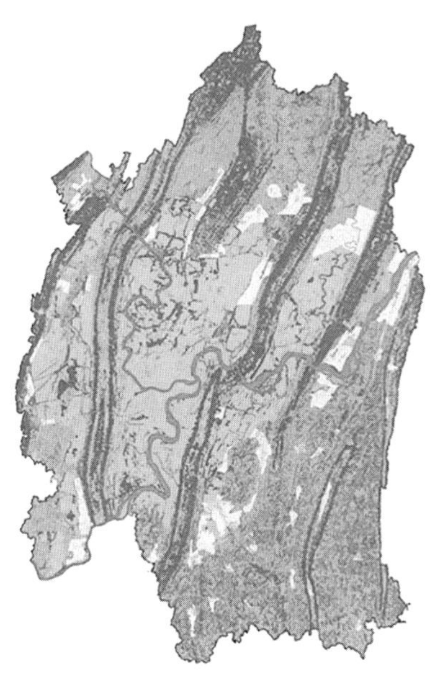

图5.3　重庆“多规合一”后的城市建设用地范围

资料来源：重庆市“多规合一”编制小组.重庆主城区“多规合一”工作[Z]. 2012.

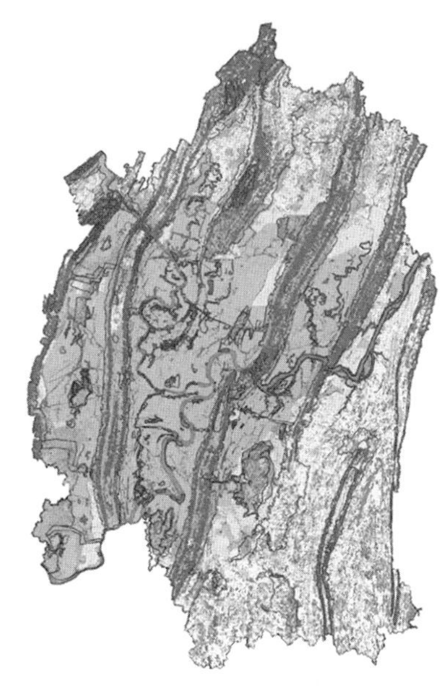

图5.4　重庆“多规合一”后规划控制线

资料来源：重庆市“多规合一”编制小组.重庆主城区“多规合一”工作[Z]. 2012.

通过各项指标的协调合一，建立了统一的信息共享管理联动平台，在“一张图”的基础上，完善主城区城乡规划综合数据库，搭建具有信息共享、查询和业务协同办理的平台。同时建立了保障“多规合一”应用的体制机制，建立部门业务联动、优化建设项目审批、动态更新等配套制度。完善“一张图”的运行机制，确保一张蓝图干到底。在城乡总体规划（包含已经批复的控制性详细规划）、主城区土地利用规划和其他类型规划的有些协调下，重庆市城镇建设用地空间资源得到有效利用、各类规划协调一致，提高规划刚性、降低了发展成本并提高了土地使用效率。

在重庆市主城区“多规合一”工作的基础上，重庆同时推动各区县编制完成城乡总体规划，以市政府批准的城乡总体规划总规模为依据，以区县为单位，推动多规合一，建立统一的空间规划体系；同时建立动态更新数据库、建立各部门相应的数据管理、生态管理、城市规划管理的管理系统，“多规合一”工作为空间建设与管理提供了更加完善的保障体系。

5.2 重庆城市空间增长与地方政府行为的关系

依据上文论述，政府、企业、居民的行为直接影响到城市空间增长过程。而在当前城镇化进程中，由于市民社会的缺失以及制度环境的不完善，自下而上的社会力量推动尚不能成为城市发展的先决条件，“行政区经济”格局下，在由地方政府、企业（开发商）和居民组成的多元利益博弈中，地方政府占有主导地位，因此地方政府常常成为城市空间增长的决定性力量[①]。

在重庆，虽然市场经济近年取得了长足的发展，各级政府的制度供给和推动城市建设的行为仍然是推动城市空间增长的首要动力。政府部门通过对城镇规模定位、新区建设选址、重点项目建设等措施，决定城市空间供给，并通过“一书三证”的审批和管理，完成城市空间增长过程。本节首先分析地方政府行为在空间增长过程中主导作用的形成演变进程，然后分析地方政府推动城市空间增长的具体行为方式，如重庆功能定位与空间发展策略演变，工业园区、大型居住区和新城建设等内容。

5.2.1 地方政府行为与重庆空间增长的发展动力

从重庆近代以来的发展历程来看，每个阶段有着不同的发展动力，可以看出，地方政府在城市发展和城市空间增长中的主导作用是在制度改革进程中逐渐确立的（表5.4）。

重庆各阶段发展动力　　表5.4

时期	发展因素	城市定位	阶段动力
1890年前	长江航运	军政中心、传统商埠	门户推动 战时政策
1890年～抗战前	商埠开放、长江航运	西南商业、物流、金融中心	
抗战～1949年	陪都建设	国家综合中心	计划经济 国家投入
1949～1980年	国家投资建设	国家工业基地	
1980～1997年	延续发展	国家工业基地	市场化改革 分权化改革 地方政府主导
1997年后	延续发展与大规模政府投资拉动	长江上游经济中心，商贸中心、金融中心、科技文化信息中心，交通和通信枢纽、现代产业基地	

资料来源：参考中国城市规划设计研究院．重庆市城市空间发展战略[Z]．2008．有调整。

新中国成立以前，重庆的发展动力主要来源于由于长江航运和商埠开放而产生的外来经济的门户推动作用；计划经济时期，国家财力弱、资源贫乏，政府自然成为全国资源的统一调度者，特别是在“三线建设”时期，外交环境恶劣，国际威胁严重，政府承担了发展落后工业的责任，经济发展和城市建设主要以国家投入的嵌入发展为主；改革开放以后，经济社会体制转型背景下，市场经济尚未成熟，在缺乏市场经济基础条件的大背景下，必须依靠政府力量克服制度创新的各种阻力，

① 从城镇化的主导力量来看，我国与欧美国家以市场化为主导的城镇化过程是不一样的，这与我国历史上形成的“大政府、小社会”的治理环境呈现一致性。

从而也决定了我国政府在体制、规则、组织变革以及资源和权力重新分配等方面的主导性地位（董亚男，2010）。随着市场化改革的深入，国家逐步建立和完善了社会主义市场体系，建设用地等生产要素的经济价值得到了体现，政府在经济生活中的主导地位逐渐趋于淡化，但地方政府官员限于考核压力和发展辖区经济的动力，通过一级土地市场运作、招商引资等行为推动地方经济发展的模式仍然是普遍的发展模式。

在分析各阶段重庆城市发展动力的基础上，根据当前重庆城市发展现状，总结出当前城市发展的主要困境，一方面是来源于对几十年来嵌入发展的“工业基地”模式所形成的路径依赖；另一方面则是来源于全球化时代内陆地区的普遍困境，即受到交通成本的约束，重庆等内陆地区不仅难以进入全球市场，而且面临着本地需求流失的风险。来自腹地和外部的双向需求的不足，是重庆城市发展所面临的主要困境。

重庆在中国近现代以来的发展历程中，经历了开埠、抗战（陪都）、解放、“三线建设”、改革开放、三峡库区建设、分税制改革、设立直辖市、成立全国统筹城乡综合配套改革试验区、设立中国内陆第一个国家级开发开放新区等众多标志性事件。改革开放后，随着土地使用制度和市场化改革、分税制改革和住房政策改革的推进，地方政府行为开始成为城市空间增长的主要推动力量（图5.5）。

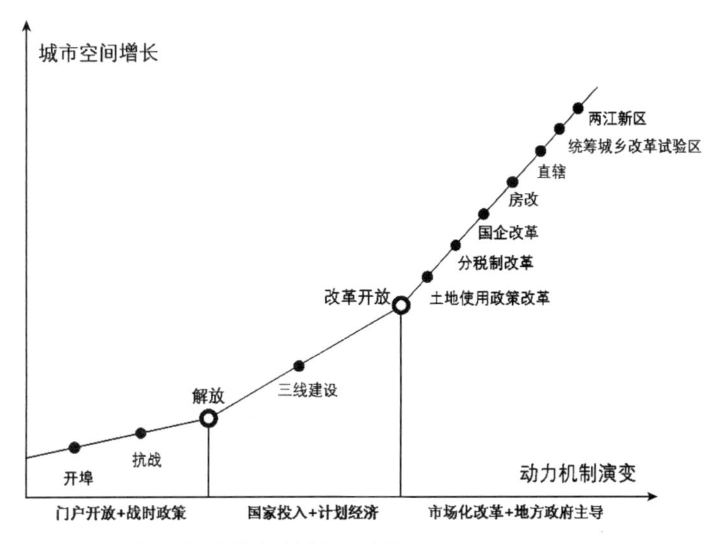

图5.5　重庆城市空间增长机制变迁示意图

5.2.2　重庆新城、工业园区与大型居住区建设

基于前文的分析①，地方政府主导城市空间增长的模式主要有推动新城建设、经济开发区建设等方式。本节重庆地方政府主导的工业园区、大型居住区和新城建设过程中，对城市空间增长具有推动作用。

---

① 参见本书“4.3.2 地方政府主导空间增长模式”。

1. 新城建设

重庆主城由1996年总体规划确定了的“一城三片，多中心组团式”空间发展结构，至2007年总体规划中“一城五片，多中心组团式”的空间发展结构中，城市突破两山（中梁山和铜锣山）的屏障，在原核心区以外的东西槽谷区域分别建设了几个综合性强、相对独立的“新城”，即北碚新城、西永新城、西彭新城、鱼嘴新城与茶园新城（图5.6）。

图5.6 重庆主城区新城建设区位图

资料来源：根据重庆市总体规划资料绘制。

重庆新城作为中心城区的辅助功能，选址受到地形条件的限制，同时也注意发展的均衡性，将新城布局于城市核心区的东西两侧，避免了新城在单个方向而可能导致城市发展的不平衡。

重庆市新城建设以“疏解主城压力、强化产业集聚和强化外围腹地”三大任务为导向，打破城市核心区用地选择困难的现状，促进重庆城市的增长和功能结构的改变。重庆新城在选址、规模和功能布局中，不脱离中心城区独立发展，而是作为城市核心区功能的补充，与核心区共同构成统一的城市体系（表5.5）。

重庆新城建设的功能定位与特征　表5.5

新城建设	功能定位	功能特征
北碚新城	城市服务功能拓展区：文化、教育和旅游功能拓展区，高新技术产业功能拓展区	承接吸引主城人口疏解，在强化文教旅游等传统功能的同时，大力发展高新技术产业功能
西永新城	城市副中心：国际化功能节点、西部科技高地、西部铁路物流枢纽、区域服务中心	疏解主城教育、居住功能，集聚高新技术产业，提供面向渝西的综合城市服务
西彭新城	城市产业功能新区：区域大型产业基地，西部重要的水铁物流枢纽	集聚新材料等多种制造业，提供辐射区域的综合物流服务
鱼嘴新城	城市产业功能新区：国家战略产业基地，西部水铁物流门户	集聚大型装备等升级型制造业，提供辐射西部、面向国际的综合物流服务
茶园新城	城市副中心：沿江生产组织中心、新兴产业集聚区、城市综合居住和服务功能区、区域物流组织中心	疏解主城居住功能，集聚高新技术产业和装备产业，提供面向西部的综合城市服务

资料来源：根据相关资料整理绘制。

重庆新城建设使主城中心区的人口、交通、公共服务功能得到疏解，顺应了城市中心区产业调整的趋势，在核心区产业“退二进三”“退城进园”式的产业调整中，大量产业从核心城区迁出，进入附近的园区寻找新的发展空间。重庆新城建设同时是构建合理城市结构的理想途径，完善了城市功能，通过高品质、高标准建设新城的各项公共服务设施，合理地确定各新城的发展模式和开发强度，引导和新城地区的分工与协作，合理高效地配置空间资源，同时对于统筹、带动区域的发展起到重要作用。

重庆新城建设中也同样存在一些问题，如“先圈地、后建设”的方式导致土地利用效率受到损失；对于城市产业结构的选择、产业引入的特色不足，新城人口规模和人口结构的合理性有待提升、公共交通运行方式与运行线路的需要进一步完善等，需要结合城市发展的总体策略进行调整和完善。

2．工业园区建设

重庆作为国家重要工业基地，工业作为重庆经济社会发展的主要驱动力之一，对重庆经济社会发展起到了重要支撑作用。直辖以来，在国家西部大开发战略与政策的影响下，通过工业开发区的建设、老工业基地的改造、国有企业改革等举措，重庆市工业发展迅猛。其中，工业园区的建设，作为全市工业发展的主战场，全市70%以上的工业经济总量以及70%以上的工业企业数量，对重庆市的经济社会发展做出了贡献，同时很大程度上影响了重庆的城市规模和布局。

2002年，在工业园区带动地方经济发展的思路指导下，重庆市政府按照每个区县设立1～2个园区，前期启动面积1～2平方公里，先后三次批准建立了36个特色工业园。截至目前，重庆市现有1个国家级战略新区（两江工业园区），2个海关特殊监管区（西永综合保税港区、两路寸滩保税港区），7个国家级及市管开发区，36个市级工业园区，共批复面积约1137.66平方公里，覆盖了除渝中区外的所有区县。其中：位于重庆主城区的园区共14个，包括1个国家级新区，2个保税区，3个国家级及市管开发区以及8个市级工业园区，共计批复面积约686.52平方公里，占总批复面积的60.3%。

重庆主城工业园区的用地状况（图5.7），截至2012年底，各类工业园区及开发区现状总面积为173.53平方公里，其中工业用地61.57平方公里，约占现状用地的35.5%。从现状用地构成看，两江工业开发区、北部新区、高新区、经开区等国家级及市管开发区体现出综合开发态势，工业、居

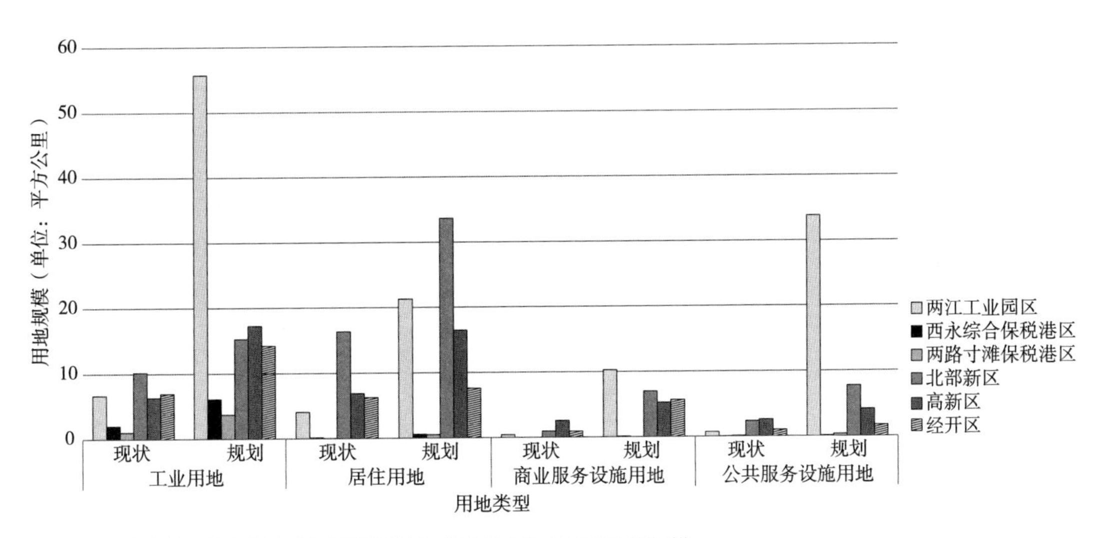

图5.7　重庆主城区国家级工业园区用地现状（2012年）与规划用地规模

资料来源：根据相关资料整理绘制。

重庆主城区国家级工业园区用地现状（2012年）与总用地规模　　表5.6

园区名称＼用地类型	工业用地		居住用地		商业服务设施用地		公共服务设施用地		园区总建设用地		
	现状	规划	现状	规划	现状	规划	现状	规划	现状	规划	占比
两江工业园区	6.7	55.74	4.09	21.28	0.43	10.28	0.74	33.8	11.96	121.1	10%
西永综合保税港区	1.98	6.11	0.13	0.59	0	0.1	0.04	0.12	2.15	6.92	31%
两路寸滩保税港区	1.02	3.74	0.03	0.49	0	0	0.09	0.34	1.14	4.57	25%
北部新区	10.18	15.24	16.36	33.66	0.94	7	2.38	7.71	29.86	63.61	47%
高新区	6.34	17.25	6.9	16.48	2.58	5.28	2.62	4.16	18.44	43.17	43%
经开区	6.96	14.23	6.27	7.62	0.92	5.7	1.03	1.72	15.18	29.27	52%

资料来源：根据中国城市规划设计研究院西部分院. 重庆市城乡总体规划（2007—2020）2014年深化[Z]. 2014. 成果中的数据绘制。

住、商业用地占比相对均衡；西永综保区与两路寸滩保税港区因其仓储物流特性，工业用地和物流用地占比较高；其余市级工业园区的工业用地占现状用地比例均在40%以上（表5.6）。

重庆仍处于工业化中期发展阶段，工业经济发展虽已取得巨大进步，但还存在较多问题，包括产业同质化、生产效率不高、用地不够集约、开发建设方式粗放、资源优化配置亟待加强等。工业经济的提档升级必须依托工业园区转型发展来展开，各工业园区发展必须综合考虑人口、资源、环境、经济、社会、文化等因素，发挥比较优势、促进功能互补、形成梯级产业分工的设想，实现特色化、差异化发展。

3. 大型居住区建设

重庆市城镇化发展过程中，人口的集聚产生了对居住空间增长的巨大需求。随着重庆城市空间增长，城市建设用地突破中心区用地范围，至2009年底，重庆主城区绕城高速路全线（外环）通车，主城全面发展进入“二环时代”。在内环快速路与外环之间的外围组团中，结合城市经济社会发展与空间拓展态势，重庆政府主导规划新增21个20万～30万人口规模的大型聚居区，各个聚居区用地范围约10～30平方公里、人口规模约20万～30万，共容纳城市人口约500万人，总用地约400平方公里（王法成、张超林、余颖等，2012）（图5.8、图5.9）。

这些大型聚居区布局充分考虑主城区产业空间分布、宜居环境品质、城市功能升级和交通市政基础设施配套等因素，是重庆主城区未来发展的重点区域。在大型聚居区布局之初，首先考虑了与产业用地和城市交通的关系。在与产业布局的对接中，根据聚居区周边产业情况，通过对各产业用地面积、岗位系数的计算，可得出各组团所需岗位数、住区人数，在此基础上进行聚居区人口和用地规模的布局，保证了产业空间与居住空间的协调发展（图5.10）。在大型聚居区与交通系统的关系中，强调公交引导发展，以轨道为骨干的公共交通网络规划，以轨道、公交、出租车、有轨电车、长途车等多种交通方式的有机结合，达到步行10～15分钟即有轨道车站。轨道交通承担出行比例占50%，外围到市中心30分钟通达（图5.11）。

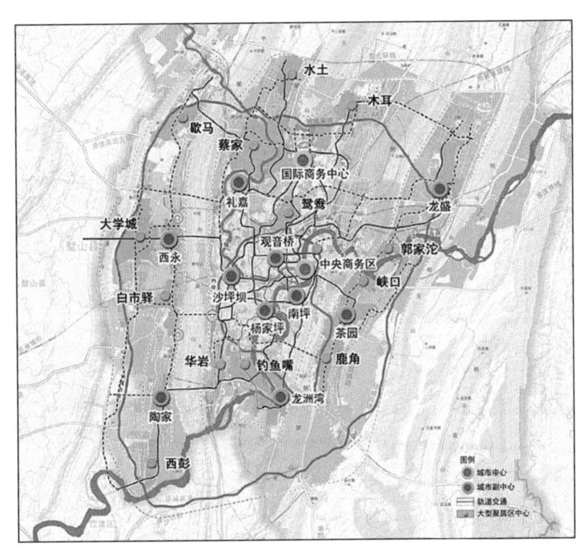

图5.8 重庆大型聚居区与城市中心体系的关系
资料来源：重庆市规划局．重庆主城区“二环时代”大型聚居区规划策略及实践研究[Z]．2012.

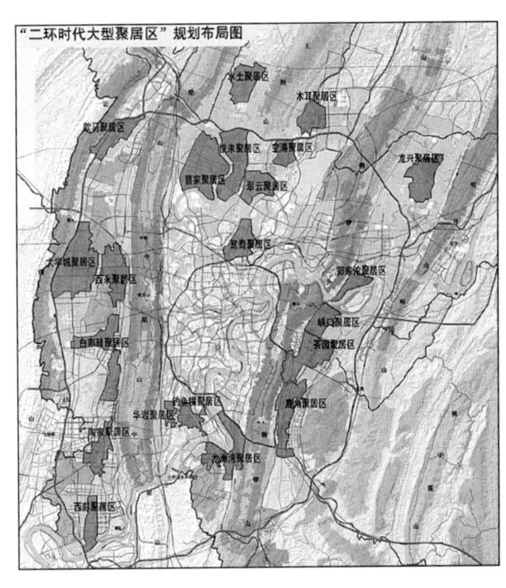

图5.9 重庆大型居住区规划布局图
资料来源：重庆市规划局．重庆主城区“二环时代”大型聚居区规划策略及实践研究[Z]．2012.

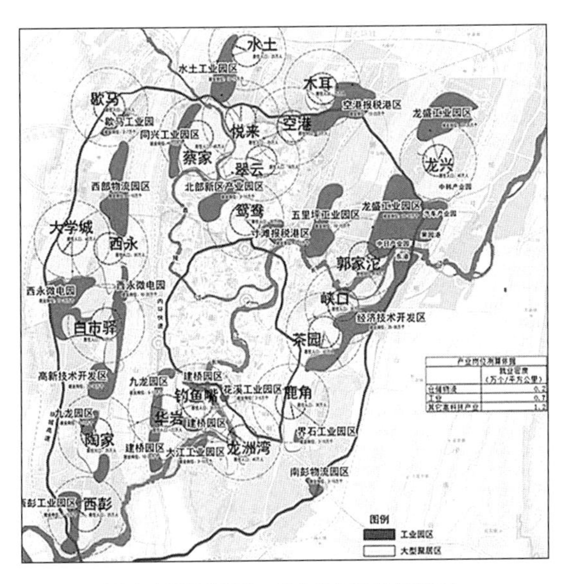

图5.10 重庆大型聚居区与产业空间的协调发展
资料来源：重庆市规划局．重庆主城区“二环时代”大型聚居区规划策略及实践研究[Z]．2012.

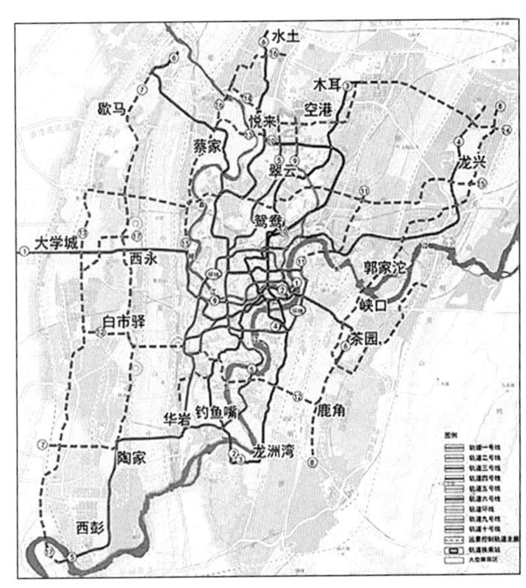

图5.11 重庆大型聚居区与交通系统的关系
资料来源：重庆市规划局．重庆主城区“二环时代”大型聚居区规划策略及实践研究[Z]．2012.

在已完成大型聚居区规划中，注重了各类用房的比例，如各聚居区基本按照保障性住房10%，普通商品住房75%，高端住房15%的比例构建，为重庆建造了一批公租房、保障性居住用房（王法成、余颖、秦海田等，2013）（图5.12、图5.13）。在修建保障性用房的同时，注重了人口结构与住房结构问题，采用不同经济收入与社会阶层混居的规划理念，引导形成融洽的邻里氛围。

同时，大型聚居区的规划设计，注重彰显山水特色，传承城市文脉，注重保护和利用聚居区内

图5.12 重庆“康庄美地”公租房建设实景

资料来源：重庆市规划局. 重庆主城区“二环时代”大型聚居区规划策略及实践研究[Z]. 2012.

图5.13 重庆“民心佳园”公租房建设实景

资料来源：重庆市规划局. 重庆主城区“二环时代”大型聚居区规划策略及实践研究[Z]. 2012.

的生态景观资源、彰显山水城市空间结构形态，形成融山、水、林、城于一体，环境优美的生态聚居区。

重庆大型聚居区的总体布局与建设，以居住空间为主体，结合产业分布、环境品质、城市功能和设施支撑等条件因素，为未来居住空间发展的重点区域进行规划统筹和发展谋划，从2011年起，大型居住区开始投入建设，先期建设的居住区已经投入使用，取得了较好的建设效果。

5.3 重庆空间增长演进与空间布局主要特征

5.3.1 重庆市域城镇体系的演进分析

直辖之前，重庆市行政级别为四川省地级市，管辖11个区，总面积为2.3万平方公里。1996年9月，国务院决定重庆代管万县市、涪陵市和黔江地区。1997年，全国人大八届五次会议通过设立重庆直辖市的议案，并于6月18日正式挂牌。重庆成为我国人口最多、行政区域最大的直辖市，面积8.24万平方公里。

由于直辖前后的重庆行政辖区面积有很大不同，本节主要分析直辖之后重庆市域城镇体系的演进与空间增长情况。

1．重庆市域空间发展策略的演变

1997年直辖以来，面对重庆市域的发展，重庆市数次调整了区域空间发展策略（表5.7）。从各个阶段重庆市的城市区域政策划分来看，重庆市域城镇空间格局和发展路径体现了重庆增强主城区集聚力和辐射力、构建大都市，进而以主城区和以主城为中心的都市区的发展带动全市发展的策略。

重庆直辖以来市域空间发展政策演进 表5.7

时间	区域空间政策主要内容
2001年	全市划分为都市发达经济圈、渝西经济走廊、三峡库区生态经济区三大经济区
2005年	在都市发达经济圈、渝西经济走廊的基础上，将三峡库区生态经济区划分为渝东北、渝东南两大板块
2007年	原来的都市区和渝西两大板块合并为1小时经济圈，以万州为中心的库区和以黔江为中心的渝东南少数民族地区构成两个功能区
2012年	在原有区域政策基础上，提出差异化发展区域政策，重新划分市域功能，统筹全市发展

资料来源：根据历次重庆市总体规划与其他相关资料整理绘制。

重庆在市域发展战略中逐渐强调加强主城区集聚力，在资源配置与空间配置中向主城区倾斜，主要是由于重庆面临外部环境竞争中，需要建设具有强大的辐射力和凝聚力的国内西部地区增长极，需要有规模足够的城市经济和城市人口支撑，同时也是立足大城市、大农村、大山区、大库区的现实情形下的必然选择。因此，重庆在城镇发展政策演进过程中，这一思路越来越清晰，逐步重视以主城区为中心的都市圈，并不断扩大都市圈的区划范围（图5.14）。

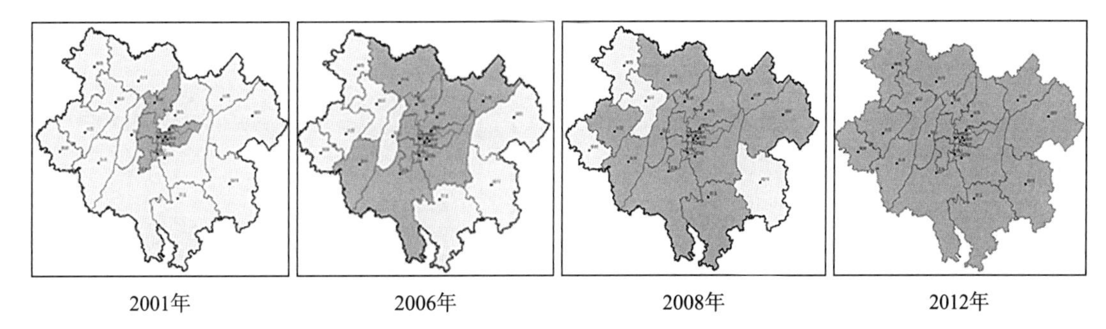

图5.14 重庆市都市圈空间范围演变示意图

资料来源：根据重庆市规划设计研究院，重庆市交通规划研究院. 重庆大都市区总体规划[Z]. 2014. 改绘。

按照重庆大都市区的功能定位，重庆大都市区是国家中心城市的功能载体，综合发展先进制造业、现代服务业，是重庆对外开放的主体平台，主要承载金融商务、科技创新、文化交往、物流贸易、产业集聚、综合枢纽等功能，通过规划优化与功能重构，形成圈层分布的分工体系。重庆明确提出构建重庆大都市区的概念，积极发展大都市区的建设，符合城市发展的进程，也是一个地区城镇化发展到成熟阶段的表现形式，更是推进城镇群建设的主体形态之一，是重庆地方政府提升城市竞争力、促进城市建设的重要举措。

2. 重庆市域城镇体系的演进历程

直辖之初，重庆城市化水平为18.99%（1996年），城镇化水平低，且市域城镇发展不平衡。城镇数量多，规模小，分布不均匀，城镇规模等级结构不平衡（表5.8），同时城镇职能趋同，分工不尽明确合理。

直辖以来在城镇化与工业化双重驱动下，重庆市城市建设用地显著增加，城市空间增长加剧。

从重庆国土部门发布的城市建设用地数据来看，2000年至2012年间重庆区县平均城镇建设用地增量为20.12平方公里，除重庆主城区外，按照各区县年均城镇建设用地的增量情况，可划分为几种类型（图5.15）。

重庆直辖之初城镇体系构成（1997年） 表5.8

城市规模	城市（镇）名称
特大城市（人口>100万）	重庆主城
中等城市（人口20万~50万）	万县城区
小城市（人口10万~20万）	涪陵城区、合川、鱼洞、永川、长寿
小城市（人口5万~10万）	两路、江津、垫江、北碚、开县、綦江、忠县、奉节、万盛、梁平、璧山、黔江、南川、荣昌、酉阳
小城镇（人口1万~5万）	巫山、铜梁、潼南、大足、彭水、石柱、云阳、双桥、巫溪、城口、武隆、秀山、白沙、龙水、西彭、广顺等

资料来源：根据重庆城市总体规划相关资料整理绘制。

城镇建设用地超过增量30平方公里的区县：永川、合川、万州、涪陵、江津、长寿6区。用地增量大的区县，从城市等级和规模来看，属于大城市和中等城市，均为重庆市次区域中心城市，人口基数、城镇建设用地基数较大，因此也会有较大的用地增长量。从地域分布特征来看，除万州为渝东北中心城市外，其余区县离重庆主城区较近，属于重庆市划定的大都市圈的范围，因此有条件承接更多的主城区资源梯度转移功能，也由于同主城便利的交通，获得了主城经济辐射的结果。

城镇建设用地增量20~30平方公里的区县：黔江、綦江、铜梁、璧山；城镇建设用地增量10~20平方公里的区县：荣昌、大足、秀山、垫江、开县、南川、云阳、双桥、丰都、潼南、酉阳、武隆、石柱、奉节。这部分城市，数量较多，用地增长和城市发展情况类似，2000年至2012年期间建设用地增长趋近重庆市区县平均城镇建设用地增量。

城镇建设用地增量较少，小于10平方公里的区县：梁平、忠县、万盛、巫溪、巫山、彭水、城口。除万盛外，均位于渝东南

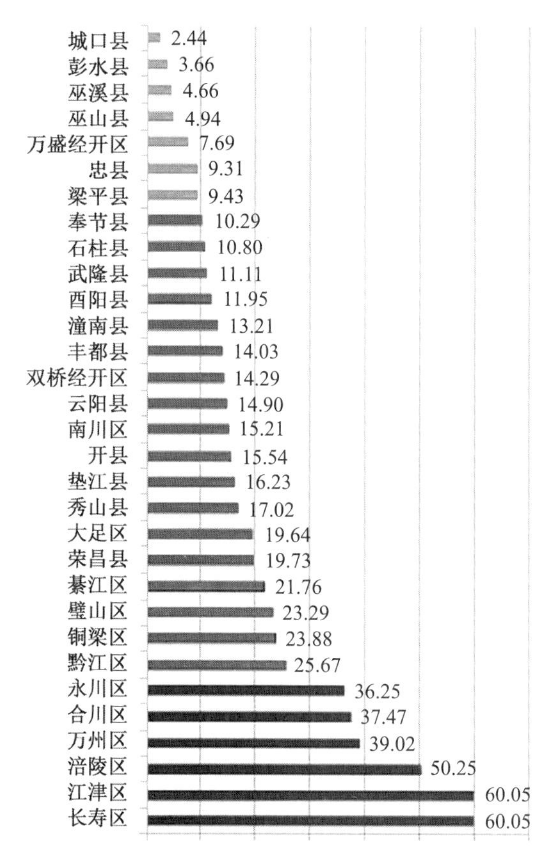

图5.15 重庆区县2000~2012年城镇建设用地增量

资料来源：中国城市规划设计研究院西部分院. 重庆市城乡总体规划（2007—2020）2014年深化[Z]. 2014.

和渝东北区域，一般而言，城镇区位距离中心城市较远、用地条件紧张，城镇赖以发展的资源、产业条件有限。

从人均建设用地面积来看，2012年全市人均城镇建设用地为96.17平方米（图5.16）。从历年数据的变化来看，2003～2012年，市域人均城镇建设用地稳步上升，呈明显的阶段性特征：2003～2008年，尽管市域人均城镇建设用地呈上升趋势，但维持在40～60平方米；2009～2013年，市域人均城镇建设用地突破至80～100平方米，并仍处于稳步上升。区县中人均城镇建设用地最高为黔江区和长寿区，主要是由于黔江区和长寿区近年来工业发展迅速，工业用地占比较高。而重庆主城区中，渝北区由于两江新区产业园、空港新区产业园等园区的建设，人均建设用地面积也显著高于其他各区的水平。

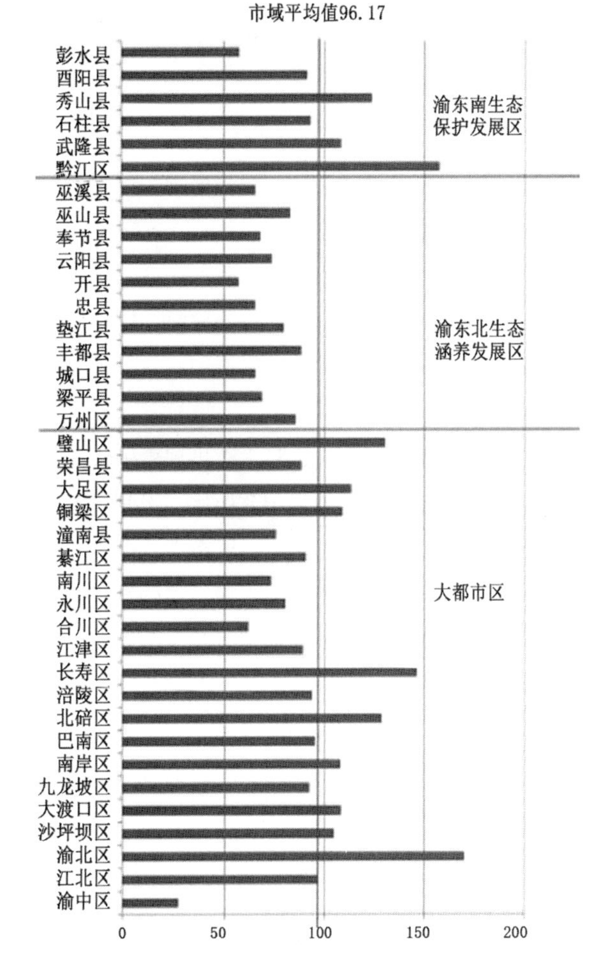

图5.16 重庆区县2012年人均城镇建设用地面积

资料来源：中国城市规划设计研究院西部分院. 重庆市城乡总体规划（2007—2020）2014年深化[Z]. 2014.

3. 重庆市域城镇体系布局的特征分析

从区域规划和城镇体系相关理论的角度看，重庆市已经形成了“特大城市—大城市—中等城市—小城市—小城镇”城镇规模等级体系。但当前，重庆城镇体系的布局中，仍然存在大城市发育不足、地域性中心城市发展带动力不强等问题。

在重庆市8.24万平方公里的区域内，大城市由于自身所具有的经济聚集效应和产业规模效应，在人口达到一定数量以后对周边区域所产生的带动作用较为显著。在重庆市域城镇体系中，由于重庆市域范围广阔，除发挥重庆主城区对周边的带动作用外，远郊区县的大城市发育和带动作用不足，是市域城镇体系中最突出的问题，是重庆经济和社会整体、全面发展的瓶颈因素。

造成重庆城镇体系布局的问题，除了城镇发展的基础条件外，如前文在行政区划制度对城镇体系和单体城市规模影响的理论分析中所述①，由于城镇发展中，行政区划是“权力的空间配置”，城镇化的进程是空间资源的重新分配，行政区划自身所代表的支配资源分配的级别、能力，地方政府在制定区域发展政策的行为，都直接影响着城镇化与城市（镇）建设的规模和建设效果，同时在重庆市城镇体系布局中，也验证和体现了“制度—行为”影响机制作用的结果。

---

① 参见本书“3.2.3 基于行政区划的城市空间治理策略”。

5.3.2 重庆都市区空间增长演进历程

1．中华人民共和国成立前重庆开放式城市空间的形成与演进

虽然古代重庆由于长江水运的发展，已经发展为川东地区的区域中心城市，但是城市功能由古代向近现代跃迁、由封闭向开放式格局转变，还是发生在1891年重庆开埠以后。随着外国资本进入西南地区，重庆原先川东地区商品转运枢纽的城市地位逐渐发展起近代工业和服务业，成为西南地区近代化的先声。1937年抗战全面爆发，国民政府明定重庆为战时陪都，将机关、学校、工厂大量内迁入重庆地区，使得重庆刚刚发展起来的现代城市基础得到极大的跨越式发展，成为具有全国意义的中心城市。

这一时期的重庆空间增长主要呈现出爆炸式、分散化的特征，现有城市范围完全不能容纳内迁人口和企业，城市空间变得十分拥挤，因此只能在周边两江沿岸逐步扩展并开始向上游延伸。由于容量扩张以及日机轰炸等原因，城市人口也逐步向周边市镇转移，原先不知名的小镇发展成为人口稠密的新城区。但是由于地形限制，这些聚居点大多是分散的，未能连成一体，城市形态就此开始呈现“多中心组团式”的特征（表5.9）。

重庆开埠到抗战陪都时期城市发展历程及形态演变　　表5.9

<table>
<tr><th>时代</th><th>辖区名称</th><th>位置</th><th>时间</th><th>城市建设</th><th>用地规模/平方公里</th><th>人口/万</th><th>用地结构</th></tr>
<tr><td>开埠后</td><td>重庆府</td><td>两江半岛</td><td>1891～1911年</td><td>建设通商口岸、外国租界，进入现代城市阶段</td><td>6</td><td></td><td rowspan="3">1. 中心半岛为中心
2. 半岛下半城为城市商贸中心</td></tr>
<tr><td rowspan="5">民国初期</td><td rowspan="2">巴县</td><td rowspan="2">两江半岛</td><td>1911～1927年</td><td>1926年设督办公署，拓展城区</td><td>6</td><td>20</td></tr>
<tr><td>1928年</td><td>拆除城墙，修建道路，宏阔码头，开辟新市区</td><td>8</td><td></td></tr>
<tr><td rowspan="3">重庆市</td><td rowspan="3">两江半岛、江北、南岸</td><td>1929年</td><td>重庆建市</td><td>12</td><td>23.3</td><td rowspan="3">中心半岛+南北岸</td></tr>
<tr><td>1932年</td><td>将巴县、江北县共46.75平方公里的土地划入市内</td><td></td><td></td></tr>
<tr><td>1936年</td><td>建设南区干道、中区干道；中央公园、江北公园、港口</td><td>30</td><td>45</td></tr>
<tr><td>陪都时期</td><td>重庆市</td><td>两江半岛、江北、南岸、沙坪坝、弹子石、江北老城等</td><td>1938～1949年</td><td>市中区交通基本形成网络，战时随着大批机关、工厂、学校、事业单位内迁以及大批市区人口向郊外疏散</td><td></td><td></td><td>市中心转移至上半城；自由大分散、无规划，自发建设新市镇</td></tr>
</table>

资料来源：参考李尹博．重庆山地多中心组团城市的有机形态研究[D]．重庆：重庆大学，2013：49-50．有调整。

2．新中国成立后到直辖前的城市发展

由于抗战时期工厂内迁及军工企业的发展，在新中国成立之时，重庆已经具有较为成熟的工业体系。在国家新的发展战略要求下，重庆定位为生产性城市，重点发展机械、冶金、军工等重工业。

1951年重庆市政府对城市建设用地布局提出了“大分散、小集中、梅花点状”的战略思路。城市用地由渝中半岛开始，沿着两江向西、向南发展，形成一定规模又与中心城区分开的片区，其中沙坪坝、大杨石片区属于重点发展地区。都市区的城市建设按照工业先行的思路，工业沿江沿铁路发展，并配套生活居住，形成独特的“工业+居住”式工矿片区单元，这种工业城市建设思路一直延续到60年代三线建设时期。

20世纪60～70年代的“三线建设”，强化了重庆工业的综合生产能力，确定了重庆作为西部地区最大综合性工业基地的定位，并扩展了重庆的经济规模。“三线建设”时期生产性空间的建设布局占据主导地位，消费和居住空间依附于生产性空间分布，在这一时期形成有机松散和分片集中的“多中心、组团式”结构形态。

这一时期内，重庆城市规模涵盖了铜锣山与中梁山之间、两江沿岸的大部分地区，总用地面积达到73.4平方公里（70年代末），并形成了以工矿片区单元作为城市用地布局的载体，在各功能片区单元内集中设置工厂、住宅、学校、医院等功能，表现出较为明显的计划经济时代特色。

改革开放以后，重庆城市空间继续向产业化、开放式方向发展。1983版重庆城市总体规划确定了“有机分散、分片集中”的“多中心、组团式”城市形态布局结构，并建设了渝中、观音桥、沙坪坝、石桥铺、南坪等城市中心。1986年重庆城市性质定为：“我国的历史文化名城和重要的工业城市，是长江上游的经济中心、水陆交通枢纽和对外贸易港口”。由于市场经济的引入，重庆的城市定位发生了明显的调整，即以强调生产性城市为主转变为发展综合的区域中心城市。在城市功能布局上，重庆主城中心区遵循历史延续性设置在渝中半岛，而观音桥、沙坪坝等城市副中心也相继崛起，分担了城市中心的部分职能（图5.17）。

需要指出的是，1994年三峡工程建设是重庆城市发展历史上的重大事件，三峡工程开工建设以来，重庆成立直辖市，有力带动了三峡库区城镇化的发展。重庆直辖后通过发挥重庆中心城市的作

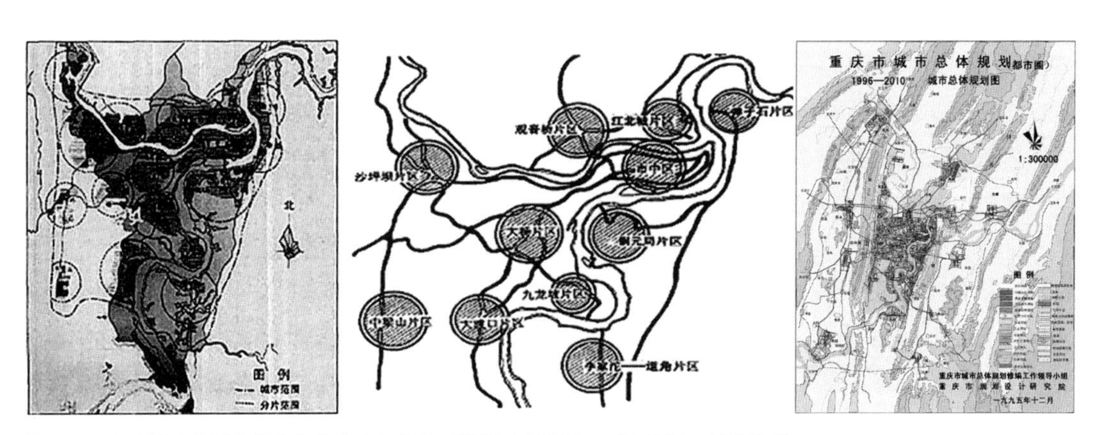

图5.17　历次重庆市城市总体规划确定的组团式格局（1951年、1982年、1996年）
资料来源：重庆市历次城市总体规划文件。

用开发振兴三峡地区，进而促进长江经济带整体现代化格局的形成。重庆都市在三峡工程建设启动后，通过一系列的行政区划调整，扩大都市区规模，为移民人口的大规模流入、三峡库区产业向主城区搬迁和快速城镇化进程的到来做好了准备。

3．直辖后多中心组团式形态的形成

1997年，由于三峡工程移民迁建的需要，中央设立重庆直辖市，以统筹三峡库区的生态环境保护与城镇建设工作。次年，国务院批准了重新修订后的《重庆市城市总体规划（1996–2020年）》。在新的定位指导下，重庆城市发展以生态文明为指导思想，在大都市区内整合城市布局，构建以都市区为核心的主导思路、城市布局提出了“多中心、组团式、网络化”的结构关系（表5.10）。

新中国成立后重庆市城市发展历程及形态演变　　表5.10

时代	时间	位置	城市建设	城市建成区用地规模	用地结构	人口/万
中华人民共和国成立后	20世纪50年代	向西重点发展	向大（坪）杨（家坪）地区、沙（坪坝）磁（器口）地区和中梁山地区发展		大分散、小集中、梅花点状	
	三线建设	东起铜锣山脉，西至歌乐山，北至双碑，南至苦竹坝	市中区、江北区、南岸区、沙坪坝区、九龙坡区和大渡口区	70年代末：74平方公里	大分散、工业带城	1978年主城人口183万
	20世纪80年代至直辖前	南北翼拓展，北至渝北区，南至鱼嘴	市中区（现渝中区）为主城中心区，南坪、石桥铺、沙坪坝、观音桥为具有市级职能的副中心；共14个片区	1985年：84平方公里 1994年：157平方公里	有机分散、分片集中的多中心、组团式	1995年市区人口546万
	直辖后	西跨中梁山、东越铜锣山、一岛两江、三谷、四脉	城市跨过中梁山、铜锣山向东和向西发展，组团之间逐渐填充，形成“一城五片，多中心组团式”空间结构	2001年：203平方公里 2003年：329平方公里 2005年：465平方公里 2016年：648平方公里	多中心组团式；一城五片、六个副中心	

资料来源：参考李尹博．重庆山地多中心组团城市的有机形态研究[D]．重庆：重庆大学，2013：54．有调整。

直辖后重庆都市区城市空间增长非常迅速。城市形成“一城五片，多中心组团式”空间结构。城市用地跨越中梁山和铜锣山的限制，向城市外围、四山之间的河谷地带发展，并形成了西永、界石、复盛等新城市组团。城市用地的功能构成日益多样化，工业为主的建设用地构成逐渐转变为以居住用地为主，商业商务用地、产业用地、绿化用地的多元构成，反映了城镇化过程中非农人口的大量增加，以及现代化城市功能的逐渐完善。

直辖后重庆城市发展体现出受到经济、政策、技术等要素综合推动的特征，城市增长速度超越以往任何时期，城市建成区面积从直辖前的不到200平方公里，增长至2016年的648平方公里，成为国家西部城市建成区排名第一的城市，实现了城市规模、城市用地布局形态等多方面的跨越式发展。直辖后重庆市在城市建设过程中进行了如危旧房改造、工厂搬迁、“四山”管制、非建设用地规划等系列举措（表5.11），加强了规划引导与控制措施，城市建成环境、建设品质得到很大提升。在自然地形、社会经济和城市发展政策等多种因素影响下，当前，重庆市主城区呈现出多核增长的态势。

直辖以来重庆市城市建设重要事件 表5.11

时间	事件	主要内容	综合评价
2001年	危旧房改造	以早期城市中加建、改建、搭建为对象，解决城市建筑质量、结构、维护欠账的问题，规范城市建设工作	建筑改造、物质改造为主
2005年	住房规划	《重庆市主城区经济适用住房和廉租房规划》《重庆市住房建设规划》出台，并开始廉租房建设	系列规划与住房政策规制了住宅建设行为
2006年	工厂搬迁	以生态建设为主，告别“工业烟囱”，搬迁城中工程，实施“退城进园”，迁入相应的特色工业园区，实现工业用地置换	大型工厂搬迁，优化城市结构、美化城市环境
2006年	四山管制	出台对缙云山、中梁山、铜锣山、明月山建设管制区的有关规定	“四山”生态保护和建设控制规范化
2010年	立面改造	解决旧城建筑衰败与形象破损的问题，改造城市沿街立面，强调城市整体文化形象，培育城市历史氛围	形象改造，符号化设计
2014年	传统风貌区改造	将旧城风貌保护与城市规划运营连接起来，希望在保障旧城空间的同时，增加其造血功能	综合改造与保护，提升空间旅游服务功能

资料来源：作者根据相关资料总结绘制。

图5.18 重庆都市区城市空间增长过程

资料来源：邢忠，朱钊. 重庆中心城区空间拓展及其生态环境效应探析[J]. 中国名城，2015（12）：61.

综上所述，重庆中心城区城市空间增长过程中，随着各个时期的影响机制不同，增长的速度以及规模的不同，城市中心区的布局形态发生显著的变化（刑忠、朱钊，2015）。结合各个时期的增长过程，图5.18示意了重庆市空间增长的空间形态变迁历程和布局特征。

5.3.3 重庆都市区城市空间布局主要特征

在以上关于重庆都市区城市空间增长过程分析的基础上，分析目前城市空间布局的主要特征，具体表现为：有机分散与分片集中的城市结构、多元混合与自由布局的建设用地、空间立体与层次分明的交通系统和地域化与多样化的城市建筑风貌等方面。

1. 有机分散与分片集中的城市结构

山地多中心组团式格局在重庆都市区体现得十分明显，可以概括为“有机分散、分片集中、分区平衡、多中心、组团式”的主要特征。从《陪都十年计划》到解放后的多版城市总体规划，都将多中心组团式结构作为都市空间发展的最优选择。从这个意义上讲，这种空间格局具有历史的延续性和空间适应性。2014年最新修订的《重庆市城乡总体规划》将重庆都市区划分为21个独立组团和8个独立功能点。城市组团采用通行的新城规模，并布置相对完善的居住、生产与服务设施，使城市居民能够在组团内部完成通勤出行，避免跨组团交通。组团间通过完善的道路系统和轨道交通系统连接，并由自然绿地相隔，使70%以上的居民靠步行方式流动，大大减轻了城市交通压力（图5.19、图5.20）。

图5.19　重庆都市区用地现状（2013年）

资料来源：中国城市规划设计研究院西部分院. 重庆市城乡总体规划（2007—2020）2014年深化[Z]. 2014.

总的来讲，重庆多中心组团式格局的形成有其自然条件限制和历史发展的因素，但是在面对现代城市拥挤、蔓延等问题时，又展现出极强的适应能力，成为当前大城市发展转型的最优选择。重庆都市相比于其他城市而言，有着更好的自然条件和历史驱动因素，应将组团式格局在今后的城市发展中予以延续下去。

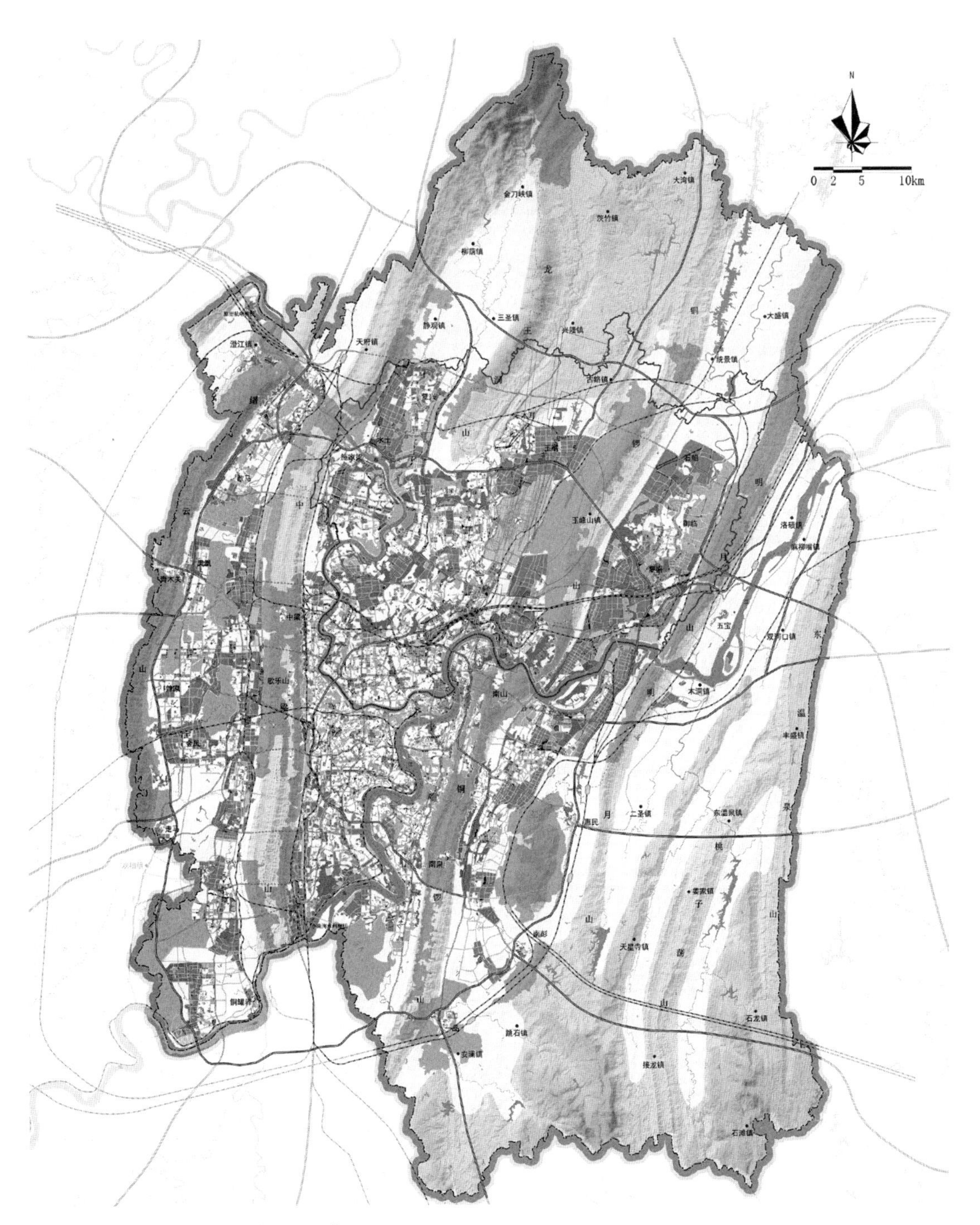

图5.20　重庆都市区规划图（2014年）

资料来源：中国城市规划设计研究院西部分院．重庆市城乡总体规划（2007—2020）2014年深化[Z]．2014.

1）自然环境是组团式格局形成的根本原因

重庆都市区复杂的自然山水与地形地貌是多中心组团式城市形态形成的根本原因。华蓥山的多条余脉从北至南嵌入城市，长江和嘉陵江自西向东切割山脉而过。都市区内山地相对高差达800米，长江与嘉陵江江面宽阔，是城市发展的阻隔性要素，将历史上形成的市镇隔离开来，因此聚居点只能各自独立发展成团，形成最初的山地组团城市形态。

从山地环境来看，重庆作为最有代表性的山地城市，向来有“山城”的称谓。都市区主要山脉有缙云山、中梁山、铜锣山、明月山四脉，从北向南穿城而过。城市用地基地总体上是起伏不平的丘陵地貌，地形劣势十分突出。建筑和道路受用地限制，只能因地制宜沿等高线布局，形成自由式、多层次、动态的山地城市景观。

从水系环境来看，水长江和嘉陵江自西向东贯穿重庆市域全境，在主城区交汇，市区内分布着多条次级河流，形成纵横交错的树枝状水系格局。

2）有机分散的城市组团形态

重庆的第一个城市总体规划是1960年编制完成的《重庆城市初步规划》，采用“大分散、小集中、梅花点状”的布局原则。1983年《重庆市城市总体规划（1981–2000年）》首次将有机疏散的思想引入城市规划，提出母城采用有机松散、分片集中的“多中心、组团式”城市结构，将都市区划分为14个规划单元（组团）。

1997年直辖前，城市用地经过几十年的拓展，已形成“3片12组团”的格局。直辖后，重庆进入城镇化加速发展期，原有总规不能满足城市空间增长的需要，因此重庆市又编制了多轮总规，但是在总体结构上始终坚持了“多中心、组团式”格局（表5.12）。

重庆市各轮总规对城市空间格局的规划　　表5.12

	城市结构	片区
1960版总规	大分散、小集中、梅花点状	9个片区
1983版总规	有机松散、分片集中的多中心、组团式	14个组团
1996版总规	多中心组团式	主城区12个组团外围12组团
2007版总规	一城五片、多中心组团式	21个组团和8个功能区

资料来源：李尹博. 重庆山地多中心组团城市的有机形态研究[D]. 重庆：重庆大学，2013：84.

2000年后，重庆城镇化进程持续推进，城市面貌日新月异。根据《重庆市城乡总体规划（2007–2020年）》，城市空间结构为“一城五片、多中心组团式”。每个组团服务设施配套齐全，功能相对完善，就业岗位与住房数量大致平衡，使得组团保持有一定的独立性。

需要指出的是，组团式格局固然是由于自然环境限制而采取的，但是组团内部仍然应按照成熟的城市建设方式进行布局。组团式的城市形态使得城市避免了摊大饼式的发展模式，减少了城市交通拥堵、用地蔓延的问题。同时由于多个组团之间相距不远，组团边缘仍能得到较好的公共服务，也使城市居民能够享有基本完整的公共服务设施网络。在城市边缘区设置的新城组团能够有效疏解中心区的人口与就业，减少城市规模扩大后中心区面临的压力。因此，这种组团式格局能够使大城市在空间增长的同时，依然能保持较高的空间利用效率和集聚效应，并能改善人居环境，是当前城市发展的合理选择。

2．多元混合与自由布局的建设用地布局形态

重庆都市建设用地布局一直遵循“因天时，就地利”的原则，依据自然环境条件因地制宜地布置居住、商业与生产等各类用地，从建城之初的渝中半岛一隅，逐步扩展到四山之间的河谷地带。虽然重庆建城史长达两千余年，但是城市土地真正的快速扩张，还是在1997年直辖以后发生的，不仅土地扩张速度为史上最快，所呈现出来的相关特征也十分典型。

首先，从用地的形态布局上来看，用地的簇群状特征愈加明显，城市用地在渝中半岛东部即呈现单核格局，在近年扩张过程中，虽然数量与规模空前扩张，但仍然趋向于集聚而形成多个组团。除此之外，建设用地随着城市功能的持续增长，也呈现出围绕城市中心的圈层式布局，以及沿交通轴线的带状布局特征。在组团内部或重要交通干道沿线，这些特征更加明显，说明重庆市除了山地城市的特殊性之外，也具备了许多城市发展的共性与问题。从微观视角，重庆建设用地的布局受到地形条件的限制，通常沿等高线分布，并留出无法利用的空间，因此与平原城市相比，重庆的建设用地布局较为自由、分散，一定程度上还存在破碎化的特征。

其次，从用地的功能布局上来看（图5.21），重庆都市建设用地的性质从原来的以工业用地为主、居住于服务设施配套的构成关系，逐渐转变成以商业商务用地为核心，周边布置大量居住用地，都市外围布置工业、仓储用地，工业区与生活区之间的分离趋势日益明显，引起组团间的通勤交通增加。由于山地土地的稀缺性，重庆的用地功能构成通常较为混合，居住与商业功能可以在城市中心区有着较好的兼容关系，形成底商和住宅楼的组合。这种多功能混合的用地结构也是组团能够以较少的用地提供较为完善的服务设施的主要因素之一。

3．立体复合与层次分明的交通系统

目前重庆都市区基本形成“高速公路+城市快速道路+城市街道”的复合式路网，以及轨道交通与常规公交相结合的城市公共交通系统（图5.22）。

都市区高速公路网基本骨架为“两环十射”，由内外环高速公路和10条对外快速通道组成。城市快速道路系统包括城市组团之间的联系通道、滨江路等。由于地形的复杂性，这些快速道路大多以高架或隧道的形式存在，也形成了具有山地特色的道路景观。

城市内部道路呈现明显的拼贴状特征，规整的方格网和山地自由式路网同时存在，反映出城市发展的阶段性。山地道路由于地形限制，通常沿着等高线布线，道路线形一般是曲折多变的，形成主要街道后会在两旁继续生长出树枝状的支路，形成山地特色的路网体系（图5.23）。

4．地域化与多样化的城市建筑风貌

重庆由于经历了近代开埠、抗战（陪都）、解放初期、三线建设和改革开放等各个阶段的发展，不同历史时期社会、经济、文化的变化深刻影响到城市空间形态的构成，重庆市主城区内部空间形态呈现出多样化的特征（图5.24）。

开埠时期，重庆城市明显受到水运交通的影响，码头商会沿长江、嘉陵江布局。这一时期遗存

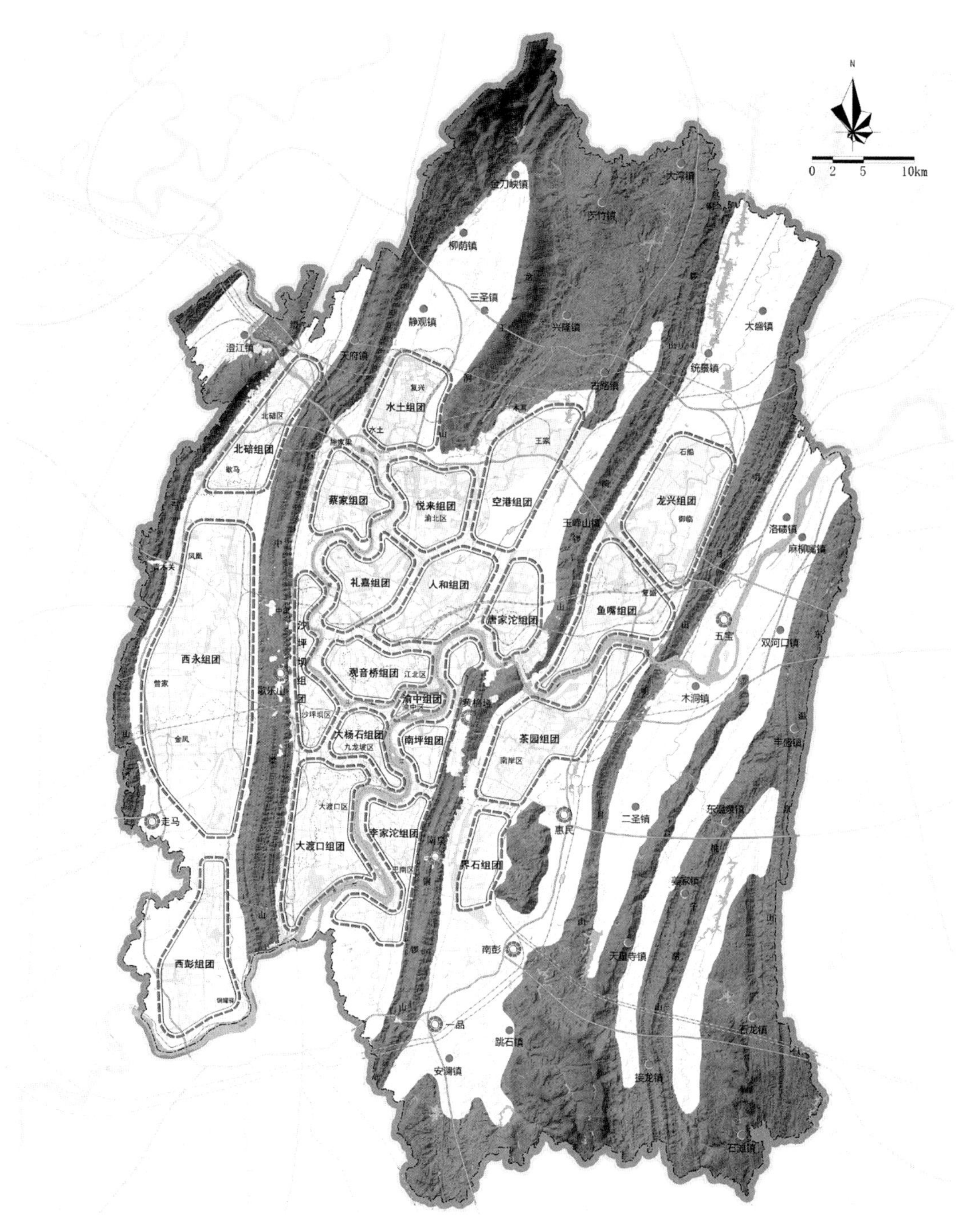

图5.21 重庆都市区空间结构示意图

资料来源：重庆市规划局. 重庆城市总体规划（2007—2020）[Z]. 2007.

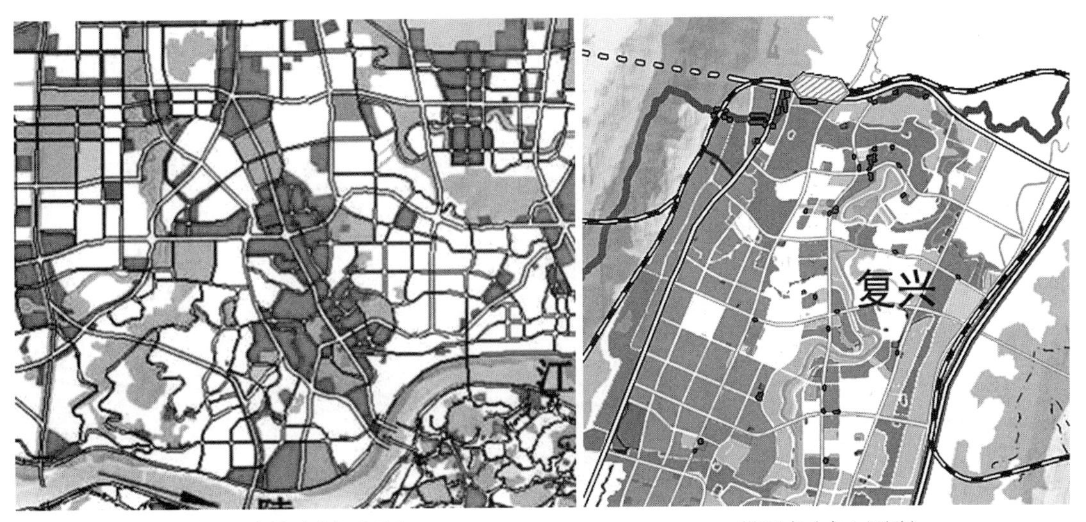

交通导向性（建新北路）　　圈层式（水土组团）

图5.22　重庆交通导向式与圈层式用地布局

资料来源：根据重庆市规划局．重庆市城市总体规划（2007—2020）[Z]．2007．相关内容绘制。

图5.23　重庆城市道路系统——以观音桥组团为例

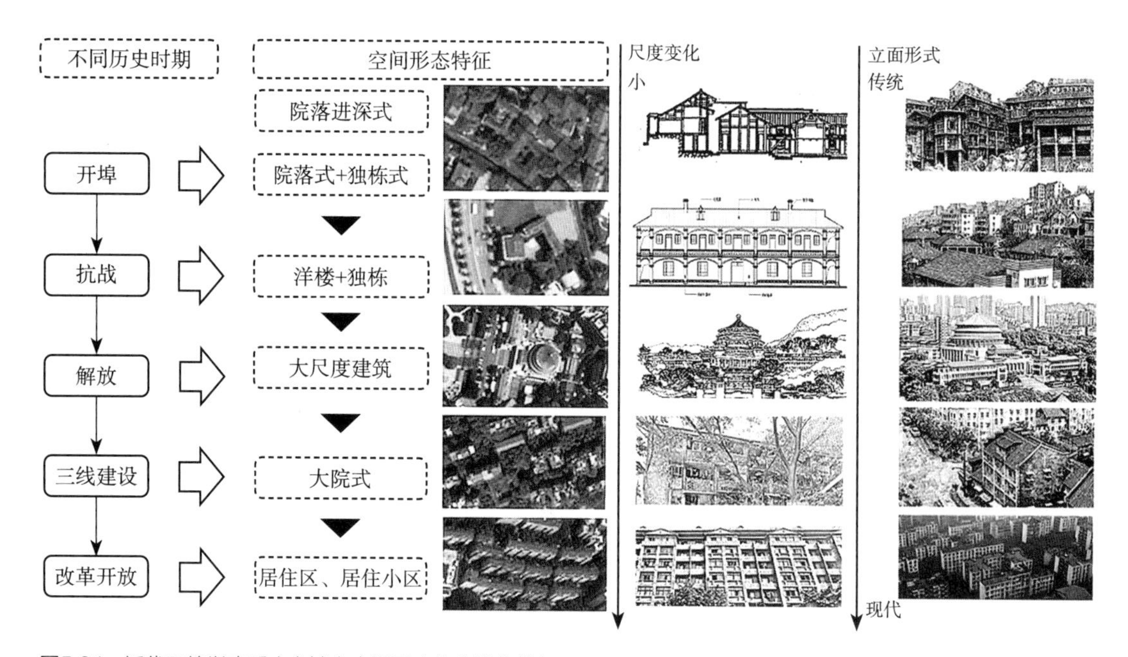

图5.24　近代开埠以来重庆市城市空间形态的多样化特征

资料来源：重庆大学，重庆市规划局，重庆市规划设计研究院．重庆旧城更新理论与实践研究[Z]．2017.

并保存至现在的城市空间多为历史积淀较多的历史街区、传统风貌区，如磁器口、寸滩湖广会馆等有历史特征的城市空间。

抗战时期，重庆作为陪都和交通、物资中心，经济和城市建设在这一时期达到这一时期的高峰。一些西方建筑形态和外观的引进，新增加的建筑样式以西式独栋小洋楼为主，显示出东西方风格相结合的特征。

解放初期，国家将重庆定位为内陆主要的工业基地，为重庆市经济发展和城市定位奠定了基础。这一时期的“大分散、小集中、梅花点状”的布局特征，城市总体结构呈现分散化发展。这一时期，新增建设量较少，但国家和重庆市修建了一些大型的公共服务设施，如重庆市大礼堂、大田湾体育场和菜园坝火车站等。

20世纪60～70年代“三线建设”时期，生产性空间的建设布局占据主导地位，消费和居住空间依附于生产性空间分布。这段时期里大量工厂延续其功能并不断扩建，如长安汽车厂、重庆市钢厂、嘉陵摩托、轻工业机械厂等。在计划经济时期，这类工厂经济实力较强，厂区的发展通常组成一个相对独立的片区，呈现典型单位大院的布局方式。以单位大院布局为主的模式一直延续到改革开放，至土地市场化改革和住房制度改革之前。

改革开放之后，城市建设主要以产业用地的扩展和居住区的开发为主，城市空间加速增长。重庆原有的组团式格局逐渐被填充、连接，城市发展将大山大水的地形地貌纳入城市中，反映出典型的山地城市空间特征（图5.24）。

山地建筑对地形的娴熟处理，使得重庆地区建筑呈现出与平原地区不同的立体化、动态化、多层次的风貌，并且能够集约利用城市土地，具有强烈的地域特色（图5.25）。

四山纵贯、城中山体点缀的山形地势给重庆都市建造带来不利，但是从城市与自然的构成关系上讲，在建设空间引入大型的生态要素，对山水城一体化格局的形成、山地城市风貌的建立以及人居环境空间品质的提升，都有明显的正面效应。同时山体要素还可以作为城市居民休闲游憩的场所，增加了城市公共活动空间，也为居民身心健康提供了物质基础。

图5.25　重庆嘉陵江岸依山而建的现代住宅

山地城镇由于地形地貌的限制，往往呈现高密度空间特征。高密度空间是指在城镇中局部人口密度高或建筑密度高、形态与结构紧凑的空间（魏晓芳、赵万民等，2015）。山地城镇的高密度通常表现出建设高密性、要素集聚性、功能混合性、格局生态性等特征。重庆都市空间的增长在形态上的表现，除了多中心式、圈层式、交通导向式等特征，在三维空间上还具备高密度的特点。近年的建设用地拓展以及城市空间的演进，促进了高层建筑的发展，城市中心区的形态十分密集，平均容积率已大大超过城市其他地区。与高密度建筑布局相对应的是城市功能的集聚与混合，一般而言，重庆高层建筑的功能业态较为丰富多元，低层商业、高层居住、商务甚至轨道交通功能都在同一栋楼混合布局。一般情况下，这种混合的业态布局有利于提高居民生活的便捷性，并减少区域间的通勤交通，有利于缓解交通拥堵等“城市病”。

从重庆市渝中半岛的空间增长过程，尤其是立面和城市天际线的变迁，可以清晰看出重庆市高密度人居环境建设的特征（图5.26）。

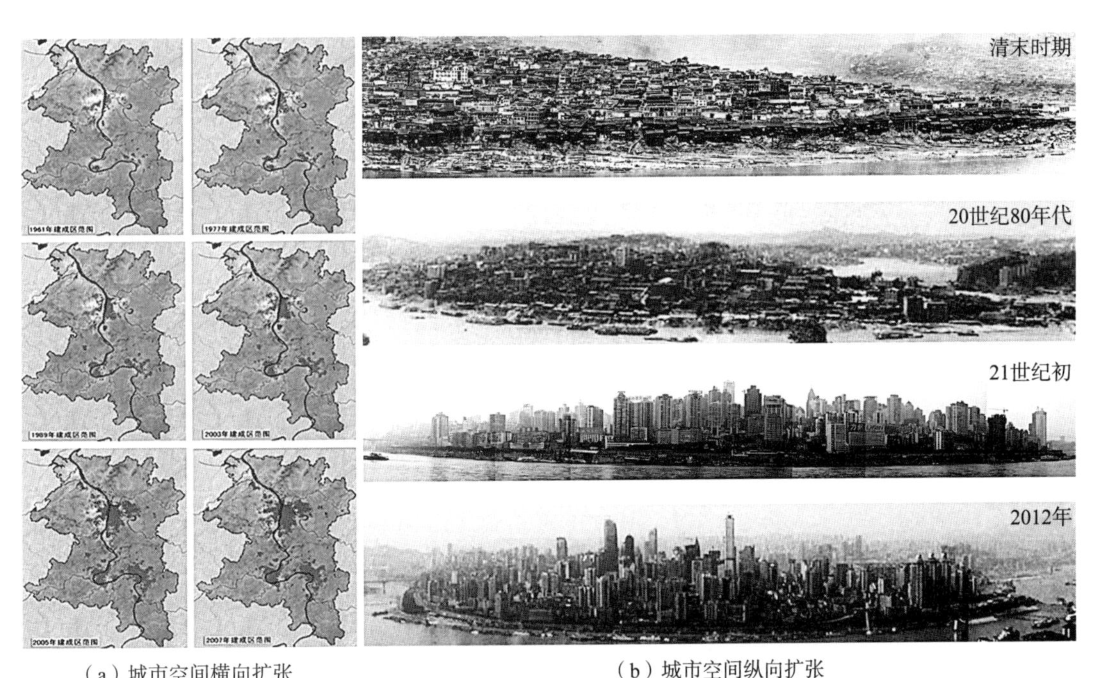

（a）城市空间横向扩张　　（b）城市空间纵向扩张

图5.26　重庆市渝中半岛空间增长过程

资料来源：赵万民. 山地人居环境七论[M]. 北京：中国建筑工业出版社，2015：181.

5.4 本章小结

本章分析了“制度—行为”视角下重庆城市空间增长的相关问题。

在分析和梳理近代以来影响重庆城市空间增长与布局的重要事件的基础上，总结影响重庆城市空间增长的制度环境和主体行为特征；然后分析了重庆市市域城镇体系布局与演进、重庆市主城区城市空间增长的进程，并总结重庆市主城区城市空间增长过程中城市空间布局的主要特征。

重庆市城市空间增长的制度环境主要有重庆市城市行政地位的演变、土地制度和城市空间规划制度构成。重庆的行政地位和城市定位，根据在我国近代不同历史时期重庆城市所承担的历史作用发生了一些重大变迁，经历了抗战时期的陪都、直辖、计划单列、省辖市和1997年重新确立为直辖市，城市行政地位和城市定位决定和影响着城市的功能、规模、布局等特征，其中，1997年直辖提高了重庆行政层级、行政权限，扩大了重庆行政区域、行政范围，为重庆城市建设为大都市区创造了体制条件。对土地制度的分析可以看出，自开埠以来，重庆城市空间发展就与国家土地制度的变革息息相关；在土地市场化改革过后，重庆市土地市场化程度提高，并在国内较早实施了土地储备制度，在重庆发展早期为城市空间增长储备了大量城市建设用地，有效控制了房价过快增长，为公租房建设、公益事业和重大项目提供了建设用地，适应了城市发展的需要。在城市空间规划制度中，分析了重庆城市规划与“多规合一”的工作要点，总结了重庆市城市空间增长的管理、控制系统内容。

地方政府行为与城市空间增长的关系中，首先分析了地方政府主导作用对城市空间主导作用的形成过程，并通过重庆市新城建设、工业园区建设和大型居住区的规划和建设，描述了地方政府在主导城市空间增长、改变城市空间布局中所起到的作用。

重庆市空间增长演进历程中，首先分析了重庆市域城镇体系的构成与演变，认为重庆在制定市域发展战略中，逐步明确以主城区为核心的大都市区的发展战略，促进了主城区的迅速发展，同时造成了市域城镇体系中大城市和中等城市发育迟缓、带动作用不足的问题。重庆市主城区空间增长进程中，受山地地形条件、河流水系的影响，以及“三线建设”时期工业选址等重要事件的影响，几次城市总体规划布局调整中逐步明确并形成了重庆主城区多中心组团式布局模式，体现出有机分散和分片集中的城市结构、多元混合与自由布局的建设用地布局形态、立体复合与层次分明的交通系统、地域化与多样化的城市建筑风貌等城市布局和风貌特征。

6

重庆城市空间增长效应评价研究

城市空间增长效应的内涵与研究进展

城市空间增长效应评价方法

重庆市城市空间增长效应评价

本章展开重庆城市空间增长效应评价的研究。城市空间增长过程中，如何评价城市空间增长效应，关乎国家经济社会可持续发展，为城市空间发展方向的调整和城市空间发展政策的改革提供依据。因此，分析当前城市空间增长效应是城市空间增长研究的一项重要工作内容。

城市空间增长效应评价旨在定量、客观地判断城市空间增长过程中，空间资源配置要素、结构的运行是否合理、高效和公平，包括提出具体空间增长效应评价的目标，建立研究方法，并通过重庆市的案例进行实证分析。

6.1 城市空间增长效应的内涵与研究进展

城镇化是空间资源的重新配置（周其仁，2014），城市空间建设是作为建设主体的政府、企业和居民，在制度环境的约束和激励下，围绕城市空间资源配置进行利益博弈的结果。以往关于城市空间增长的研究，主要着眼于城市土地的供给和需求，具有明显的经济导向性；但是基于前文的分析，土地使用权是城市空间使用的基础，是关于空间博弈的组成部分。但在土地使用权和空间开发权相分离的情况下，城市空间建设是在城市规划对于城市开发权的确认后进行的活动，围绕空间资源配置的博弈进一步表现为关于城市空间开发权的博弈。相对于城市土地使用权，城镇建设用地经过规划编制（控制性详细规划）所获得的“空间开发权”决定了城市开发中如建设强度、建筑密度等具体物质空间形态管控要点和细节，包含了更多的建设用地管理的意愿和建设主体利益诉求，具有规划导向性的特点。从城市空间供给和需求的角度，能够更加清晰地认识城市空间增长的机制。

因此，有必要建立城市空间供给和需求的概念，从城市空间供给和需求的角度讨论城市空间增长运行的机制和状态。

6.1.1 城市空间配置中的供给与需求

城市空间配置主要包括空间供给和空间需求两个方面。城市空间需求主要的影响因素是城市人口数量变化、城市社会经济发展等要素，表现为需求的驱动力。城市空间的供给，主要影响因素是城市的自然地理条件、发展目标、制度法规等，表现为供给的约束力。

从经济生产要素集聚角度来看，城镇化过程实质上是组成生产力的各种要素在空间内集聚和扩散的动态平衡过程。由于生产力要素最终落点是空间，因此，城镇空间的经济供给和需求的动态平衡过程就是城镇化过程。不同学者对城市空间需求和空间供给的要素提出了不同的看法，杨东峰和熊国平（2008）认为，城市空间需求动力是由以第二、第三产业集聚为特征的城市经济发展和以城乡之间人口大量转移主导的城市人口增长为主共同构成；城市空间的供给约束是由城市的道路交通网络、土地资源条件为主构成，城市空间需求和空间供给共同作用的结果表现为城市空间增长过程（图6.1）。

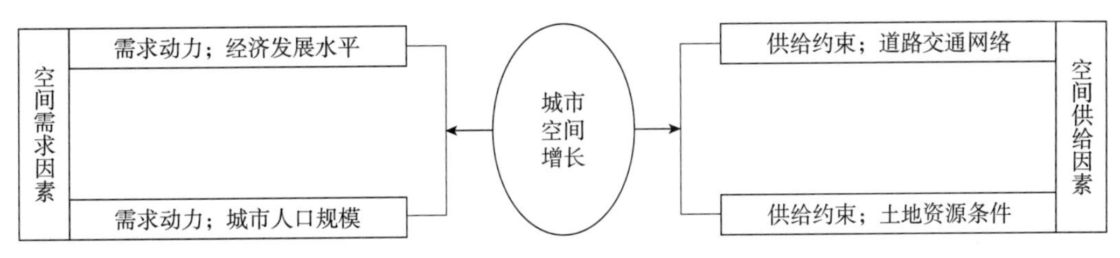

图6.1　我国大城市空间增长机制的概念模型：需求动力与供给机制

资料来源：杨东峰，熊国平．我国大城市空间增长机制的实证研究及政策建议——经济发展·人口增长·道路交通·土地资源[J]．城市规划学刊，2008（1）：53.

1．城市空间需求分析

1）城市空间需求的内涵

城市空间需求，是人类为了满足生存、发展、生产、生活、交通、娱乐等活动行为所需要的空间。城市空间是以城市用地为基础的，人类的主要活动范围是地表以及地表以上建筑、构筑物所构成的空间活动范围。

城市是国家和地区的政治、经济、文化的中心。城市的主要特征是人口、资源、要素和生产、活动，以及文化娱乐设施、道路交通设施、公共服务设施等集聚。城市的集聚提高了生产效率、扩大了市场规模，使工业化大生产成为可能。城市集聚过程中带来的经济增长、人口增长和产业发展，同时也必然带来对于城市空间需求的增长。

由于不同活动类型对于活动空间的需求分布、特点和数量的不同，产生了不同的空间需求结构。城市的主要生产部门是工业、商业和服务业，其生产方式、产业规模、发展程度和城市空间结构密切关系，以及由此产生的和居住、交通、服务的相互关系，共同决定了城市空间需求的结构。在现代化社会，随着生产力的发展和生产方式的改变，人们用于生产必需品的劳动所占的时间和空间比重比农业社会对于农业用地生产性用地的份额需求减少，同时由于生活水平和消费水平的提高，对于住宅、娱乐、教育需求的比重增加，从而逐渐转换了对相应活动所需要的空间需求的增加。因此，现代城市需要的城市空间需求是一个动态调整的过程（图6.2）。

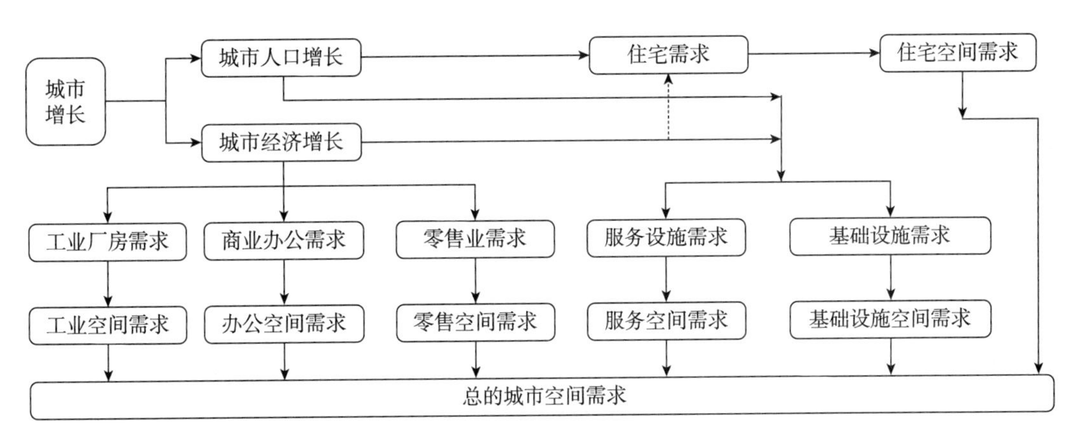

图6.2　城市空间需求分析

资料来源：参考丁成日，宋彦，Gerrit Knaap，等．城市规划与空间结构：城市可持续发展战略[M]．北京：中国建筑工业出版社，2005：90．有调整。

2）影响城市空间需求的主要因素

影响城市空间需求的因素是由各种复杂因素综合作用的结果，其影响过程也是动态变化的。国内外学者对城市空间需求的影响因素进行了丰富的研究。W. H. Form（1954）将影响城市空间增长需求的因素分为市场驱动力和权力行为力，其中直接作用因素是权力行为力，两种力量共同决定了城市空间增长的模式与增长过程。顾朝林、于涛方、李王鸣等（2008）将城市空间影响因素分为影响就业者、工业空间和第三产业空间需求的三种因素（图6.3）。

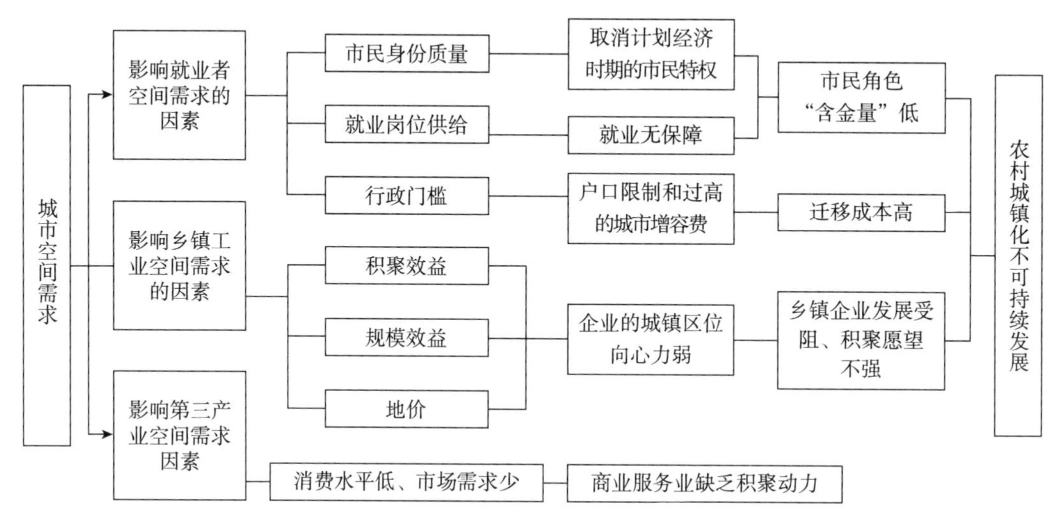

图6.3　城市空间需求影响因素

资料来源：顾朝林，于涛方，李王鸣. 中国城市化格局：格局、过程、机理[M]. 北京：科学出版社，2008：391.

对城市空间的需求而言，除了满足城市功能结构的需求外，城市空间需求还隐含了作为投资性财产的投资性需求的含义。城市空间中作为住宅、商业、产业建筑用房的投资需求，以房屋使用权的形式，体现出经济属性，即作为一种资产和商品，有其保值、增值的投资功能。使用需求和投资需求共同构成了关于城市空间、房屋使用权经济活动的主要内容。在需求的分析中，城市经济活动中总就业量决定了总需求；总需求由消费需求与投资需求两者组成。对于城市空间资源来说，足够的、有消费能力的城镇居民就业产生的需求是城市空间增长的一般需求。由居民和企业投资行为所产生的城市空间的投资需求是城市空间需求的一个组成部分，但不构成城市空间需求的主体，这是由于作为投资的经济属性，是由其使用价值来体现的，偏离了使用价值的投资行为，会造成经济泡沫，对于国民经济发展造成重大影响。

2. 城市空间供给分析

1）城市空间供给的内涵

城市空间的供给意味着土地使用方式从农业用地、林业用地等用地类型向城市用地的转换，以及城市用地内部空间使用方式、开发强度的调整。城市建设范围的改变和征用其他类型的土地等，是决定城市空间供给的重要因素。

城市土地供应是城市空间供应的基础，由于不同的土地利用和使用条件，只考虑城市土地的供应，将导致相同数量的建设用地供应具有不同的容量，这为居民不同使用方式提供了空间。因此，城市空间供给应该是在城市土地供给基础上考虑容积率、建筑密度、布局方式等内容。

城市空间的供应主要包括两个方面，一是自然供给，城市土地是城市空间供给的基础，即现阶段人类可以用来建设城市的空间是城市土地上空和地下一定范围内的空间，由于土地的自然供给是客观存在的，它包含了已经利用的城市土地和未来可以利用的城市土地，在自然供给层面，城市土地的供给是有限的；二是空间的经济供给，是由于物质资源和人力投资的投入，经过建设行为，从而形成可以满足城市居民生产、生活、交通、娱乐的城市空间。影响城市空间供给的主要因素有土地资源的数量和分布，生产、生活、交通方式的变化，土地使用的密度，建筑的强度等因素。

城市空间的自然供给是基础，即可供城市空间建设使用的城市土地的增加和减少是城市空间发展的基础。同时，城市空间的经济供给，是随着人们对于空间的利用方式和利用强度而改变的。由于城市建设用地日益紧张、对实际使用空间的需求不断加大，在新的科学技术水平的支持下，人类对于建设用地之上的空间和地下空间利用能力逐步提高，开发利用的强度越来越大，城市空间的经济供给能力也逐渐增强。

2）城市空间供给的途径

随着城市人口的增加和经济的发展，对城市发展空间的需求越来越大。城市空间具有集约性特征，因此城市空间的需求和供应是在现有城市空间利用的基础上通过向城市外围扩展空间建设范围和提高开发强度来实现。

增加城市空间供给的途径主要有两种：一种方式是提高城市建设用地的自然供给，即城市空间的增量供给，是通过减少其他类型用地和空间，如耕地、林业用地来增加城市土地和城市空间的供应，特征是以外延扩大的方式增加城市空间的增量供给，如城市用地范围的扩展以及修建城市新区、新的城市功能区的方式；另一种方式是增加城市空间的经济供给，增加原有城市建设用地的集约化利用、提升建筑密度和提升建设强度，以提升现有的城市空间的使用效果，及在不扩大城市用地范围的情况下，通过内部调整的方式扩大城市空间供给，即内涵扩大方式，在城市旧城改造中，普遍运用了这种供给的方式。

3）城市空间供给的特征

城市空间的供给是掌握空间配置权力的供给主体在制度环境的约束下的行为方式选择，主体行为的价值取向、城市治理方式、经济发展模式等具体内容决定了城市空间供给的方式。基于前文的分析，城市建设用地的供给主体是地方政府，地方政府在中央政府的制度和政策的约束下，通过土地利用规划、城乡总体规划等划定可供城市建设的土地范围；同时通过城乡规划的编制，确定城市建设用地的类型、开发强度等“土地开发权”的具体内容。

根据功能不同，城市空间可以粗略划分为三种类型，产业空间、居住空间和公共空间。在三种空间类型中，地方政府的空间供给的行为特征有所不同。产业空间是作为城市生产的基本部门，基于前文的分析，由于地方政府追求经济增长、注重固定资产投资、吸引国内外产业资本在本地投资等系列行为，产业空间的使用总体上呈现出低价土地出让以及空间开发低强度、低效率的特征。居住空间的供给，由于可用于房地产开发面积的增加会带来更高的土地出让收益，因此，居住空间的供给往往是较高的开发强度[①]。城市公共空间为居民提供生活服务设施，具有公益性和公共物品的属性，直接影响城市居民的居住、休闲、出行体验，决定了城市公共服务水平。在当前的城市空间供给模式下，城市公共空间主要是以政府的投入为主，城市公共空间的供给能力与地区的经济发展水平有较大关系，同时政府的执政理念也影响着城市公共空间的供给。

3. 城市空间供需均衡理论

“均衡”最初是用来描述物理状态的概念，指一个系统处于这样的状态：对立的诸多力量对这个系统发生作用，它们正好相互抵消，作用的结果等于零。经济学借用了这一概念，其中，狭义的“均衡”是指一个局部市场的均衡，即某一市场上供给和需求相一致。广义的“均衡”是指构成某一经济系统的相互作用的变量，它们的值经过调整，使该系统不再存在继续变动的趋势，经济处于稳定状态（黄绿筠，2005）。

从城市空间发展的角度来看，空间供求均衡是指城市发展的合理需求能够得到有效的保障的一种发展状态。在我国当前城市空间增长现实中，出现了城市空间增长不均衡现象。一方面，一些城市地方政府、企业对经济利益的追求使得城市住宅空间、产业空间进行了大量投资，产生了空置、低效利用的居住空间、办公空间、商业空间和产业发展空间；另一方面，一些城市由于产业发展速度较快、城市空间用地需求旺盛，存在城市建设用地不足和城市空间供给不足的现象。

从经济运行角度观察这一问题，基于中国的制度环境和主体行为特征共同作用下，城市建设土地的供求趋利和约束失控是造成这一问题的根源。廉价的征地成本和高价的土地出让收益形成的巨大价差是城镇外延扩张式发展的根本动力。然而对于土地的有效需求者，过高的地价、基础设施和服务设施的不足，使有实际空间使用需求的城市居民消费者和谨慎的投资者望而却步，最终导致“围而不建，开而不发”的局面。尤其是在我国行政等级较低的中小城市和小城镇的发展中最为明显，重外延、疏内涵的现象在全国范围内普遍存在。因此，有学者提出，从总体上来讲中国的现状则是有效需求不足，因此出现供大于求的说法。

城市空间的供需矛盾最终不能单纯地通过扩大供给来解决，更多地应从控制需求上入手，其关键是改变城市增长理念、合理控制投资需求和理性控制城市空间增长；同时，由于城市空间配置受城市经济增长方式的影响，从更大范围来讲，应该调整经济增长方式、改革政府治理体制等。

6.1.2 城市空间增长效应的相关研究

1. 城市空间增长效应的讨论

城市发展为人类科技、文化的发展提供了场所和平台，带来了科学文化的繁荣发展，加速了人类文明的进程。城市空间增长产生了一系列的社会、经济和生态环境效应。一般把有关城市空间增

① 在居住空间的供给中，由于较低的建设密度能够带来好的居住品质和居住体验，同时意味着更高的房地产价格，在一些城市空间的供给中，也存在一些面积较广、容积率较低的开发模式，以别墅的开发模式作为代表。但是由于国家层面对于别墅等低密度的开发模式采取严格控制的态度，因此这种现象是城市居住空间供给的个别现象，不是当前居住空间供给的主流。

长过程中的空间增长效应归纳为两方意见，一方面以批评城市空间增长中出现的交通、污染等“城市病”为主，从批评者的观点看来，目前城市空间增长过快，带来了诸如破坏生物多样性，耕地、绿地、水面减少，交通拥挤，污染加重，生态环境恶化等为特征的“大城市病”。另一方面认为城市增长是社会经济发展的必然结果，一些负面效应的出现是发展中的代价，可以通过城市的发展、升级来解决（廖从健，2013）（表6.1）。总体概括起来，大部分学者认为城市化是“双刃剑”，城市空间增长既有正面效应，也有负面效应。

城市空间增长效应的争论　表6.1

争论焦点		批评的观点	支持的观点
社会效应	耕地和粮食安全	扩展消耗了有限的耕地资源，威胁着粮食安全	消耗一定的耕地是城市扩展的必然代价，但城市化发展有利于土地利用的集约化
	交通问题	城市扩展引起了交通拥堵	交通拥堵随着科技发展和规划管理水平提高是可以解决的
	城市化	城市化加剧了城市和农村发展的不平衡	城市化带来科技文化的繁荣，同时也推动农村的发展，加速社会整体前进的步伐
生态环境效应	人居环境	城市扩展造成了土地景观破碎	城市扩展拓宽了居民生活和工作的空间，改善了通风透光条件
	生物多样性	城市扩展破坏了生物多样性，导致物种灭绝	城市只占地球空间极小的一部分，生物仍有相当大的生存空间
	环境污染	城市扩展带来了环境污染	环境污染并不是城市扩展的必然结果，是可以解决的
	热岛效应	城市扩展使绿地和水体减少	现在的城市规划留有很多的绿地和水体
经济效应		城市扩展规模效应不显著	城市规模扩大有利于形成规模效应、集聚效应

资料来源：廖从健. 中国东中西部城市扩展遥感监测、驱动因素及效应比较研究[D]. 杭州：浙江大学，2013：25.

城市空间增长效应评价的意义主要表现在以下几个方面：第一，城市空间效应评价可以帮助城市管理者了解城市空间形态效应与理想状态的差距，以及产生差距的原因；第二，城市空间增长效应评价有助于人们了解城市空间利用效率，明确理性控制城市空间外延式增长的必要性，认识城市空间资源优化配置和合理利用的地位和作用；第三，城市空间配置评价能够为政府制定有关城市空间合理、集约利用，以及制定相关的政策法规提供科学的依据。

2. 城市空间增长效应评价的主要内容

当前城市空间增长效应的评价，大多是基于城市土地利用变化和城市土地的供给与需求的分析基础上进行的（濮励杰、黄贤金、周寅康等，2008；王川，2011）。城市土地是城市空间的基础，同样，城市土地使用变化和土地配置效应是城市空间增长和城市空间增长效应的基础。

已有研究，对城市用地扩展效应、城市土地利用效率的研究较为广泛。城市用地扩展效应的研究着眼于城市土地利用变化、用地模拟预测等内容，主要利用GIS、遥感技术对城市空间形态归纳与定量测度（闫梅、黄金川，2013；孙平军、修春亮，2014），并通过元胞自动机（CA）模型、多智能体（MAS）模型等技术对城市用地扩展进行模拟（XiaoJ Y，et al.，2006；Geogr B，2010）；已有对城市空间扩展效应的研究，探讨了城市扩展对经济、生态环境的影响。

城市空间经济效应中，张晓青（2012）运用城市经济学原理、计量经济学模型和地理信息系统技术，以全国地级及以上城市、三大城市群和济南、青岛两个典型城市为例，从宏观和微观视角分别探讨了城市空间扩展所产生的经济效应。吴一洲（2013）从经济、空间、治理和制度的角度，分析了城市空间演化中资源配置绩效的三个方面：规模经济绩效、内外部结构绩效、城市空间规划的调控绩效，并分析了治理结构和制度环境对城市空间演化绩效的影响效应。

在城市土地资源利用效率研究中，尹奇、罗育新、宴志谦（2007）利用“需求—供给—价格”这一基本的经济学原理，从效率的角度分别对完全竞争市场下和市场失灵的情况下，在城市土地资源配置中实施规划调控的必要性进行论证。胡玉敏、杜纲（2011）采取变量为人均GDP、人均FDI、人均固定资产投资规模这三个变量来解释中国城市增长的过程，利用空间计量经济学方法进行模型的估计。王良健、李辉、石川（2015）基于C-D函数剔除城市经济非期望产出构建随机生产函数模型，以地均投入产出技术效率表征城市土地利用效率，采用2003~2012年282个地级以上市面板数据测算了中国城市土地利用效率。赵亚莉、刘友兆、龙开胜（2014）指出，在关于城市扩展的评价中，较少关注城市建设强度和建设量相关问题。

同时，一些研究针对制度供给提出有关城市土地供给制度绩效评价论述。瞿忠琼、濮励杰（2006）建立了城市土地供给制度绩效评价的指标体系，进行了南京市城市土地制度供给的合理性分析。陈苏锦（2012）补充了城市土地供给制度绩效评价的指标，并提出了完善土地供给制度绩效评价的建议。

综合以上关于城市空间扩展效应的研究，已有研究对于城市空间扩展效应的各个方面，如经济效应、环境效应、空间预测和模拟等方面都有了较丰富的研究成果。本书对于城市空间的配置研究中，借鉴以上研究成果提出城市空间增长效应这一概念，并提出空间增长配置效应的评价方法。

6.2 城市空间增长效应评价方法

6.2.1 城市空间增长效应评价的目标及原则

本书研究的城市空间增长效应是指在配置城市空间中，需要同时满足各种企业生产、居民生活、公共行政的使用功能，这种城市空间的配置和划分产生的一种综合效应即空间增长效应。

空间增长效应可以细分为以下三种效应：结构配置效应、经济配置效应、公平配置效应。结构配置效应是指不同部门所分配到的空间结构是否合理，其量化结果即为结构配置效应，结构配置效应可以分解为增长速率的合理性和空间构成的合理性；经济配置效应反映了配置后的城市空间能够在使用过程中能否有效提高城市经济增长，其量化结果即为经济配置效应，表现为由城市空间配置的直接经济效应[①]；公平配置效应反映了配置后的城市空间能否保证个体公平使用城市的功能，其量化结果即为公平配置效应，公平效应分解为社会公平效应和用地公平效应（图6.4）。

---

① 经济效应表现为由于城市空间增长效应产生的直接经济效应和由空间配置而产生的间接效应，由于影响间接经济效应的因素较多，机制复杂，因此本次评价只选取了直接经济效应。

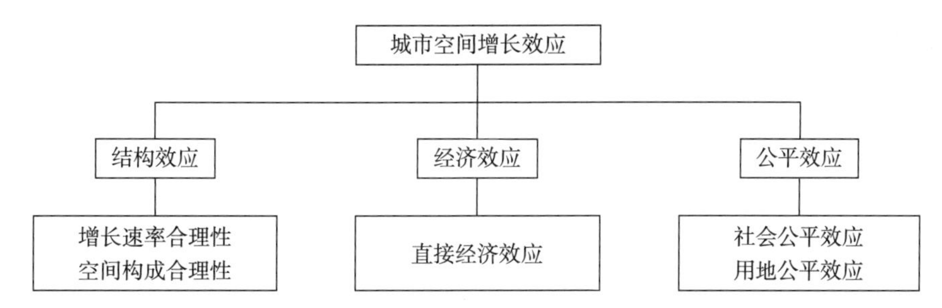

图6.4　城市空间增长效应的各级指标系统构成

本书提出的评价城市空间增长效应的设计思路如下：首先筛选这三种配置效应的重要指标[①]，拟采用某种数据处理方法确定各指标的权重[②]，再利用综合评价函数获取各指标得分，并乘以各自权重求得总评成绩。这种方法设计的宗旨是能够量化评定城市空间增长效应，用具体数值反映各指标情况，为城市空间的有效配置提供科学依据。

评价城市空间增长效应时要遵从以下几个原则：第一，选择的指标要能够客观反映城市空间增长的三种效应，避免采用一些相关性较弱的指标。第二，获得的数据直接从国家或省市统计部门的统计年鉴中获取，数据准确可靠、容易获取，且统计比较完整。第三，选取的指标数量适中，各项评价指标均可量化，且选取的统计口径一致。

6.2.2　城市空间增长效应评价指标体系的建立

本书采用目标法来选取评价指标[③]（赵鹏军、彭建，2001；瞿忠琼、濮励杰，2006），根据各个配置效应的特点，筛选反映该效应的重要目标，然后再根据每个目标的特性，筛选能够反映其特性的评价指标。

1. 结构配置效应指标的建立

城市空间结构配置效应能够发挥城市职能，使城市有效运行，也反映了城市总体布局的优劣。结构配置效应主要体现在以下两个方面：一方面，城市发展过程中城市土地、人口增长、建设工程量的增长速率；另一方面，反映城市建设用地工业、农业、住宅用地的比例变化。

城市空间增长效应具体可分为以下两个指标：空间增长速率合理性、配置构成合理性。空间增长速率合理性的指标有：城市建设用地规模增长弹性系数代表城市空间增长速率；城市建设用地人口密度代表城市空间增长与人口的关系。

其中，各个指标的具体构成如下：

城市用地规模弹性系数=城市用地增长率/城市人口增长率；

---

① 选取指标应直接客观地反映城市空间增长的合理性、经济性、公平性，对于一些间接性指标，如城市规模、吸引外资率、万人公交车辆拥有量等，虽和城市空间增长三大效应有一定联系，但相关性较小，不参与评价。

② 权重是一个相对的概念，针对某一指标而言。某一指标的权重是指该指标在整体评价中的相对重要程度。

③ 一般评价指标的选取有部门法、问题法、因果法、复合法、范围法、目标法几种常见方法。参见：赵鹏军，彭建．城市土地高效集约利用及其评价指标体系[J]．资源科学，2001（23）：23-27.

城市建设用地人口密度=一定时期城市建设用地上居住人口数/用地面积，单位为人/平方公里；

住宅用地比例=居住用地面积/城市建设用地面积；

工业用地比例=工业用地面积/城市建设用地面积；

公共服务设施用地比例=公共服务设施用地（包括商业金融业用地）/城市建设用地面积。

2．经济配置效应指标的建立

经济配置效应体现了空间增长和经济增长之间的联系，可作为判别空间配置经济性的重要依据，能够反映地方政府发展经济的策略是否合理。

经济配置效应主要反映为空间配置的直接收益，指标包括土地出让金占财政收入比重、土地使用税占财政收入比重、地均工业用地产值增长率、地均GDP增长率、房地产经营税占财政收入比重。地方政府通过出让土地增加财政收入，土地出让后引起城市空间增长，因此可将土地出让金占财政收入的比重作为城市空间增长直接收益的指标。土地使用税作为土地使用的长期性收入，因此也可以作为空间增长直接收益指标。地均工业用地产值和地均GDP很显然是最能反映单位城市空间带来的经济效应，但是为了能更好反映出其变化，引入了地均工业用地产值增长率和地均GDP增长率作为直接收益的一个指标。同时，房地产作为引起城市空间增长的行业，其经营税也是直接收益的一个指标。

其中，各个指标的具体构成如下：

土地出让金占财政收入定义为城市土地出让金收入与城市财政收入的比例；土地使用税占财政收入比例定义为城市使用税收入与城市财政收入的比例；地均工业用地产值增长率定义为当年地均工业用地产值与去年地均工业用地产值的比例；地均GDP增长率定义为当年城市地均GDP与去年城市地均GDP的比例；房地产经营税金占财政收入比例定义为城市房地产企业经营税金与城市财政收入的比例。

3．公平配置效应指标的建立

反映了配置后的城市空间能否保证个体公平使用城市的功能，例如公共绿地、公共道路设施是否被公平使用，居民是否能公平购买住房、医疗、教育等，公平配置效应反映了地方政府是否合理配置了城市空间。

公平配置效应包含两个目标：社会公平、用地公平。社会公平包含三个评价指标：住宅均价增长率、房价与人均可支配收入的比例、城镇恩格尔系数。房价与人均可支配收入比[①]、住宅均价平均增长率受政府住房政策、住宅产业政策和土地使用政策的影响和调控，均能够直接或间接地反映出城市空间增长对城市居民造成的影响。恩格尔系数[②]作为衡量居民生活水平高低的一项重要指标，能够直接反映社会公平。

---

① 房价与人均可支配收入比例，简称房价收入比，是指住房价格与城市居民家庭年收入之比。按照国际惯例，目前比较通行的说法认为，房价收入比在3～6倍之间为合理区间。

② 恩格尔系数（Engel's Coefficient）指居民家庭中食物支出占消费总支出的比重。19世纪德国统计学家恩格尔根据统计资料，对消费结构的变化得出一个规律：一个家庭收入越少，家庭收入中（或总支出中）用来购买食物的支出所占的比例就越大，随着家庭收入的增加，家庭收入中（或总支出中）用来购买食物的支出比例则会下降。

选取人均公共绿地面积、人均公共服务设施面积、城镇人均道路面积、人均房屋建设面积作为用地公平的指标。城市空间在增长过程中，不能片面追求高收益的城市土地开发，还必须要有足够的交通道路用地、市政公共设施用地、绿地等用地，因此以上代表性指标作为用地公平的指标①。

房价与人均可支配收入比率等于城市住宅销售单价与城市居民人均可支配收入之比。

城镇恩格尔系数为全市范围内城镇恩格尔系数。

住宅均价增长率=当年住宅销售均价/去年住宅销售均价；

人均公共绿地面积=城市公共绿地面积/城市非农业人口，单位为平方米；

人均公共服务设施面积=城市公共服务设施/城市非农业人口，单位为平方米；

人均道路面积=城市道路面积/城市非农业人口，单位为平方米；

人均房屋建筑面积=城市住宅建筑面积/城市居住人口，单位为平方米。

4. 城市空间增长效应评价体系

城市空间增长效应评价的指标体系如表6.2所示。

城市空间增长效应评价的指标体系　　表6.2

效应类型	目标层	指标层
结构配置效应（A1）	空间增长速率的合理性（B1）	城市用地规模增长弹性系数（C1）
		城市建设用地人口密度（C2）
	空间配置构成的合理性（B2）	住宅用地比例（C3）
		工业用地比例（C4）
		公共服务设施用地比例（C5）
经济配置效应（A2）	直接收益（B3）	土地出让金占财政收入比重（C6）
		土地使用税占财政收入的比重（C7）
		城市地均工业用地工业产值增长率（C8）
		地均 GDP 增长率（C9）
		房地产企业经营税金占财政收入比重（C10）
公平配置效应（A3）	社会公平（B4）	房价与人均可支配收入的比率（C11）
		恩格尔系数（C12）
		住宅均价增长率（C13）
	用地公平（B5）	人居公共绿地面积（C14）
		人均公共服务设施面积（C15）
		城镇人均道路面积（C16）
		公共设施建设总量与社会建设总量的比例（C17）

① 参考《城市规划原理》（吴志强、李德华，2010）中的相关内容。

6.2.3 城市空间增长效应评价方案设计

1．评价方法设计方案

1）评价方法设计方案

评价方法的设计须满足两个条件：一是能够综合考虑各项评价指标，二是能够给出量化的评估结果，以便于找到原因和确定解决方案。本节评价方案首先拟定各个评价指标的评价函数，其次采用层次分析法得出各个指标、目标、效应的权重系数，结合每个指标的权重系数，最终得出空间城市增长的总评价结果值。

2）各个指标的评价模型

评价体系中大部分指标代表不同的物理意义，故在量纲方面，各不相同，很难统一。例如住宅、办公楼、商业用地比例的量纲为%（百分比），人均居住面积、人均公共绿地面积、人均交通面积的量纲为平方米等。这种异量纲性是影响土地绩效整体评价的主要因素，需要对每个指标的实际值进行无量纲化处理①。

每一个评价指标都赋予一个标准值，即是该指标的最优值。每一个评价指标对应一个标准值，若实际值距离标准值越近，则该指标评价结果越大，相反评价结果越小。评价方法的无量纲处理即是将指标值除以标准值，得出的结果作为指标的评价值。

假设x_i为某一指标的实际值，x_{is}为标准值，$f(x_i)$为该指标的评价值。通过分析评价体系可知$x_{is}>0$，评价体系中要求$f(x_i)\in[0,1]$。$x_i>0$属于大概率事件，但为了避免某些增长率指标为负导致评价值$f(x_i)$为负，进而拉低配置效应的总评价结果，各指标评价的数学模型设计为：

$$f(x_i)=\begin{cases}0\ ,\ x_i<0\\ \dfrac{x_i}{x_{is}}\ ,\ x_i\leqslant x_{is}\\ \dfrac{x_{is}}{x_i}\ ,\ x_i>x_{is}\end{cases}\tag{6.1}$$

2．基于层次分析法的权重确定

表6.2显示的评价体系的构成，效应层数为3，目标个数为5，指标个数为17，针对评价体系展开式结构，本书选用层次分析法来确定各个效应、各个目标和各个指标的权重值。

1）确定效应层权重值

假设A_1、A_2、A_3分别为结构配置效应、经济配置效应、公平配置效应，各个效应组成的对比矩阵为Q_A：

$$Q_A=\begin{bmatrix}a_{11}&a_{12}&a_{13}\\a_{21}&a_{22}&a_{23}\\a_{31}&a_{32}&a_{33}\end{bmatrix}$$

---

① 参考：郭亚军，易平涛．线性无量纲化方法的性质分析[J]．统计研究，2008，25（2）：93-100.

假设A_i和A_j的重要性比值为a_{ij}，$a_{ij}=1/a_{ji}$，$a_{ij}\in[1, 3, 5, 7, 9]$，比值的选定依据表6.3：

相对重要比重取值表[①]　　表6.3

标度	含义
1	第 i 效应与第 j 效应同样重要
3	第 i 效应比第 j 效应稍微重要
5	第 i 效应比第 j 效应明显重要
7	第 i 效应比第 j 效应强烈重要
9	第 i 效应比第 j 效应极其重要
2, 4, 6, 8	表示介于两个相邻等级之间

采用和法求解A_1、A_2、A_3的权重，具体步骤如下：

a）将Q_A的每一列向量归一化得$\widetilde{w_{ij}}=a_{ij}/\sum_{i=1}^{n}a_{ij}$；

b）对w_{ij}按行求和的$w_i=\sum_{j=1}^{n}w_{ij}$；

c）归一化$w=(\tilde{w}_1, \tilde{w}_2, \tilde{w}_3)^T$，得出权重向量为$w=(w_1, w_2, w_3)^T$；

d）计算最大特征值$\lambda=\frac{1}{n}\sum_{i=1}^{n}\frac{(Q_A w)_i}{w_i}$，一致性指标$CI=\frac{\lambda-n}{n-1}$，得到一致性比率$CR=\frac{CI}{RI}$，$RI$取值如表6.4。

RI取值标准　　表6.4

n	1	2	3	4	5	6	7	8	9	10	11
RI	0	0	0.58	0.90	1.12	1.24	1.32	1.41	1.45	1.49	1.51

在计算过程中如果不满足$CR<0.1$，说明Q_A的设定不合理，需要对效应层之间的重要性比值重新设定，直到计算出的结果满足$CR<0.1$，可认为不一致程度引起的误差较小，根据计算求得的特征向量确定各个效应的权重值。假设计算出的权重值为$w_A=[w_{A1}, w_{A2}, w_{A3}]$。

2）确定目标层权重值

假设B_1、B_2为空间增长速率的合理性和空间配置构成的合理性，假设B_3为直接收益，B_4、B_5为社会公平和用地公平。由于目标层是由效应层进一步分解出来的，隶属于不同效应的目标没有关联性，因此需要针对同一效应展开的目标进行比较，确定其权重值。评价体系有3个效应，因此需创建3组对比矩阵：

$$Q_B=\left\{\begin{bmatrix}b_{11} & b_{12}\\ b_{21} & b_{22}\end{bmatrix}, [b_{33}], \begin{bmatrix}b_{44} & b_{45}\\ b_{54} & b_{55}\end{bmatrix}\right\}$$

① 在确定相对重要比值时一般在[1, 3, 5, 7, 9]中选择即可，如果需要细分重要比值，或者任务重要比值在两个相邻比值中间不确定时，可以选择介于以上比值中间的[2, 4, 6, 8]。

假设b_{ij}为目标层B_i和B_j的重要性比值，$b_{ij}=1/b_{ji}$，$b_{ij}\in[1, 3, 5, 7, 9]$，比值的选定依据表6.2。权重向量值的计算和判定与上一小节的方法相同，假设目标层的权重值为$w_B=[w_{B1}, w_{B2}, w_{B3}, w_{B4}, w_{B5}]$。

3）指标层权重的确定

假设C_1，C_2，C_3，…，C_{17}为各个指标，其排列顺序按照表6.2。由于指标层是由目标层进一步分解出来的，隶属于不同目标的指标没有关联性，需要针对同一目标展开的指标进行比较，确定其权重值。因此，需创建5组对比矩阵，如下所示：

$$Q_C=\left\{\begin{array}{l}\begin{bmatrix}c_{11} & c_{12}\\ c_{21} & c_{22}\end{bmatrix},\begin{bmatrix}c_{33} & c_{34} & c_{35}\\ c_{43} & c_{44} & c_{45}\\ c_{53} & c_{54} & c_{55}\end{bmatrix},\begin{bmatrix}c_{66} & c_{67} & c_{68} & c_{69} & c_{610}\\ c_{76} & c_{77} & c_{78} & c_{79} & c_{810}\\ c_{86} & c_{87} & c_{88} & c_{89} & c_{810}\\ c_{96} & c_{97} & c_{98} & c_{99} & c_{910}\\ c_{106} & c_{107} & c_{108} & c_{109} & c_{1010}\end{bmatrix},\\ \begin{bmatrix}c_{1111} & c_{1112} & c_{1113}\\ c_{1211} & c_{1212} & c_{1213}\\ c_{1311} & c_{1312} & c_{1313}\end{bmatrix},\begin{bmatrix}c_{1414} & c_{1415} & c_{1416} & c_{1417}\\ c_{1514} & c_{1515} & c_{1516} & c_{1517}\\ c_{1614} & c_{1615} & c_{1616} & c_{1617}\\ c_{1714} & c_{1715} & c_{1716} & c_{1717}\end{bmatrix}\end{array}\right\}$$

假设c_{ij}为目标层C_i和C_j的重要性比值，$c_{ij}=1/c_{ji}$，$c_{ij}\in[1, 3, 5, 7, 9]$，比值的选定依据表6.2。权重向量值的计算和判定与上一小节的方法相同，假设指标层的权重值为$w_C=[w_{C1}, w_{C2}, \cdots, w_{C16}, w_{C17}]$。

3．城市空间增长效应评价函数

上一节采用层次分析法，求出了每个效应、每个目标和每个指标的权重值，同时结合上述已获取每个指标的评价值，再通过线性加权合成法将二者组合在一起，求得经济配置效应、公平配置效应和结构配置效应的得分，最终可求出城市空间增长的总评成绩。

各配置效应A_i的评价数学模型设计为：

$$S_{A_i}=100\times\sum_{i=1}^{n}w_{C_i}w_{B_j}f(x_i) \tag{6.2}$$

式中，w_{C_i}为指标C_i的权重，C_i为A_i分解出的指标；w_{B_j}为B_j的权重值，B_j为C_i对应的目标；x_i为评价系统中第i个指标对应的数值；$f(x_i)$为x_i的评价值。

6.3 重庆市城市空间增长效应评价

6.3.1 指标获取与标准值确定

1．指标的获取

为保证统计口径的一致性，重庆市的各项指标全部通过查阅重庆市统计局提供的《重庆统计年鉴》。目前城市用地规模增长弹性系数没有国家标准和相关论文可以参考，拟采用历年城市建设用地已增长和非农业人口已增长的比例作为该指标的参考值。城市建设用地人口密度通过查阅城市建设用地规模（建成区）和城市非农业人口，二者之比即为城市建设用地人口密度。住宅用地比例、工业用地比例、公共服务设施用地比例通过查阅重庆市城市建设用地相关指标，进行相应换算即可得到。

土地出让金比重通过查阅历年国有土地使用权出让收入和历年财政收入，二者之比即为土地出让金比重。房地产经营税金占财政收入比重通过查阅历年房地产行业国税和地税，将税收总和与财政收入的比例作为该指标的数值。工业用地地均产值增长率的计算方法如下：先通过查阅历年城市工业用地面积和工业产值计算出历年工业用地地均产值，再计算出工业用地地均产值增长率。

房价与人均可支配收入的比率通过查询固定资产投资领域商品房（住宅）销售面积与商品房销售额求得住宅类商品房均价，通过查询历年人均住房建筑面积和人均可支配收入，求得房价与人均可支配收入的比率。恩格尔系数选取的是历年重庆市城镇恩格尔系数。住宅均价增长率通过查阅历年商品房（住宅）销售面积与商品房销售额求得住宅类商品房均价，从而进一步求得住宅均价增长率。人均道路面积、人均公共服务设施面积、人均公共绿地面积通过查阅城镇建设可以直接获取，人均住宅面积通过查阅重庆市城镇建设可直接获取。

2．标准值的确定

结构配置效应相关指标标准值的确定：城市用地规模增长弹性系数的标准值以国际标准1.12为准[①]（叶剑平，2012）。城市建设用地人口密度的标准值为10526.32人/平方公里，依据国家标准《城市用地分类与规划建设用地标准》GB 50137—2011人口密度的标准值95平方米/人。住宅用地占地比例和工业用地占地比例以国外同类城市中工业用地占地比例标准来确定。由于发达国家的产业结构变化近年来不是很明显，新词该指标的标准值以发达国家目前大城市中住宅用地和工业用地的占比为准，分别为10%和32%[②]（濮励杰、黄贤金、周寅康，2008）。公共服务设施用地比例根据国家标准《城市公共设施规划规范》GB 50442—2008，由于重庆市属于第三类大城市，又因公共服务设施比例是城市公共服务水平的重要因素，因此取公共服务设施用地比例范围的最大值17.5%作为标准值。

经济配置效应相关指标标准值的选取：土地出让金占财政收入比重、土地使用税占财政收入比重、房产经营税金占财政收入比重和标准值以广州市同类比重为标准，分别为24%、10%和25%[③]（李红卫，2002）。地均GDP增长率标准值以全国15个副省级城市的地均GDP平均值为标准，经计算为13.38%[④]（濮励杰、黄贤金、周寅康，2008）。

公平配置效应相关指标标准值的选取：房价与人均可支配收入比率，根据世界银行组织将房价收入比确定为4～6，因此本书将房价与人均可支配收入比率的标准值定位6。恩格尔系数，恩格尔定律认为恩格尔系数在40%～50%的称为小康型，40%以下的称为富裕型，因此本书将恩格系数设定为40%。住宅均价增长率根据我国通货膨胀系数和消费指数情况，本书将住宅均价增长率设定

---

① 叶剑平在《中国城乡结合部地区土地利用困境：路径抉择与机制设计》提到，目前我国城市用地规模增长弹性系数为1.3～2.3，远高于世界公认的合理限度1.12。参考：叶剑平. 中国城乡结合部地区土地利用困境：路径抉择与机制设计[M]. 北京：中国经济出版社，2012.

② 住宅用地占地比例和工业用地占地比例参考濮励杰等关于南京的土地供应制度绩效的研究，参见：濮励杰，黄贤金，周寅康. 城市土地供应与房地产市场运行研究[M]. 北京：科学出版社，2008：27–28.

③ 参见：李红卫. 广州市政府城市土地经营状况的分析与思考[J]. 城市规划学刊，2002（3）：37–40.

④ 参考：濮励杰，黄贤金，周寅康，等. 城市土地供应与房地产市场运行研究[M]. 北京：科学出版社，2008：28.

为7%。人均公共绿地国家标准《城市用地分类与规划建设用地标准》GB 50137—2011规定该指标大于等于10平方米，本书选取2004～2013年重庆市人均公共绿地面积的最大值17.41平方米作为标准。人均公共设施面积，根据国家标准《城市公共设施规划规范》GB 50442—2008关于公用用地标准规定，选取大城市第三类标准，取最大值13.2平方米作为人均公共设施面积的标准值。人均道路面积以国外同类城市人均交通面积标准确定，人均道路面积标准值确定为15平方米/人[①]。人均住宅面积，根据国家标准《城市用地分类与规划建设用地标准》GB 50137—2011，重庆市为第三类气候城市，因此选取第三类气候城市人均住宅面积的最大值36平方米作为标准值。

6.3.2 评价结果及结果分析

1．评定体系的权重值

采用6.2.3节层次分析法得出效应层、目标层、指标层的权重数值，如表6.5：

指标体系权重数值　　表6.5

<table>
<tr><th>效应层</th><th>目标层</th><th>权重</th><th>指标层</th><th>权重</th></tr>
<tr><td rowspan="5">结构配置效应（A1）</td><td rowspan="2">空间增长速率的合理性（B1）</td><td rowspan="2">0.4045</td><td>城市用地规模增长弹性系数（C1）</td><td>0.3750</td></tr>
<tr><td>城市建设用地人口密度（C2）</td><td>0.6250</td></tr>
<tr><td rowspan="3">空间配置构成的合理性（B2）</td><td rowspan="3">0.5955</td><td>住宅用地比例（C3）</td><td>0.3537</td></tr>
<tr><td>工业用地比例（C4）</td><td>0.2768</td></tr>
<tr><td>公共服务设施用地比例（C5）</td><td>0.3695</td></tr>
<tr><td rowspan="5">经济配置效应（A2）</td><td rowspan="5">直接收益（B3）</td><td rowspan="5">1.0000</td><td>土地出让金占财政收入比重（C6）</td><td>0.1245</td></tr>
<tr><td>土地使用税占财政收入的比重（C7）</td><td>0.2552</td></tr>
<tr><td>城市地均工业用地工业产值增长率（C8）</td><td>0. 2362</td></tr>
<tr><td>地均 GDP 增长率（C9）</td><td>0.2680</td></tr>
<tr><td>房地产企业经营税金占财政收入比重（C10）</td><td>0.1245</td></tr>
<tr><td rowspan="7">公平配置效应（A3）</td><td rowspan="3">社会公平（B4）</td><td rowspan="3">0.4288</td><td>房价与人均可支配收入的比率（C11）</td><td>0.5374</td></tr>
<tr><td>恩格尔系数（C12）</td><td>0.1836</td></tr>
<tr><td>住宅均价增长率（C13）</td><td>0.2790</td></tr>
<tr><td rowspan="4">用地公平（B5）</td><td rowspan="4">0.5712</td><td>人均公共绿地面积（C14）</td><td>0.1998</td></tr>
<tr><td>人均公共服务设施面积（C15）</td><td>0.3448</td></tr>
<tr><td>城镇人均道路面积（C16）</td><td>0.1998</td></tr>
<tr><td>公共设施建设总量与社会建设总量的比例（C17）</td><td>0.2556</td></tr>
</table>

① 周寅康等在《城市土地市场：发展与预警》中谈到，通过对比国外同类城市人均交通面积标准，确定城市人均道路面积标准值为15平方米/人。参考：周寅康等. 城市土地市场：发展与预警[M]. 北京：科学出版社，2008.

2．三个效应的评价结果

重庆市2004～2013年城市用地结构配置效应评价得分折线图如图6.5，图中显示2004～2007年结构配置效应得分总体不断下降，2007年达到最低值约为69，2008～2011年结构配置效应得分小幅波动，2012～2013年结构配置效应得分上升幅度、上升速度都较大，并在2013年达到最大值，分值约为89.9。

从图6.5中可以看出公共服务设施用地比例相对于结构配置效应层的权重最高，因此公共服务设施用地比例对城市空间增长结构配置合理性影响较大。从重庆市2004～2013年公共服务设施用地比例及得分[①]可以看出，公共服务用地比例自2004年开始下降，中期有小幅波动，并在2011年达到最低值10.52%，2012、2013年上升较快，2013年该指标稳定在14.75%，该指标的评价得分变化趋势与结构配置效应得分变化趋势相近。

2004～2013年经济配置效应评价得分如图6.6所示，图线的总体走势说明经济效应得分先迅速上升，中期迅速下降，后期在小幅波动中下降的一种趋势。自2004年至2006年，经济效应得分上升较快，并在2006年达到最大值73.87；自2008年骤降至62.21，并继续下降至较低点58.22；自2009年

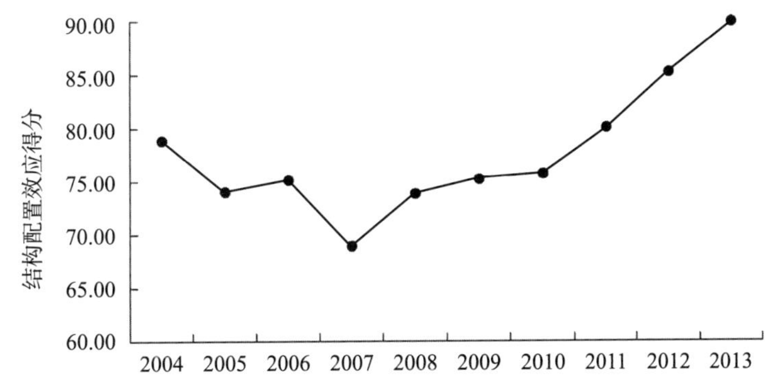

图6.5　重庆市2004～2013年结构配置效应得分图

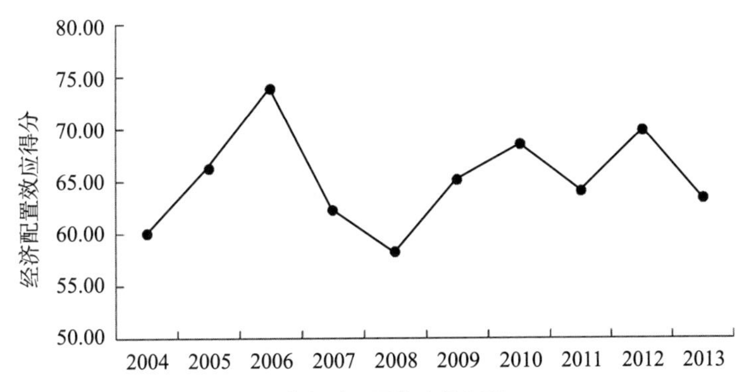

图6.6　重庆市2004～2013年经济配置效应得分图

① 2012年国家建委对用地面积分类作了调整，将原标准“公共设施用地”分为“公共管理与公共服务设施用地”和“商业服务业设施用地”，为保证名称一致性，本书均采用统一名称，且2012年及2013年的数值为当年“公共管理与公共服务设施用地”和“商业服务业设施用地”之和。

至2013年，出现小幅波动，但总体向下，在2013年经济配置效应得分达到最低值63.34。

从图6.6中可以看出人均GDP增长率相对经济效应层的权重最高，因此该指标对经济效应层的评价情况影响较大。重庆市2004～2013年人均GDP增长率及其评价得分如图，可以看出该指标得分随年份的变化情况与经济效应层得分变化情况相近。

从经济配置效应出现显著波动的分析结果，说明城市空间经济配置效应受到经济环境和经济政策的影响较为显著。国家以及重庆市的房地产调控政策和外部经济环境的变化，对于城市土地出让和工业产值造成的影响，直接反映在城市空间的经济配置效应变化过程中；经济配置效应指标的显著波动，反映出重庆市经济发展受到土地出让收入和基础设施投资拉动的影响依然较大。

公平配置效应评价得分情况如图6.7，图中显示2004～2011年重庆市公平配置效应得分总体不断上升，在2011年达到最大值87.51。从2012年开始，重庆市公平配置效应得分有小幅下降，2013年的得分为84.30。

从图6.7中可以看出人均公共服务设施面积相对公平配置效应层的权重为最高，因此该指标对公平配置效应层的评价情况影响较大。重庆市2004～2013年人均公共服务设施面积及其评价得分如图，可以看出该指标得分随年份的变化情况与经济效应层得分变化情况相近。

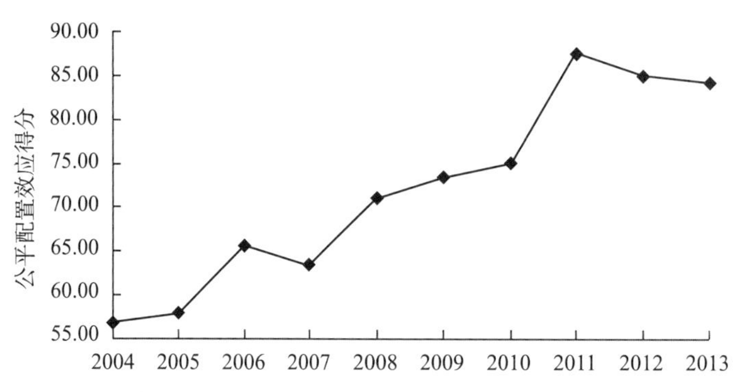

图6.7　重庆市2004～2013年公平配置效应得分图

3．基于效应评价结果的建议

针对重庆市城市空间增长效应评价结果，提出以下建议：

1）进一步优化城市建设用地配置，重视公共服务设施建设

从表6.5中可以看出公共服务设施用地比例权重最高，但是平均分值并不高，因此不仅要保持当前的比例水平，而且在长期范围内还将该比例提升至标准值17.5%。另外，从表6.5中反映出人均住宅面积增长率的权重较为重要，但是平均得分不高，反映出该指标的稳定性较差，因此下一步要保持合理的人均住宅面积增长速度，避免增长过快或过慢。

2）深化企业体制改革，优化工业产值增长模式

在经济配置效应中作用较为重要的指标城市地均工业用地工业产值增长率、地均GDP增长率总体得分不高，说明在以后的经济配置工作中，还需进一步提高人均GDP，提高人均工业总产值，同时保证地均工业用地产值能够稳定增长，即在投资拉动经济增长之外，继续提升经济持续增长的能力。

3）推进惠民工程建设，尤其提高公共绿地建设和城镇道路建设

从人均公共服务设施面积、人均公共绿地面积、人均道路面积等指标的变化趋势来看，在涉及城市空间增长公平效应方面，还需进一步控制公共设施建设，避免增长过快；保持当前的公共绿地面积建设，保证人均绿地面积在标准值附近，最后需进一步提高人均道路面积。

6.4 本章小结

在城市空间供给与需求概念和特征分析的基础上，强调城市空间增长是城市用地扩展和开发强度共同作用的结果，提出城市空间增长配置效应评价方法。在城市土地利用效益评价研究的基础上，增加城市用地规模，增长弹性系数、城市用地比例、城市建设总量等相关指标，将城市空间增长效应分解为结构配置效应、经济配置效应、公平配置效应三个方面，采用目标法来选取评价指标，运用层次分析法确定各指标之间的权重，以此构建关于城市空间增长效应评价方法。

通过对2004年至2013年重庆市城市空间增长效应的实证分析，可以看出，在十年中重庆市城市空间增长配置的合理效应、公平效应得到明显提升，反映出城市规划控制的合理性和高效性；经济效应有较大幅度的波动，反映出总体经济环境和土地供应计划的短期性效应。

7

重庆城市空间增长管理策略建议

基于前文城市空间增长机制的讨论，只有充分认识到城市空间增长过程的制度环境变迁和主体行为特征，才能够真正把握城市空间增长控制的要点和重点，才能建立适合于当前经济、社会发展环境中的城市空间控制体系与管控工具、制定适当的政策方针。

本章通过对城市空间增长制度环境与主体行为的理论研究，以及对重庆城市空间增长机制、过程和效应的具体研究，在效应评价分析的基础上，针对城市空间增长出现的现实问题，分析当前城市空间增长管理的主要任务，并对重庆城市空间增长管理提出建议。

7.1 城市空间增长管理目标

7.1.1 城市空间增长管理的含义与目标

面对城市空间增长的现实问题，理性增长是城市空间走向可持续发展的必由之路。人们认为能够导致比现在更好的结果的增长模式都能被看作是理性增长的一种形式（Arthur C. Nelson，2002），对于理性的理解一般有三重含义：一是人的本性，即人性；二是科学的思维能力；三是自然法则或对自然法则的科学认识（沈兵明，2005）。理性表现为抽象的思维能力和合理的行为能力，是个人和组织决策过程中需要遵循的目标和准则。

城市空间是一切现实的城市社会经济活动载体，城市空间的增长与演化是在具体的经济活动中进行的。实际的城市空间与理想的城市空间总是存在差距，造成这种差距是由于参与建设的行为主体在约束条件下共同作用的结果。影响城市空间建设参与主体行为的约束条件包括城市发展所处的制度环境、经济环境、政治环境和文化环境等，同时，诸如城市建设观念、城市规划和增长管控策略等技术问题更为直接地影响和制约着城市空间的具体建设行为。城市增长管理被认为是管控城市建设过程中非理性行为的重要手段。

增长管理并不是抑制增长，而是意在寻求城市发展与资源利用之间、开发形式和基础设施供给之间、公共服务需求和财政供给能力之间的平衡，寻求空间增长和社会公平、进步和平等之间的平衡。

以往研究中，不同学者对城市空间增长管理有不同的解释，但通常具有以下共识："城市空间增长管理预测并合理引导城市的发展而不仅仅是限制城市的发展；其是一种引导公共和私人开发过程的公共性的、政府的行为；城市空间增长管理是一种动态的过程，而不仅仅是编制规划和后续的行动计划；能够提供某种机会和程序来决定如何在相互冲突的发展目标之间取得适当的平衡；空间增长管理必须确保地方的发展目标，同时兼顾地方与区域之间的利益平衡"（张波、谢燮、刘江涛，2008）。

城市空间增长管理强调城市的和谐、理性增长，强调政府在增长管理中的作用，通过构筑有序、活力的城市空间增长环境，形成规模适度、结构有序、功能完善、整体优化的城市格局，实现区域发展活力、区域发展质量和区域发展公平三者在内涵上的统一（张波、谢燮、刘江涛，2008）。

城市空间增长过程中常出现不当增长、低效增长、不均衡增长的现象，都属于城市空间增长管理的内容。城市空间增长管理的总体目标是，根据各种城市空间增长现象所产生的外部效果，通过理念重构、管制系统、管制策略、方法的运用，提升城市空间配置的效率。具体来讲，城市空间增长管理的目标如下：

1. 转变城市空间增长方式

基于前文的分析，在我国唯经济导向、重外延、疏内涵的线性增长模式面临着巨大的挑战。而以高效率、更公平的城市开发理念、高品质生活质量导向的经济社会、物质环境等多元协调的新型城市管理模式正在被国家与社会各阶层所接受。面对固有城市空间增长的模式和存在的经济社会问题，精明增长等增长方式成为发展的目标。我国城市空间增长方式的改变，必须改变原有线性增长的模式，以更加理性、更加合理的发展模式相替代（表7.1）。

线性增长与精明增长城市发展模式的比较　　表7.1

	线性增长模式	精明增长模式
管理目标	线性经济导向	可持续发展导向
增长模式	外延式增长 / 空间扩散 / 新城建设 / 摊大饼	内填式发展 / 内城改造 / 古迹保护 / 分散化集中
密度	低密度、中心分散	高密度、活动中心集聚
交通取向	面向小汽车的交通发展模式	向提供多样性交通方式方向发展
环境保护	忽视环保，低效使用资源	重视环保，高效利用资源
住房	关注白领阶层住房需求、舒适度和宽敞度	在尺寸样式上满足不同阶层需求
基础设施与土地利用	面向新区开发，土地功能分散	新旧区协调发展，土地多功能协调组合
规划过程	精英规划，规划缺少沟通和协调	政府部门和相关利益团体共同协商

资料来源：易华，诸大建，刘东华．城市转型：从线性增长到精明增长[J]．价格理论与实践，2006（7）：67.

2. 提升空间配置合理、公平和效率，并避免低效投资

虽然市场化环境中，资源配置的竞争更有效率，但完全依靠市场自发调节空间供给效率和开发形态，存在着搭便车、公共物品定价困难等问题。因此，在城市公共空间配置中，应该以维护公共利益为前提，政府、社会广泛地参与，提高市场空间配置的公平性和配置效率。

不合理、低效率的空间增长现象往往是因为决策的趋利性、短期性等开发观念，以及制度不健全、监管不到位等管理问题，同时与开发企业的机会主义行为有很大的关联。应该以城市空间配置合理、公平和效率为目标，避免不合理的开发方式，避免资源浪费。

3. 保护建设主体利益

在城市开发过程中的多种参与主体，由于城市治理制度的不健全，表达自身利益诉求存在制度和程序上的设计不足，参与城市开发活动的路径存在一定的障碍。在城市开发过程中，部分主体，

如征地农民、拆迁居民处于弱势地位，有时无法通过正常途径保护自身权益，不良事件甚至是恶性事件时有发生。

因此，在城市空间增长管理的制度和政策设计中，应该着重保护建设主体的利益，尤其是弱势群体的权益。

4．健全城市风格、提升人居环境品质

在城市空间增长中，由于土地区位价值不同，导致土地整理和土地开发对于不同区位的建设用地有不同的偏好。由此，造成了城市空间结构布局的不合理，城市中心区密度过高、城市郊区用地蔓延等问题在城市开发中时有发生。在城市空间增长管理的过程中，应该注重协调各种区位用地之间的关系，注重产业用地和居住用地的合理分布，降低对于交通运输尤其是私人交通方式的依赖，并注意降低公共设施使用成本和公共服务成本。

城市空间增长管控主张以合理、公平、高效为原则，以循序渐进的开发方式塑造城市景观和城市风格，其最终的目的便是在于改善环境、促进整体城市人居环境品质的提升。

7.1.2　城市空间管制观念重构

改革开放以后，随着国内外社会经济形势的变迁，我国地方政府已经经历了“企业经营型政府”和“城市经营型政府”两个阶段（郑国，2017）[①]。在当前经济社会面临重大转型和城市政府正在朝着“治理型政府”演进的时代背景下，城市空间管制的观念也面临着重要的变迁。

1．公共利益回归：空间管制观念重构

区别于以往投资型发展思路中将城市空间作为建设手段的发展思路，城市空间增长管理规划机制体系应该回归“公共利益”。

公共利益是政府存在的宗旨，维护公共利益是政府执行国家、区域、城市治理的基本原则。同样，公共政策是城市空间增长管控理念的本质属性。

在中央政府、地方政府、企业和城市居民关于城市空间资源配置博弈的背景下，城市空间增长管控要将公共领域的“公共利益”作为核心理念，同时适应政府部门纵向利益的协调、横向地区和部门与部门之间利益协调的要求。公共利益的回归要求在制定城市空间增长管控的具体政策时，能够同时考虑中央政府和地方政府、政府各部门之间的利益，建立相应的利益协调机制、补偿机制，而不是由于顾全中央政府的利益而不顾地方政府的利益，或是单纯满足一个管理层级、一个部门或者一个利益主体的利益而损害其他主体的利益。

2．纵向利益协调：空间资源分配协调

无论是作为城市空间基础的土地，还是城市空间的使用情况，都是城市赖以发展的基础资源。

---

① 郑国. 地方政府行为变迁与城市战略规划演进[J]. 城市规划，2017，41（4）：16-21.

城市空间资源是在国家层面战略布局下的整体性发展，是中央政府向地方政府、地方上级政府向下级政府之间逐级治理的过程，表现为城市土地使用权和空间开发权的逐级指标分配。

城市空间增长管控的机制和管理办法，是一种对政府间权力的约束机制和资源分配手段，中央政府与地方政府之间，地方上下级政府之间的纵向利益协调，其实质是通过城市空间增长管控体系的合理架构来实现政府城乡建设和发展行为的控制与引导。

同政府管理的层级体制一样，规划编制体系同样是自上而下的过程，每一层级的发展规划都要受到上一级规划的约束，同时还要受到本区域的其他规划的制约。空间规划中的纵向层级制度，同社会经济发展情况相适应，是空间资源配置利益纵向协调的工具。

3．横向利益协调：区域空间资源整合

当前行政区划和地方政府考核制度，造成了地方政府间的过度竞争，资源配置在区域空间内呈现分散化、低效率的特征。因而，必须在纵向利益协调的基础上，同样处理好横向政府之间的利益协调关系。具体来说，需要处理好城市间的资源分配和城市内部的空间增长时序。

处理好城市之间的资源分配，是国家层面和区域层面空间治理中的重要内容，是在当前国家治理体制和行政区划制度背景下，如何处理好城市空间资源与治理权力等级、政策法规指引、发展目标设定与考核机制等内容与城市的发展需要之间的关系，同时处理好城市之间竞争的协调机制等问题。我国在主体区功能规划、城镇体系规划和国土规划中的具体内容，是城市空间资源分配的主要依据。

同时，需要处理好城市各组团之间的增长时序。吕斌等通过中国35个城市空间形态的环境绩效评价，表明规模合理、多中心组团式城市形态的环境绩效最优（吕斌、曹娜，2011）。并通过构造城市空间形态低碳绩效模型对城市空间增长的典型模式进行分析，从公共服务中心的出行距离角度探索城市空间增长的低碳化模式，认为最优的增长模式，应该在城市增长过程中选择逐个组团的增长，并且新形成的组团应达到一个市级中心服务的合理规模，不宜同时建设多个组团或者向外蔓延式无限增长（吕斌、刘津玉，2005）。

4．约束机制建立：空间分区及管制

区域发展的动力机制同时受到公权与私权的影响，现代城市规划公共管理的基本理念是以制度化的方式来制约公权和私权的行使，防范对公共利益的伤害。目前，在国家主体功能区规划、城乡总体规划、土地利用规划等相关规划控制内容和控制要素，以及对空间管理的各种工具中，对城镇空间分区的要求都具有这样的特点。

通过对城乡发展和区域发展有整体意义的生态资源、环境要素以及公共安全必备空间等综合因素的考虑，结合城镇发展的空间需求和空间供给的相关现实和约束条件，现有关于城镇发展空间管制分区一般分为建成区、适建区、限建区等内容（图7.1）。我国一些城市，如北京、重庆、广州、南京等，基于城市空间管控的需要，在城市总体规划的基础上分别编制了城市空间管制规划，在一定程度上，对城市空间管制分区的方法和手段进行了探索（皇甫玥、张京祥、陆枭麟，2009）。

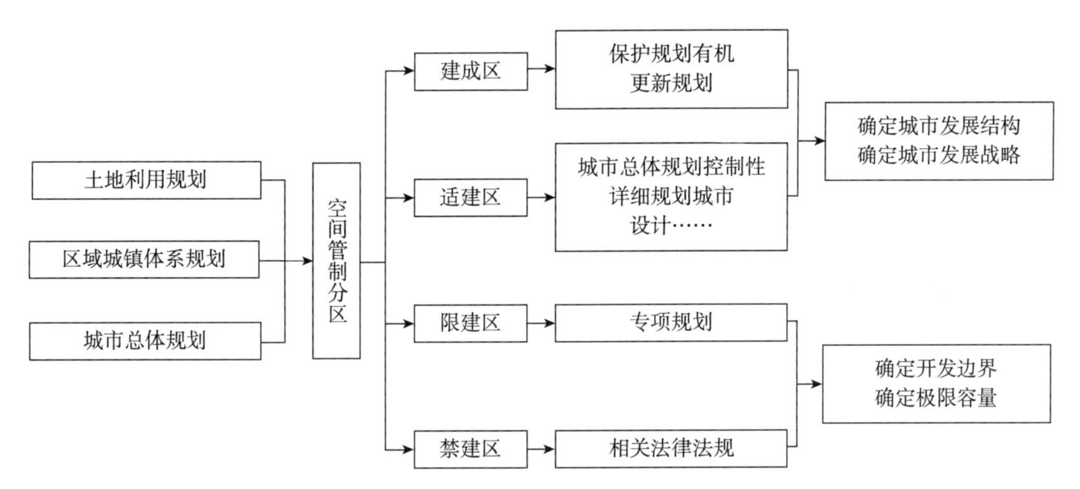

图7.1　空间管制框架下的城市规划控制机制

7.2 构建空间增长管理的制度供给与控制系统

城市空间增长规划管控，是城市空间增长管理和规划控制的简称。城市空间增长管控的基础，首先是确立城市空间增长管理中的公共价值观念。展开对增长管理的价值观念的讨论，不具有理论上的必要性，但具有现实层面的紧迫性。

社会主义市场经济体制要求实现基于社会民众利益的现代管理价值，这是我国执政理念，也是社会发展和时代的必然要求。

社会转型期国家和地方空间治理中，以片面追求经济增长的发展模式、行政区划为边界的地方过度竞争所造成的问题已经表现得比较清晰，城市空间非理性扩张、生态环境保护、城乡公共物品供给等问题逐步显现。在空间管制规划中，造就一个良性合作的区域发展环境是中央政府和各地方政府的共同期望。如何引导城市空间资源能够持续得到合理、高效和更加公平的配置，是城市空间增长管控的目标。

城市空间增长管控，首先应该围绕城市空间增长管控的目标，确立正确的理念；其次，应该分清城市空间管控系统中，各种规划体系与城市空间增长的关系，并对其作用进行分析。

7.2.1 城市空间管理制度供给

我国城市空间管理是在社会主义体制下的国家治理体系中的重要组成部分。中共十八届三中全会做出了“推进国家治理体系和治理能力现代化”的重大决策，并将其置于深化改革总目标的高度上，作为我国国家治理体系的纲领，是指导我国城市空间建设和城市空间管理制度改革的基本原则。

根据我国城市空间增长的基本现实和问题，实现国家和城市治理体系和治理能力的关键问题在于，在明确国有土地产权的基础上，如何建立稳定、高效、公平的制度保障体系，限制地方政府过分强调土地的财政收入功能而进行的非理性城市空间扩张，并且促进城市管理部门、民间资本对城市空间的持续投入，使空间使用效用最大化，在公平和高效的基础上为人民的生产、生活，以及国民经济的发展提供空间保障。

在“推进国家治理体系和治理能力现代化”的框架内，实现城市理性增长的途径在于完善城市空间规划制度建设、完善城市财税管理制度建设和完善政府治理中的考核制度等内容。

1．完善城市空间规划制度

空间规划制度建设是国家、省（直辖市）、市（区）等各级政府实施空间规划和建设公共政策目的的根本保障。当前，我国空间规划体系仍是由不同类空间规划构成的、相互独立又相互关联的系统，其中包括法律法规体系、行政体系等（何子张，2006）。我国现行的空间规划体系具有横向和纵向的脉络，横向上主要包括主体功能区规划、土地利用规划、城乡规划和生态功能区划，纵向上包括国家级、省级、地（市）级、县级、乡镇级等多个层级，但尚未形成统一有序的格局（林坚、陈霄、魏筱，2011）。各种类型、各种层级的规划体系的管理是由不同的部门主导，各种规划之间矛盾和冲突现象时有发生，对城市空间资源的合理、高效和公平配置的引导作用存在不足。

现有空间规划体系体制框架下，空间规划应该注重沿着空间规划的公共政策导向、理顺各空间规划各组成部分的事权划分体系、构建有效的规划协商机制等方面开展制度改革与制度建设。

1）强调空间规划的公共政策导向

空间规划是国家公共政策的组成部分。公共政策是政府对社会所进行的价值分配，体现国家治理的目标、价值和实现实施计划，是治理国家的有效工具（谢国权，2008）。有效的公共政策是促成社会资源平等分配、促进公共利益维护和建设的保证。公共政策的制定过程，应该是作为主体政策制定者发挥价值理性的过程（杨红良，2013）。行为主体和制度构成是公共政策制定的两个关键变量，公共政策是行为主体在应对利益分配过程中，在公共政策制度环境中一系列选择的结果，行为主体和制度环境的相互作用，构成了对于价值的分配（陈庆云、鄞益奋，2005）。空间规划中，应该基于可能情况下、利益相关者的多元参与的基础上，促成各方建设主体在公共政策制度环境下达成利益共识，既维护个体利益，又实现公共利益。

2）理顺各空间规划各组成部分的事权划分体系

在我国省、直辖市层面普遍存在4种空间规划（省级主体功能区划、省级城镇体系规划、省级土地利用总体规划和省级生态功能区划），各规划在指导城市建设时不能形成有效的协调衔接机制。

从根本上解决空间规划的事权统筹问题，有赖于国家治理体制的改革，当前体制环境下，需要解决各空间规划各组成部分的事权划分体系，基于此，对我国省级、直辖市空间规划的理想模式是：主体功能区规划“定政策”，城镇体系规划“定需求”，土地利用规划“定供给”，生态功能区划“供底图”，在相关目标的引导下，综合平衡国土空间的需求和供给，通过相关的政策引导有限的资源配置到“底图”上。省级层面的空间规划应以政策引导性为主，不需要落实到具体的空间（林坚、陈霄、魏筱，2011）。

3）构建有效的规划协商机制

我国目前的空间规划存在多部门交叉管理、规划地域空间的重叠等现象，应逐步建立我国空间规划协商新机制，才能有效解决多种空间规划并行带来的外部性负效应。

重庆市目前已经初步完成“多规合一”的工作，基本建立起相对完整的空间规划体系。但是在既有体制下，随着时间的推移、外部环境的变化，以及空间规划编制本身存在的问题，空间规划的具体内容也会存在调整、补充、完善的需求，因此，完善空间规划的系统化制度建设，是解决空间规划问题的根本办法。

2．完善城市财税管理制度

经济基础决定上层建筑，城市空间的持续增长需要政府雄厚的财税支持。在城市建设中，政府部门若建立完善的财税管理制度，可以保证城市建设资金的可持续供给。

改革和完善税收体制，主要是协调各级政府、各部门和社会机构之间的利益。当前与城市建设相关的财税制度管理中，突出问题在于地方政府在土地市场化改革和分税制以后，积极挖掘城市土地财政潜力，基本补齐了城市开发的资金链，但过于依赖土地出让的收益，造成了对于土地出让财政收入的依赖型；同时，在土地增值收益中政府集中过多，农民和集体获得太少。

针对城市土地使用过程中的问题，应该加快财政制度的改革。首先应该加大对于社会资本投入城市基础设施和社会服务设施的引入机制；在土地利用过程中出现的收益分配不合理的问题，应该加快土地税收制度改革，建立与国际接轨的土地税收体系。改革不完善税收体制的主要思路是改变目前“高流转、低保有”的税赋结构。降低流转环节中营业税和土地增值税的税率，提高保有环节中土地财产税和土地增值税以及土地闲置税的税率，引导土地合理流转，活跃土地市场，从而提高集约使用程度和土地收益。

7.2.2 制定空间增长管控系统

目前我国城市空间增长管控方面的相关措施主要有：政府调控体系、市场调控体系、技术调控体系和道德约束体系。其中以政府调控体系为主，其他调控体系辅助补充政府调控，这对城市空间增长管控起到非常重要的作用。

应对当前城市空间增长中出现的不均衡、效率不高的问题，需要探讨和重点关注的是政府调控体系。政府调控通常采用如下体系进行调控：通过规划体系、供应机制、税收机制进行城市空间增长管控。规划机制主要指的是主体功能区规划、土地利用规划和城市规划体系。

随着当前我国改革进程的深化，在法制化和民主化概念下，推进国家治理体系和治理能力现代化成为热点话题。空间治理体系、治理能力的建设依赖于合理的治理工具。本节讨论我国当前空间规划管理体系中城市空间增长管控工具，分析其形成的原因、发挥的作用以及效果的讨论。

城市空间增长的管理目标，主要是通过政府调控体系和市场调控体系两者的相互协调实现的。同时，以GIS系统、GPS系统、遥感系统、互联网、高清摄像头、VR（虚拟现实）技术等为主的信息技术体系为城市空间增长提供管理工具（图7.2）。

政府调控体系的规划机制通过空间规划中的主体功能区规划、土地利用总体规划和城乡总体规划进行实施。其中，主体功能区规划确定了城市开发的宏观格局、土地利用总体规划是空间开发的条件和基础，城市规划是空间增长管理控制的主体。规划机制在法律、法规和政策的约束下，与税收机制和考核机制相互协调，共同作用于城市空间增长管控。

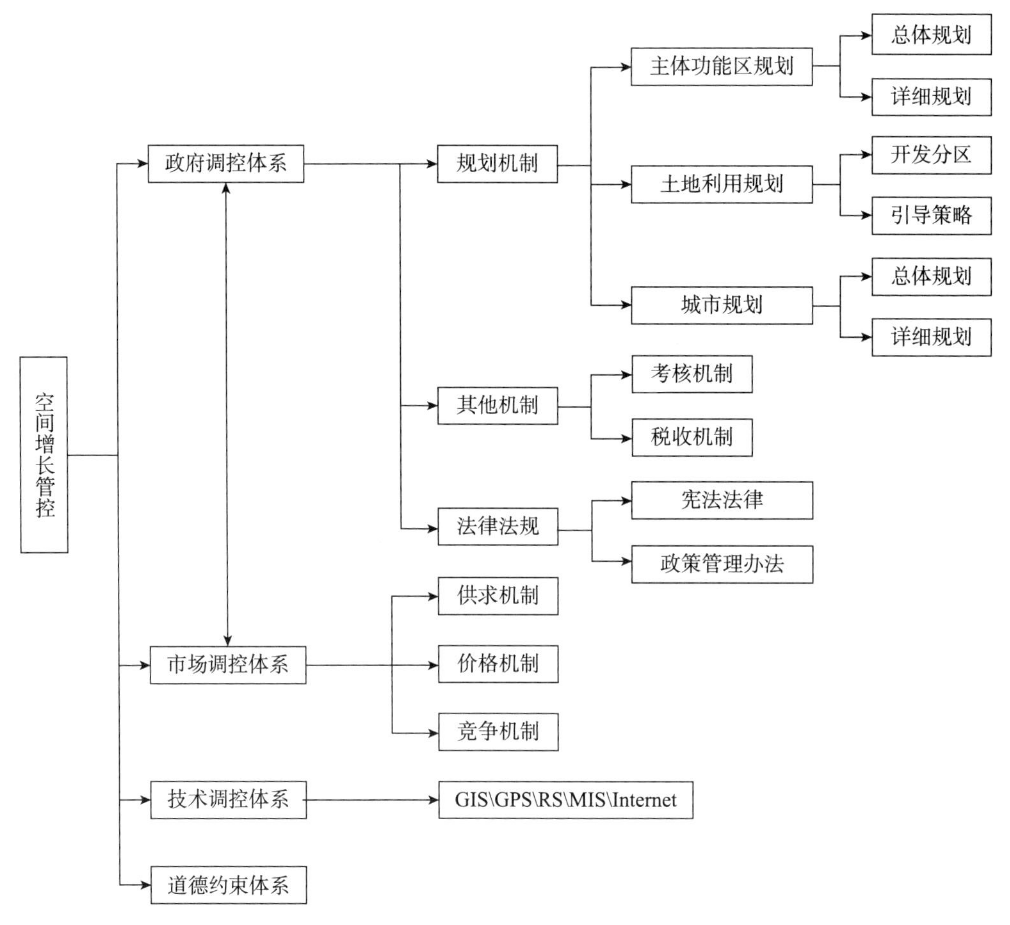

图7.2 城市用地增长控制系统

市场调控机制通过空间资源配置的价格机制、供求机制和竞争机制的共同作用，提升了资源配置微观层面的配置效率。

单纯的政府调控机制和市场调控机制都不能达到城市空间增长目标，如同单纯的计划资源配置方式与单纯的市场资源配置方式都不能达到资源合理、高效配置一样，单纯依靠政府调控必然丧失微观层面的经济活力，单纯依靠市场调控无法控制城市空间增长的外部性问题。因此，应该两种机制相互协调、相互补充。

7.3 重庆空间增长管理政策建议

基于对影响重庆市空间增长的制度环境和主体行为的分析，对重庆市城市空间增长管控的基本思路是首先对重庆直辖市资源、产业、人口等要素本底条件进行分析，然后根据存在的问题和发展目标，提出重庆空间增长管理政策与引导措施。

重庆独特的资源本底条件对于建设国家中心城市和美丽山水城市起到重要支撑作用。重庆市自然本底条件独具特色，土地资源、水资源、生物资源总量丰富，与其他直辖市相比，具有得天独厚的优势，具备了建设国家中心城市和美丽山水城市的基础条件。但各类资源在空间分布上并不均衡，大都市区自然地形地貌条件较好，土地资源规模大、质量高，且生态脆弱性较低，适宜集中开发建设。渝东北和渝东南地区地形地貌条件复杂，用地开发成本较高，且生态环境十分脆弱，水土流失和石漠化现象严重，在发展中应进一步突出水源涵养和生态保护作用，限制大规模城市化、工业化和人口集聚。

重庆市域层面，应该按照各区域的资源禀赋条件，进一步优化市域城镇化布局，实施区域差异化梯度转移政策。合理调整生产空间，优化布局生活空间，改善生态保护空间，促进区域发展与各资源要素特点相协调。以土地资源在空间配置中的优化组合，促进宜优化开发则优化、宜重点发展则保障、宜生态保护则保护、宜限制发展则限制，合理引导城市发展和空间布局，促进经济、社会、生态三者协调发展。同时，严格落实国家主体功能区规划关于各区域功能定位的要求，以主城区为核心，着重强化地区资源利用合作，改善人居环境，提高产业和人口承载能力，形成本区域新的增长点；三峡库区水土保持生态功能区和武陵山区生物多样性及水土保持生态功能区，重点强化水土保持和生物多样性维护功能，限制进行大规模高强度工业化城镇化开发，着力提高生态产品供给能力。在促进资源配置最优化和整体功能最大化原则的指导下，依靠市场力量和规划引导，逐步发展形成若干人口和经济集聚板块，形成包括主城区为中心、以万州区和黔江区等大城市为次中心的增长极，带动重庆市域整体发展。

重庆主城区而言，过去主城区部分传统生产性职能随着产业的外溢而向外转移，但主城区的管理功能并没有随着生产基地的外迁而弱化，反而得到了更加集中化的增强。在功能类型方面，主要表现为传统的生产性服务职能与现代的生活性服务职能不断地融合，研发服务与创新成为一种新型的空间形态与城市功能，“文化城市”逐步取代了“功能城市”。

进入21世纪以来，重庆主城区正在加快推动国家中心城市的建设，特别是要积极提升对外生产服务水平和对外辐射扩散能力，积极推进区域合作战略，构建以都市区为核心的大都市区生产及服务网络，强调区域本地网络和合作经济，加深周边其他城市对重庆主城区的依赖程度。在重庆主城区城市功能迅速发育的背景下，应该强化以主城区为核心的大都市区的外围经济圈层空间格局的建设。强化重庆市主城区与周边城镇组群快速发展，各自具有较大的经济规模和较高的发展水平，传统的极化和辐射关系转变为竞争和合作关系，呈现多点并重快速发展态势。

在重庆城市空间配置方面，应该遵循“因地制宜”的发展理念，综合考虑自然地理环境、资源禀赋、产业发展潜力和社会发展实际需求的空间差异性，合理配置全市城镇建设用地资源。注重生态涵养和保护功能，在坚持内部挖潜优先、有效提高城镇建设土地利用效率、满足合理发展需求的前提下，城镇建设用地在空间配置上向自然地理条件良好、资源禀赋高、生态安全风险低、社会经济发展需求强、用地拓展潜力大的区县倾斜，实现全市“生产、生活、生态”整体效益的最大化。同时，依据生态环境承载力和社会经济发展潜力确定功能分区主要职能，多措施引导城镇建设用地与人口、产业在空间上的合理配置。作为二、三产业与城镇人口的地表载体，城镇建设用地的规模与布局理应与二、三产业及其吸引的人口规模相适应。为实现城镇建设用地与人口、产业在空间上的合理配置，需要城乡规划、土地利用规划、环保规划、主体功能区划、经济社会发展规划，以及户籍制度政策、财税制度改革等多种措施的协同引导。

8

结　论

本书的主要观点和结论

研究的不足与展望

城市空间增长现象一直是世界范围内城市发展过程中的热点问题。西方世界的城市化是一个相对漫长的过程，对城市空间增长的关注由来已久，经历了以理想城市模型、快速城市化、郊区化、区域化和网络化为代表的研究历程。中国人口基数大、城镇化发展时间跨度短，因此，中国城市空间增长现象，从发展速度和规模上，引起了世界范围内的普遍关注（J. E. Stiglitz，1999；Peter Hall，2009，等）。

基于我国政治经济转型的总体特征和城市空间增长现实特征，本书提出如下问题：中国转型时期，制度环境的变迁对城市空间增长起到了怎样的激励和约束作用？政府、企业、个人等行为主体在制度环境影响下，其行为模式导致城市空间增长有哪些特征？制度环境和主体行为相结合的影响机制是如何作用于城市空间增长进程的？基于这些问题，以城市规划为基础，并运用新古典经济学关于资源配置的相关理论、新制度经济学关于制度和行为研究的相关理论，研究空间资源配置和城市空间增长的相关问题，沿着“制度与主体”的分析框架展开讨论，以重庆市为例展开重庆城市空间增长机制和过程的分析，并得出相应的研究结论。

8.1 本书的主要观点和结论

基于本书提出的几个基本问题，结合本书的研究框架，本书研究结论主要包含以下几个方面：

1. 关于城市空间增长研究视角与研究框架的结论

城市空间作为城市人居环境活动载体，提供城市生产、生活必需的场所和设施，是一种稀缺性资源，有其自身的物质属性和经济属性的特征。在城市空间资源配置过程中，空间的经济属性越来越受到重视。

城市空间的配置方式，一方面是通过市场竞争的市场配置方式，另一方面是通过计划的政府调控方式。两种方式分别弥补了市场失灵和政府失灵的弊端，通过增量拓展和存量调整的两种方式，共同作用于城市空间增长过程。

城市空间是城市规划、建筑学、经济学等多学科研究的共同领域，单一学科的研究无法从根本上解决城市空间增长过程中出现的问题，更大的挑战在于对产生这些问题的客观规律的探讨并对根源性的制度、机制的认识和反思。基于此，将城市空间增长过程置于社会整体经济活动内进行认识和分析，展开对城市空间增长机制、增长模式和增长规律的讨论。

在分析过程中，借用主流经济学关于资源配置理论和新制度主义经济学的制度—行为分析理论进行分析。新制度主义经济学关注制度与行为以及行为结果之间的相关研究，拓宽了城市空间的研究视野，增强了对现实空间发展的解释力，为我国当前城市空间资源配置的研究提供了一个全新的视角和有效的分析工具。

城市空间的形式是人类在城市进行政治、经济、社会活动作用的结果。城市空间增长机制，可以理解为在我国政治、经济、社会制度环境背景下，影响城市空间发展的各类行动主体的各自地位、价值取向、相互关系及其在制度框架内的各自行为选择基础上形成的城市空间资源配置过程。

基于以上认识，本书提出“制度环境与主体行为”的研究框架，在研究框架基础上，展开对城市空间增长的研究。

2. 制度环境对城市空间增长的激励和约束作用的结论

在制度环境的定义与范围分析的基础上，基于制度的激励和约束作用的讨论，首先确定城市空间发展的制度结构中对城市空间增长影响度高的国家政治制度、经济制度以及空间规划制度，具体而言，本书着重选取了国家治理层面中国家行政区划制度和治理制度、城市土地使用制度，以及城市空间规划制度展开详细分析。

1）行政区划和政府治理层级制度

行政区划是国家治理的地域划分，同时也就是“权力的空间配置”，是“国家权力在其主权范围内不同地域空间的划分和配置的过程和状况”，它是国家结构在空间上的反映。

我国所采取的五级政权结构，区别于世界上大多数国家所采取的三级政权结构，由于层级较多，其纵向治理结构更为复杂，在城市竞争过程中，所面临的竞争环境更加复杂。我国经历了一系列的行政区划调整，行政区划调整过后，宏观资源配置效率得到提高，微观经济效率得以改进，统一市场扩大后中心城市作用得以发挥；但是由于行政区划导致的行政区经济现象仍较为显著。

分权改革是中国政府治理的主要方向，由于分权化改革，中国地方政府所面对的约束条件和激励机制发生了巨大的变迁——从高度集权的权威体制转变为适度分权的权威体制，而这变迁重塑了地方政府行为选择的制度环境。财政分权是分权化中影响最为深远的制度。财政分权先后进行了包干制与分税制，地方政府与其他市场主体，成为利益直接相关的利益主体，同时也是激发地方政府内生性发展的经济压力，“财政分权”被很多学者认为是中国经济发展的一个重要原因。

新中国成立以来城市空间配置所面临的制度环境演变，总体上可以概括为政治改革的分权化、经济改革的市场化以及由此产生的城市空间规划制度系列配套改革，这一过程中，完全的政府主导资源配置的方式逐渐退出，市场机制逐渐发挥更加重要的作用，城市规划协调城市空间资源配置的功能和效果逐渐增强。

2）土地使用制度

我国城市的土地所有权属于国家，土地的使用权可以依照法律的规定转让。因此，在我国城市土地产权市场上交易的实际上是国有土地的使用权。改革开放以后，我国城市土地改革的特征之一是政府逐步退出对城市土地的计划配置，开始运用市场化手段配置城市土地资源。

在土地使用权和土地利用权分离的情况下，对待开发地块来说，“规划设计条件”的内容实际上构成了依法获得空间利用权的一种权利，这可称为空间开发权。规划控制直接的法律对象就是“空间开发权”，因此，城市规划，尤其是控制性详细规划中所设定的土地开发条件，是城市空间增长管控的法律依据。

城市土地储备制度是我国新时期土地管理的一项制度创新，是城市土地有偿使用制度的一次深化和优化。国家鼓励有条件的地方政府要对建设用地试行收购储备制度。土地储备制度初步实现了土地征收、存量土地供应的政府垄断，实现了土地出让的转变，保证了城市规划的落实；城市土地储备制度的运营产生巨额经济效益，作为地方政府财政外收入，能够弥补城市建设资金短缺等现实问题，因此，在城市发展中地方政府逐渐形成对于城市储备与土地出让行为的依赖，引发了低水平重复建设行为等不利影响。

3）空间规划制度

我国城市空间规划制度是不同部门制定的不同类型规划的综合，由于土地利用总体规划、城乡总体规划、功能区规划等规划的职能不同，控制目标和控制体系不同，控制方法也不同。由于“多规合一”和“多规融合”在相关法律法规的基础上面临着不同部门管理权限和利益博弈，自2013年以来，多种规划的融合工作在国家政策要求和指导下，已在多个城市展开试点，并在全国推广。

我国城乡规划的空间管控以法定规划体系作为支撑，发展脉络完整，实践创新丰富，是城市空间规划的重要依托。城乡规划的任务是科学、有效地控制和引导城市建设行为，以高效、公平地利用城市土地和空间资源，建设高品质的城市人居环境。城乡规划系统是协调公共资源配置的有效手段，具有显著的公共政策属性。但当前城乡规划受到体制转型和国家治理方式的影响，仍然存在控制方式转变不及时、区域协调和多规合一的难度较大、受地方政府的领导、是政府意志的体现、规划缺乏公众参与等具体问题。

综上所述，新中国成立以来激励和约束城市空间增长的主要制度环境变迁，总体上可以概括为政治改革的分权化、经济改革的市场化以及由此产生的城市空间规划制度系列配套改革。这一过程中，完全以政府主导资源配置的方式逐渐退出，市场机制逐渐发挥更加重要的作用，城乡规划协调城市空间资源配置的功能和效果逐渐增强。

从我国城市空间增长面临制度环境以及演变进程来看，对于城市空间建设的激励机制（驱动力）是制度内生的，对城市空间增长的约束是外生的。内生力量和外生力量比较，内生力量是根本。因此，在对城市空间增长的激励和约束机制中，体现出显著的“强激励、弱约束”特征。

3．行为主体对城市空间增长的作用与影响的结论

政府、企业和居民是参与经济运行的三大经济主体，同时是城市空间的建设主体。这三大经济主体的经济行为构成了经济社会发展和城市建设的主体过程。

中央政府是整个社会公共利益最直接、最集中的体现，以更加宏观和长远的眼光看待城市发展，目的是要实现国民经济整体的协调稳定发展；转型期的地方政府已经不是计划经济时代中央政府的代理人，而是一个从事制度创新的企业经营型政府，经济行为具有“政府人”和“经济人”双重行为特征。由于其“经济人”的行为特征，地方政府主导土地出让，成为土地出让中特殊的垄断攻击者和需求者，同时也是土地出让中特殊的价格规制者；为了发展本区域的经济，倾向于投资和吸引投资的经济行为方式。企业作为地方经济发展的支持者，同地方政府存在利益分享的同时也存在利益分歧，总体表现为合作中的博弈关系。居民与政府之间是治理权和参与权的竞争，总体上来说，现阶段居民参与城市公共管理事务和参与城市规划活动的途径没有得到很好体现。

在政府纵向博弈中，一般而言中央政府或上级行政系统所代表的主体较多，其目标函数也比较丰富，发展战略更为长远、全面。一方面支持地方和下级行政系统的经济发展，另一方面保障社会和生态的可持续发展，关注环境保护、群众民生等问题。而下级政府发展目标相对单一，行为方式趋利性、经济导向性、短期性更加显著。

基于城市主体的价值取向和主体利益博弈分析，可以看出，土地的商品化是中国经济发展的重要推动力，为地方政府及其管理团队提供财政来源和政治晋升资本。现阶段我国的城市空间增长驱动力主要表现为地方政府推动。城市空间增长吸引投资，提供土地出让收入、财税收入，改善城市环境，很大程度上提高了城市的竞争力。因此，各级地方政府为增长展开积极竞争。

当前我国城市空间增长机制中，政府主导的作用是最显著的特征。地方政府在满足城市经济发展目标、政绩考核指标、改善城市建成环境等驱动力作用下，以城市开发建设为手段，一方面改善了城市人居环境面貌，另一方面促进了我国城市空间的快速增长。地方政府主导城市空间建设的空间增长模式主要有：政府主导的新区建设、经济开发区建设、高新技术园区建设、大型项目建设和旧城改造等类型。同时，企业主导的城市空间增长模式作为补充，而居民主导的自下而上的城市空间增长模式仅仅出现在特定区域和特定的条件下。

4．重庆城市空间增长案例研究

影响重庆城市空间增长的制度环境主要有重庆城市行政地位的演变、土地制度和城市空间规划制度等构成。在我国近代不同历史时期，重庆城市所承担的历史作用发生了一些重大变迁，经历了抗战时期的陪都、直辖、计划单列、省辖市和1997年重新确立为直辖市，重庆市的行政地位和城市定位也发生了数次变化。城市行政地位和城市定位决定和影响着城市的功能、规模、布局等特征，其中，1997年直辖提高了重庆行政层级、行政权限，扩大了重庆行政区域、行政范围，为重庆城市建设成大都市区创造了体制条件。自近代开埠以来，重庆城市空间发展就与国家土地制度的变革息息相关；在新中国成立后市场经济改革过程中，土地要素市场化过后，重庆市土地市场化程度提高，并在国内较早实施了土地储备制度，在重庆发展早期为城市空间增长储备了大量城市建设用地，有效控制了房价过快增长，为公租房建设、公益事业和重大项目提供了建设用地，适应了城市发展的需要。重庆城市规划制度和以“多规合一”为基础的空间规划思路，顺应了重庆城市发展的思路，构建了较为完整的空间管理体系和管理内容。

在城市空间增长与地方政府行为的关系中，当前地方政府对城市空间增长的主导作用是在改革开放后系列制度改革过程中逐渐形成的，重庆各级地方政府通过新城建设、工业园区建设和大型居住区的规划和建设，推动了城市建成区的快速增长，改变了城市的总体布局。

重庆在制定市域发展战略中，逐步明确以主城区为核心的大都市区的发展战略，促进了主城区的迅速发展，同时造成了市域城镇体系中大城市和中等城市发育迟缓、带动作用不足的问题。重庆市主城区空间增长进程中，受山地地形条件、河流水系的影响，以及“三线建设”时期工业选址等重要事件的影响，几次城市总体规划布局调整中逐步明确并形成了重庆主城区多中心组团式布局模式，体现出有机分散和分片集中的城市结构、多元混合与自由布局的建设用地形态、立体复合与层次分明的交通系统、地域化与多样化的城市建筑风貌等城市布局和风貌特征。

在梳理重庆城市空间增长机制的基础上，提出城市空间增长配置效应评价方法，将城市空间增长效应分解为结构配置效应、经济配置效应、公平配置效应三个方面，构建关于城市空间增长效应评价方法。通过对2004～2013年重庆市城市空间增长效应的实证分析得出，在过去十年重庆市城市空间增长配置中，合理效应、公平效应得到明显提升，反映出城市规划控制的合理性和高效性；经济效应有较大幅度的波动，反映出总体经济环境和土地供应计划的短期性效应。

8.2 研究的不足与展望

8.2.1 研究的不足

本书的研究，从我国现阶段城市空间增长的现象和问题出发，分析制度环境、建设主体行为、空间增长效应的评价、城市空间增长的规划管控等几个方面，限于开展本次研究的现实条件和作者认知水平，研究主要存在以下不足：

1）研究视野和研究要素的不足。本书的理论基础是“将城市规划和建设这一过程置于社会整体经济活动内进行认识和分析”，但是限于文献阅读范围和自身认识的不足，研究视野范围一定存在研究要素的缺失。原因是本书着眼于讨论影响城市空间增长机制中的主要因素，因此对于相关制度环境和主体行为特征进行了筛选；例如“城市空间增长的制度环境”中，仅选取行政区划制度、土地制度、空间规划制度，相对于全面的社会、国家治理体系和复杂城市空间增长现象，这样的制度选择范围会存在缺陷和不足之处。作者对于研究视野范围的不足已有相关认识，如在论述过程中，将影响城市空间增长的税收机制等内容包含在国家治理的分权化改革和分税制的讨论中等，在有限的范围内弥补这一不足。

2）对于地下空间增长的讨论有所不足。城市空间的三维属性，决定了城市建设用地的利用中，分为地上空间和地下空间，城市空间的增长应该包含并充分讨论城市地下空间增长的内容。

在本书“3.3.2 产权制度与城市空间增长”中谈到，关于待开发的城市地块，“规划设计条件”的内容构成了一个虚拟的物质空间，即“规划设计条件”的内容实际上构成了“空间开发权”。而规划设计条件包含地上空间和地下空间利用的内容，从这一意义上来说，本书关于城市空间增长现象、城市空间规划和空间增长控制的内容包含了城市地下空间增长的问题。

但是，地下空间的研究，涉及更多的自然地质地貌因素、不同经济发展阶段地下空间利用的经济性、城市基础设施、城市地下轨道、城市安全（城市地质安全、人防工程等）等城市战略性问题，同时地下空间的开发过程中，各种开发深度适宜布置的功能有很大不同①；由于地下空间利用的复杂性，国内地下空间发展的规划管理体系建设处于探索阶段，缺乏成熟的经验和管理办法。因此，关于城市地下空间增长的研究，需要在城市地下空间开发和规划管理深入研究的基础上进行。由于研究重点的选择，关于地下空间增长的研究仅停留在前文所述，将其理解为空间开发权中所确定的城市建设用地地下空间利用的范围。

3）城市空间供给和需求的论述不充分。城市空间供应和需求的讨论，是一个尝试性的概念和思路，强调了基于城市建设用地增长基础上，城市规划对城市开发权的管理；基于不同类型的城市用地功能基础上对城市空间布局、城市形态、开发强度等内容的规划和控制。由于城市空间的供给与需求的讨论，需要在城市建设用地扩展与城市规划确定的空间开发权相结合的基础上才能具有可

---

① 在作者以往针对重庆市地下空间规划管控的研究课题中，曾对重庆市的地下空间管控的深度划分及使用特征进行以下分类：浅表层（地下0～5米）、浅层（地下0～10米）、次浅层（地下10～20米）、中层（地下20～50米）、深层（地下50米以上）。对于一般城市的地下空间利用而言，地下50米以上的地下空间资源属于战略性资源，用于大型地下交通工程、市政工程、人防工程以及资源储备，在发展阶段未成熟之前，大深度地下空间应予以保留，禁止开发。

操作性，在本书有限的研究目标中，对于空间开发权的确定无法展开全面论述，需要结合以后的研究工作，专题研究基于城市空间供给与需求的城市空间配置方法。

4）城市空间增长效应评价方法中的不足。本书所设定的城市空间增长配置效应评价方法中，尚存在一些问题，如指标权重的设定，虽然参考了相关的研究，但是其权重的确定本质上仍然是一种主观评价；标准值的选取过程中，虽然借鉴了类似城市的指标和相关研究的标准值设定，但仍存在一些需要进一步商榷的地方。同时，作者虽然尝试加入城市开发强度、城市建设量等相关评价指标，但是鉴于相对应的数据难以获取，因此这一尝试没有取得实质性进展。同时，从空间增长效应评价的内容来看，尚欠缺环境效应的评价，这同样是由于相关数据获取的困难带来的结果。作为对于城市空间增长效应评价方法的一种尝试，希望能够在后续的研究中继续完善评价方法的具体内容。

8.2.2 研究的展望

现阶段，我国经济增长由高速转向中高速增长，经济社会发展进入“新常态”。新的社会经济发展环境带来了新的发展观念，在国家新型城镇化、“紧凑城市”等发展理念的影响下，一些学者开始了以城市空间“反增长”“收缩城市”等为主题的研究，都反映了对当前城市空间增长的反思和对规划方式的探索。

在新的发展条件下，对城市空间增长的发展趋势、发展理念和规划管控方法的研究，同样要注重城市空间增长的内在机制，仍然要深入研究制度环境的变迁，以及由此引发的建设主体行为方式、行为特征的改变。只有坚持关注对城市空间增长内在机制变迁的认识，才能真正把握城市空间增长的规律、发展趋势和找到解决问题的方法。

同时，面对城市空间增长以及需要解决的问题，要坚持多学科融合的研究思路。现阶段，结合经济学从传统的角度研究城市空间发展，是城市规划和人居环境科学学术研究领域的“富矿”，对于探讨社会转型阶段城市空间的发展规律，城市空间建设如何与经济发展协调适应，有重要的作用。但是，任何单一学科、单一研究方向的研究都不足以解释阐明城市空间增长中的问题，任何单一领域的改革措施也都不足以应对这些问题，各个学科领域的学者、城市建设的组织者、建设主体需要共同协作，重新审视问题的本质，以期寻找最理性的空间增长模式，塑造理想的城市空间环境。

参考文献

1 普通图书

[1] 艾建国. 中国城市土地制度经济问题研究[M]. 武汉：华中师范大学出版社，2001.

[2] 安虎森. 空间经济学教程[M]. 北京：经济科学出版社，2006.

[3] 柴彦威. 空间行为与行为空间[M]. 南京：东南大学出版社，2014.

[4] 陈斐. 区域空间经济关联模式分析[M]. 北京：中国社会科学出版社，2008.

[5] 陈鹏. 中国土地制度下的城市空间演变[M]. 北京：中国建筑工业出版社，2009.

[6] 陈顺清. 城市增长与土地增值[M]. 北京：科学出版社，2000.

[7] 丁成日. 城市增长与对策：国际视角与中国发展[M]. 北京：高等教育出版社，2009.

[8] 丁成日，宋彦，Gerrit Knaap，等. 城市规划与空间结构：城市可持续发展战略[M]. 北京：中国建筑工业出版社，2005.

[9] 樊纲. 渐进式改革的政治经济学分析[M]. 上海：上海远东出版社，1996.

[10] 方福前. 公共选择理论——政治的经济学[M]. 北京：中国人民大学出版社，2000.

[11] 高鉴国. 新马克思主义城市理论[M]. 北京：商务印书馆，2006.

[12] 高进田. 区位的经济学分析[M]. 上海：上海人民出版社，2007.

[13] 顾朝林，于涛方，李王鸣. 中国城市化：格局·过程·机理[M]. 北京：科学出版社，2008.

[14] 顾杰. 城市空间增长与城市土地、住宅价格空间结构演变[M]. 北京：经济科学出版社，2010.

[15] 何子张. 城市规划中空间利益调控的政策分析[M]. 南京：东南大学出版社，2009.

[16] 胡俊. 中国城市：模式与演进[M]. 北京：中国建筑工业出版社，1995.

[17] 胡晓玲. 企业、城市与区域的演化与机制[M]. 南京：东南大学出版社，2009.

[18] 林坚. 中国城乡建设用地增长研究[M]. 北京：商务印书馆，2009.

[19] 林毅夫. 财产权利与制度变迁[M]. 上海：上海三联书店，上海人民出版社，1994：40-46.

[20] 刘盛和. 沿海地区城市土地利用扩展的时空模式[M]. 北京：商务印书馆，2008.

[21] 卢现祥，朱巧玲. 新制度经济学[M]. 北京：北京大学出版社，2012.

[22] 鲁敏. 转型期地方政府的角色定位与行为调适研究[M]. 天津：天津人民出版社，2013.

[23] 罗震东. 中国都市区发展：从分权化到多中心治理[M]. 北京：中国建筑工业出版社，2007.

[24] 马述林，张海荣. 重庆发展和布局研究[M]. 重庆：西南师范大学出版社，2013.

[25] 宁越敏. 中国城市研究（第一辑）[M]. 北京：中国大百科全书出版社，2008.

[26] 濮励杰，黄贤金，周寅康，等. 城市土地供应与房地产市场运行研究[M]. 北京：科学出版社，2008.

[27] 舒庆. 中国行政区经济与行政区划研究[M]. 北京：中国环境科学出版社，1995.

[28] 孙施文. 城市规划哲学[M]. 北京：中国建筑工业出版社，1997.

[29] 孙施文. 现代城市规划理论[M]. 北京：中国建筑工业出版社，2007.

[30] 童乙伦. 解析中国：基于讨价还价博弈的渐进改革逻辑[M]. 上海：上海人民出版社，2011.

[31] 吴次芳，丁成日，张蔚文．中国城市理性增长与土地政策[M]．北京：中国科学技术出版社，2006.
[32] 吴缚龙，马润潮，张京祥．转型与重构：中国城市发展多维透视[M]．南京：东南大学出版社，2007.
[33] 吴良镛．人居环境科学导论[M]．北京：中国建筑工业出版社，2001.
[34] 吴一洲．转型时代城市空间演化绩效的多维视角研究[M]．北京：中国建筑工业出版社，2013.
[35] 吴志强，李德华．城市规划原理[M]．北京：中国建筑工业出版社，2010.
[36] 熊国平．当代中国城市形态演变[M]．北京：中国建筑工业出版社，2006.
[37] 薛立强．授权体制：改革开放时期政府纵向关系研究[M]．天津：天津人民出版社，2010.
[38] 杨光斌．制度的形式与国家的兴衰——比较政治发展的理论与经验研究[M]．北京：北京大学出版社，2005.
[39] 杨宇振．资本空间化：资本积累、城镇化与空间生产[M]．南京：东南大学出版社，2016.
[40] 姚士谋．中国大都市的空间扩展[M]．北京：中国科学技术大学出版社，1998.
[41] 叶托．中国地方政府行为选择研究：基于制度逻辑的分析框架[M]．广州：广东人民出版社，2014.
[42] 张兵．城市规划实效论[M]．北京：中国人民大学出版社，2007.
[43] 张波．中国城市成长管理研究[M]．北京：新华出版社，2004.
[44] 张京祥．城镇群体空间组合[M]．南京：东南大学出版社，2000.
[45] 张京祥．西方城市规划思想史纲[M]．南京：东南大学出版社，2005.
[46] 张京祥，罗震东，何建颐．体制转型与中国城市空间重构[M]．南京：东南大学出版社，2007.
[47] 张庭伟，吴浩军．转型的足迹：东南亚城市发展与演变[M]．南京：东南大学出版社，2008.
[48] 张维迎．市场的逻辑[M]．上海：上海人民出版社，2012.
[49] 张五常．中国的经济制度[M]．北京：中信出版社，2009.
[50] 张晓青．城市空间扩展的经济效应研究[M]．济南：山东人民出版社，2012.
[51] 张忠国．城市成长管理的空间策略[M]．南京：东南大学出版社，2006.
[52] 赵民，陶小马．城市发展和城市规划的经济学原理[M]．北京：高等教育出版社，2007.
[53] 赵万民．三峡库区人居环境建设发展研究：理论与实践[M]．北京：中国建筑工业出版社，2015.
[54] 赵万民．山地人居环境七论[M]．北京：中国建筑工业出版社，2015.
[55] 郑永年．中国的“行为联邦制”[M]．北京：东方出版社，2013.
[56] 钟秀明，武雪萍．城市化之动力[M]．北京：中国经济出版社，2006.
[57] 周其仁．城乡中国（上、下）[M]．北京：中信出版社，2014.
[58] 周勇．重庆通史[M]．重庆：重庆出版社，2002.
[59] 朱喜钢．城市空间集中与分散论[M]．北京：中国建筑工业出版社，2002.
[60]（德）柯武刚，史漫飞．制度经济学：社会秩序与公共政策[M]．韩朝华，译．北京：商务印书馆，2000.
[61]（德）克里斯泰勒．德国南部的中心地原理[M]．常正文，译．北京：商务印书馆，1998.
[62]（美）保罗·萨缪尔森，（美）威廉·诺德豪斯．经济学（第18版）[M]．萧琛，译．北京：人民邮电出版社，2007.
[63]（美）道格拉斯·C. 诺斯．制度、制度变迁与经济绩效[M]．杭行，译．上海：格致出版社，上海三

联出版社，上海人民出版社，2008.
[64]（美）道格拉斯·C. 诺斯．理解经济变迁过程[M]．钟正生，刑华，等译．北京：中国人民大学出版社，2008.
[65]（美）西奥多·W. 舒尔茨．报酬递增的源泉[M]．李海明，赵波，译．北京：中国人民大学出版社，2016.
[66]（英）埃比尼泽·霍华德．明日的田园城市[M]．金经元，译．北京：商务印书馆，2010.
[67]（英）彼得·霍尔．世界大城市[M]．北京：中国建筑工业出版社，1982.
[68] ISARD. Location and Space-economy: A General Theory Relating to Industrial Location, Market Areas, Land Use, Trade, Urban Structure[M]. New York: John Wiley & Sons, 1956.
[69] Peter Hall. The Bootstrap and Edgeworth Expansion [M]. Springer-Verlag, 1992.
[70] 黄贤金，张安录．土地经济学[M]．北京：中国农业大学出版社，2008.
[71] 黄亚平．城市空间理论与空间分析[M]．南京：东南大学出版社，2002.
[72] 黄亚平．城市规划与城市社会发展[M]．北京：中国建筑工业出版社，2009.

2 论文集、会议录

[1] 程志光．科学理性的城市化道路与建设用地调控策略[C]//“中国城市理性增长与土地政策”国际学术研讨会论文集，2005.
[2] 浦上行．行政区划的基本结构[C] //中国方域：行政区划与地名，1993.
[3] 沈兵明．中国别墅用地之理性开发利用对策研究：以杭州市为例[C]//“中国城市理性增长与土地政策”国际学术研讨会论文集，2005.

3 学位论文

[1] 程茂吉．基于精明增长视角的南京城市增长评价及优化研究[D]．南京：南京师范大学，2012.
[2] 丁菡．中国沿海经济发达地区土地利用变化及其驱动机制与预测模型研究[D]．杭州：浙江大学，2006.
[3] 杜超．财政分权、政府行为与经济增长[D]．济南：山东大学，2009.
[4] 范今朝．权力的空间配置与组织的制度创新[D]．上海：华东师范大学，2004.
[5] 冯科．城市用地蔓延的定量表达、机理分析及其调控策略研究[D]．杭州：浙江大学，2010.
[6] 付海英．基于精明增长理论的城乡用地规划研究[D]．北京：中国农业大学，2007.
[7] 郭其友．中国经济主体行为变迁研究[D]．厦门：厦门大学，2001.
[8] 蒋萍．重庆农村土地交易所地票交易风险及防范研究[D]．重庆：西南大学，2012.
[9] 孔捷鸣．重庆市土地储备制度研究[D]．北京：清华大学，2015.
[10] 李波．基于多源遥感数据的城市建设用地空间扩展动态监测及其动力学模拟研究[D]．杭州：浙江大学，2012.
[11] 李建伟．空间扩张视角的大中城市新区生长机理研究[D]．西安：西北大学，2012.
[12] 李俊丽．城市土地出让中的地方政府经济行为研究[D]．成都：西南财经大学，2008.
[13] 李鹏．土地出让收益，公共品供给及对城市增长影响研究[D]．杭州：浙江大学，2013.

[14] 廖从健. 中国东中西部城市扩展遥感监测、驱动因素及效应比较研究[D]. 杭州：浙江大学，2013.

[15] 刘冬华. 面向土地低消耗的城市精明增长研究[D]. 上海：同济大学，2007.

[16] 刘克华. 基于精明增长的城市用地扩展调控研究——以泉州中心城区为例[D]. 南京：南京大学，2011.

[17] 刘雨平. 地方政府行为驱动下的城市空间演化及其效应研究——基于“理性选择”的分析视角[D]. 南京：南京大学，2013.

[18] 雒占福. 基于精明增长的城市空间扩展研究——以兰州市为例[D]. 兰州：西北师范大学，2009.

[19] 马小刚. 房地产开发土地供给制度分析[D]. 重庆：重庆大学，2009.

[20] 史舸. 十九世纪以来西方城市规划经典理论思想的客体类型演变研究[D]. 上海：同济大学，2007.

[21] 孙亚忠. 经济全球化背景下的政府竞争研究[D]. 南京：南京大学，2011.

[22] 田志刚. 地方政府间财政支出划分[D]. 大连：东北财经大学，2009.

[23] 王川. 我国城镇土地供应绩效评价及住房市场监控机制研究[D]. 重庆：重庆大学，2011.

[24] 王泽填. 经济增长中的制度因素研究[D]. 厦门：厦门大学，2007.

[25] 魏晓龙. 我国大城市用地规模影响因素的实证分析[D]. 杭州：浙江大学，2007.

[26] 吴文钰. 政府行为视角下的中国城市化动力机制研究[D]. 上海：华东师范大学，2014.

[27] 杨红良. 公共政策的公共性及其实现[D]. 上海：上海交通大学，2013.

[28] 张思彤. 中国城市增长特征及影响因素的计量分析[D]. 长春：吉林大学，2010.

4 期刊中析出的论文

[1] 安祥生. 城镇建设用地增长及其预测——以山西省为例[J]. 北京大学学报（哲学社会科学版），2006（S1）：89-92.

[2] 曹银贵，王静，郑新奇，等. 三峡库区城镇建设用地驱动因子路径分析[J]. 中国人口·资源与环境，2007，17（3）：66-69.

[3] 陈本清，徐涵秋. 城市扩展及其驱动力遥感分析——以厦门市为例[J]. 经济地理，2005，25（1）：79-83.

[4] 陈波翀，郝寿义，杨兴宪. 中国城市化快速发展的动力机制[J]. 地理学报，2004，59（6）：1068-1075.

[5] 陈春，冯长春. 中国建设用地增长驱动力研究[J]. 中国人口·资源与环境，2010，20（10）：72-78.

[6] 陈明森，李金顺. 中国城市化进程的政府推动与市场推动[J]. 东南学术，2004（4）：30-36.

[7] 陈庆云，鄞益奋. 西方公共政策研究的新进展[J]. 国家行政学院学报，2005（2）：79-83.

[8] 陈苏锦. 城市土地供给制度绩效评价问题研究[J]. 辽宁大学学报（自然科学版），2012，39（2）：183-187.

[9] 仇保兴. 紧凑度与多样性——中国城市可持续发展的两大核心要素[J]. 城市规划，2012，36（10）：11-18.

[10] 仇保兴. 如何转型——中国新型城镇化的核心问题[J]. 时代建筑，2013（6）：10-17.

[11] 戴昌达，唐伶俐. 卫星遥感监测城市扩展与环境变化的研究[J]. 遥感学报，1995（1）：1-8.

[12] 邓卫. 论城市规划适应经济增长方式的根本转变[J]. 城市规划学刊，1997（5）：17-20.

[13] 邓卫. 我国城市建设用地的发展历程与前景预测[J]. 城市开发，1997（7）：24-27.

[14] 邓智团，唐秀敏，但涛波．城市空间扩展战略研究——以上海市为例[J]．城市开发，2004（5）：17–20.
[15] 刁承泰．重庆市的地貌环境与城市扩展[J]．西南师范大学学报（自然科学版），1990（4）：484–490.
[16] 丁成日．增长、结构和效率——兼评中国城市空间发展模式[J]．规划师，2008，24（12）：35–39.
[17] 段进．中国城市规划的理论与实践问题思考[J]．城市规划学刊，2005（1）：24–27.
[18] 范作江，承继成，李琦．遥感与地理信息系统相结合的城市扩展研究[J]．遥感信息，1997（3）：12–16.
[19] 冯晓刚，李锐，莫宏伟．基于RS和GIS的城市扩展及驱动力研究——以西安市为例[J]．遥感技术与应用，2010，25（2）：202–208.
[20] 甘红，刘彦随，王大伟．土地利用类型转换的人文驱动因子模拟分析[J]．资源科学，2004，26（2）：88–93.
[21] 高魏，闵捷，张安录．基于岭回归的农地城市流转影响因素分析[J]．中国土地科学，2007，21（3）：51–58.
[22] 顾朝林，陈振光．中国大都市空间增长形态[J]．城市规划，1994（6）：45–50.
[23] 顾朝林，吴莉娅．中国城市化研究主要成果综述[J]．城市问题，2008（12）：151–155.
[24] 郭利平，沈玉芳．新经济地理学的进展与评价[J]．学术研究，2003（7）：73–76.
[25] 郭月婷，廖和平．中国城市空间拓展动态研究[J]．地理科学进展，2009，7（3）：370–375.
[26] 韩玲玲，何政伟．GeoCA–Urban模型在城市增长与土地增值研究中的应用[J]．国土资源科技管理，2003，20（2）：48–51.
[27] 韩玲玲，何政伟，唐菊兴，等．基于CA的城市增长与土地增值动态模拟方法探讨[J]．地理与地理信息科学，2003，19（2）：32–35.
[28] 韩青，顾朝林，袁晓辉．城市总体规划与主体功能区规划管制空间研究[J]．城市规划，2011，35（10）：44–50.
[29] 何流，崔功豪．南京城市空间扩展的特征与机制[J]．城市规划学刊，2000（6）：56–60.
[30] 何淼，张鸿雁．城市社会空间分化如何可能——西方城市社会学空间理论的中国意义[J]．探索与争鸣，2011（8）：47–51.
[31] 何子张．我国城市空间规划的理论与研究进展[J]．规划师，2006，22（7）：87–90.
[32] 何子张．基于主体利益相关性的城市规划公众参与[J]．现代城市研究，2009（6）：29–34.
[33] 洪世键，曾瑜琦．制度变迁背景下中国城市空间增长驱动力探讨[J]．经济地理，2016，36（6）：67–73.
[34] 胡浩，温长生．城市空间扩展与房地产业开发关系研究——以南宁市为例[J]．西北大学学报自然科学版，2004，34（6）：731–734.
[35] 胡军，孙莉．制度变迁与中国城市的发展及空间结构的历史演变[J]．人文地理，2005，20（1）：19–23.
[36] 胡俊．规划的变革与变革的规划——上海城市规划与土地利用规划“两规合一”的实践与思考[J]．城市规划，2010，34（6）：20–25.
[37] 黄季焜，朱莉芬，邓祥征．中国建设用地扩张的区域差异及其影响因素[J]．中国科学：地球科学，

2007，37（9）：1235-1241.

[38] 黄木易，吴次芳，岳文泽．土地利用规划在城市化用地扩张管制中的困境及对策[J]．南京林业大学学报（人文社会科学版），2008，8（1）：67-71.

[39] 黄亚平，冯艳，张毅，等．武汉都市发展区簇群式空间成长过程、机理及规律研究[J]．城市规划学刊，2011（5）：1-10.

[40] 江泓．交易成本、产权配置与城市空间形态演变——基于新制度经济学视角的分析[J]．城市规划学刊，2015（6）：63-69.

[41] 蒋芳，刘盛和，袁弘．城市增长管理的政策工具及其效果评价[J]．城市规划学刊，2007（1）：33-38.

[42] 匡文慧，张树文，张养贞，等．1900年以来长春市土地利用空间扩张机理分析[J]．地理学报，2005，60（5）：841-850.

[43] 雷军，吴世新，张雪艳，等．新疆天山北坡经济带城乡建设用地动态变化的时空特征[J]．干旱区地理（汉文版），2005，28（4）：554-559.

[44] 雷军，张雪艳，吴世新，等．新疆城乡建设用地动态变化的时空特征分析[J]．地理科学，2005，25（2）：161-166.

[45] 李枫，张勤．"三区""四线"的划定研究——以完善城乡规划体系和明晰管理事权为视角[J]．规划师，2012，28（11）：29-31.

[46] 李浩．历史回眸与反思——写在"三年不搞城市规划"提出50周年之际[J]．城市规划，2012，36（1）：73-79.

[47] 李红卫．广州市政府城市土地经营状况的分析与思考[J]．城市规划汇刊，2002（3）：37-40.

[48] 李辉，王学才．我国城市空间增长的隐性浪费探析[J]．四川行政学院学报，2006（5）：92-94.

[49] 李玉臻．重庆磁器口古镇旅游空间布局研究——基于"点—轴系统"理论视角[J]．中外企业家，2011（6）：40-43.

[50] 李军杰．经济转型中的地方政府经济行为变异分析[J]．中国工业经济，2005（1）：39-46.

[51] 李军杰，钟君．中国地方政府经济行为分析——基于公共选择视角[J]．中国工业经济，2004（4）：27-34.

[52] 李强．新制度主义方法论对我国城市空间发展内在机制研究的启示[J]．现代城市研究，2008（11）：13-19.

[53] 李强，陈宇琳，刘精明．中国城镇化"推进模式"研究[J]．中国社会科学，2012（7）：82-100.

[54] 李瑞，冰河．中外旧城更新的发展状况及发展动向[J]．武汉大学学报（工学版），2006，39（2）：114-118.

[55] 李王鸣，陈秋晓，戴企成．杭州都市区经济集聚与扩散机制研究[J]．经济地理，1998（1）：35-40.

[56] 李王鸣，李玮，祁巍华．城市建设用地增长特征分析——以浙江省为例[J]．城市问题，2005（2）：41-43.

[57] 李晓琴，田垄，孙波，等．黄淮海流域城镇扩展遥感调查[J]．国土资源遥感，2010，22（B11）：148-151.

[58] 李震，顾朝林，姚士媒．当代中国城镇体系地域空间结构类型定量研究[J]．地理科学，2006，26（5）：544-550.

[59] 李治，李国平．中国城市空间扩展影响因素的实证研究[J]．同济大学学报（社会科学版），2008，19（6）：30-34.

[60] 梁鹤年．精明增长[J]．城市规划，2005（10）：65-69.

[61] 廖和平，彭征，洪惠坤，等．重庆市直辖以来的城市空间扩展与机制[J]．地理研究，2007，26（6）：1137-1146.

[62] 廖文婷，何多兴，唐傲，等．基于改进熵值法的土地储备融资风险评价——以重庆市江北区为例[J]．西南师范大学学报（自然科学版），2016，41（8）：95-100.

[63] 林坚，陈诗弘，许超诣，等．空间规划的博弈分析[J]．城市规划学刊，2015（1）：10-14.

[64] 林坚，陈霄，魏筱．我国空间规划协调问题探讨——空间规划的国际经验借鉴与启示[J]．现代城市研究，2011（12）：15-21.

[65] 林坚，许超诣．土地发展权、空间管制与规划协同[J]．城市规划，2014，38（1）：26-34.

[66] 林目轩，何琼峰，陈秧分，等．城市合理规模的理论探讨和实证——以长沙市区为例[J]．经济地理，2007，27（1）：108-112.

[67] 林毅夫，刘志强．中国的财政分权与经济增长[J]．北京大学学报（哲学社会科学版），2000（4）：5-17.

[68] 刘俊，袁红．1998—2009年重庆市磁器口古镇旅游用地空间结构演变[J]．地理科学进展，2010，29（6）：657-662.

[69] 刘盛和．城市土地利用扩展的空间模式与动力机制[J]．地理科学进展，2002，21（1）：43-50.

[70] 刘涛，曹广忠．城市用地扩张及驱动力研究进展[J]．地理科学进展，2010，29（8）：927-934.

[71] 刘煜辉．中国要和旧模式彻底告别[J]．南风窗，2008（23）：70-72.

[72] 刘志玲，李江风，龚健．城市空间扩展与“精明增长”中国化[J]．城市问题，2006（5）：17-20.

[73] 龙瀛，毛其智，沈振江，等．综合约束CA城市模型：规划控制约束及城市增长模拟[J]．城市规划学刊，2008（6）：83-91.

[74] 卢新海，邓中明．对我国城市土地储备制度的评析[J]．城市规划学刊，2004（6）：27-33.

[75] 陆大道．我国的城镇化进程与空间扩张[J]．城市规划学刊，2007（4）：47-52.

[76] 陆玉麒．中国区域空间结构研究的回顾与展望[J]．地理科学进展，2002，21（5）：468-476.

[77] 罗超，王国恩，孙靓雯．我国城市空间增长现状剖析及制度反思[J]．城市规划学刊，2015（6）：46-55.

[78] 吕斌，曹娜．中国城市空间形态的环境绩效评价[J]．城市发展研究，2011，18（7）：38-46.

[79] 吕斌，陈睿．我国城市群空间规划方法的转变与空间管制策略[J]．现代城市研究，2006，21（8）：18-24.

[80] 吕斌，刘津玉．城市空间增长的低碳化路径[J]．城市规划学刊，2011（3）：33-38.

[81] 吕斌，张忠国．美国城市成长管理政策研究及其借鉴[J]．城市规划，2005，29（3）：44-48.

[82] 马力宏．论政府管理中的条块关系[J]．政治学研究，1998（4）：71-77.

[83] 马强，徐循初．“精明增长”策略与我国的城市空间扩展[J]．城市规划学刊，2004（3）：16-22.

[84] 毛其智，龙瀛，吴康．中国人口密度时空演变与城镇化空间格局初探——从2000年到2010年[J]．城市规划，2015，39（2）：38-43.

[85] 毛其智．中国城市发展现状及展望[J]．中国科学院院刊，2009，24（4）：379-385.

[86] 宁越敏．新城市化进程——90年代中国城市化动力机制和特点探讨[J]．地理学报，1998（5）：470–477.
[87] 彭坤焘，赵民．大都市区空间演进的机理研究——“空间—经济一体化分析框架”的建构与应用[J]．城市规划学刊，2015（5）：20–29.
[88] 渠敬东．项目制：一种新的国家治理体制[J]．中国社会科学，2012（5）：113–130.
[89] 瞿忠琼，濮励杰，黄贤金．中国城市土地供给制度绩效评价指标体系的建立及其应用研究[J]．中国人口·资源与环境，2006，16（2）：51–57.
[90] 盛洪．制度经济学在中国的兴起[J]．管理世界，2002（6）：149–153.
[91] 施利锋，张增祥，刘芳，等．1973年—2013年经济特区城市空间扩展遥感监测[J]．遥感学报，2015，19（6）：1030–1039.
[92] 石诗源．江苏省城乡建设用地动态变化分析[J]．安徽农业科学，2007，35（7）：2023–2025.
[93] 苏维词．贵阳城市土地利用变化及其环境效应[J]．地理科学，2000，20（5）：462–468.
[94] 孙平军，修春亮．中国城市空间扩展研究进展[J]．地域研究与开发，2014，33（4）：46–52.
[95] 孙尚清．关于中国城市发展的几点思考——《中国：世纪之交的城市发展》评价[J]．管理世界，1993（1）：217–219.
[96] 谈明洪，李秀彬，吕昌河． 20世纪90年代中国大中城市建设用地扩张及其对耕地的占用[J]．中国科学D辑：地球科学，2004，34（12）：1157–1165.
[97] 谈明洪，吕昌河．以建成区面积表征的中国城市规模分布[J]．地理学报，2003，58（2）：285–293.
[98] 谭少华，黄缘罡．城市增长与管制的作用机制研究[J]．城市建筑，2014（6）：323–324.
[99] 谭少华，黄缘罡，刘剑锋．我国政策过程与城市用地增长的周期关系研究[J]．城市发展研究，2014，21（4）：24–27.
[100] 唐礼智．我国城市用地扩展影响因素的实证研究——以长江三角洲和珠江三角洲为比较分析对象[J]．厦门大学学报哲学社会科学版，2007（6）：90–96.
[101] 汪劲柏，赵民．论建构统一的国土及城乡空间管理框架——基于对主体功能区划、生态功能区划、空间管制区划的辨析[J]．城市规划，2008（12）：40–48.
[102] 汪劲柏，赵民．我国大规模新城区开发及其影响研究[J]．城市规划学刊，2012（5）：21–29.
[103] 王法成，张超林，余颖，等．重庆主城大型居住聚集区的“宜居”规划策略[J]．规划师，2012（6）：24–27.
[104] 王法成，余颖，秦海田，等．特大城市新兴大型聚居区规划转型——以重庆主城大型聚居区规划实践为例[J]．城市规划，2013（8）：1–8.
[105] 王宏伟．城市空间结构增长的分析决策方法研究——以玉溪市为例[J]．地域研究与开发，2004，23（5）：1–5.
[106] 王宏伟．中国城市增长的空间组织模式研究[J]．城市发展研究，2004，11（1）：28–31.
[107] 王宏伟，罗赤．市场经济条件下城市空间增长的多方案比较研究——以珠海市为例[J]．城市发展研究，2003，10（4）：46–54.
[108] 王宏伟，袁中金，侯爱敏．城市增长理论述评与启示[J]．国际城市规划，2003，18（3）：36–39.
[109] 王凯．我国城市规划五十年指导思想的变迁及影响[J]．规划师，1999，15（4）：23–26.
[110] 王凯，陈明．近30年快速城市化背景下城市规划理念的变迁[J]．城市规划学刊，2009（1）：9–10.

[111] 王丽萍，周寅康，薛俊菲．江苏省城市用地扩张及驱动机制研究[J]．中国土地科学，2005，19（6）：26–29.
[112] 王良健，李辉，石川．中国城市土地利用效率及其溢出效应与影响因素[J]．地理学报，2015，70（11）：1788–1799.
[113] 王兴中．中国内陆大城市土地利用与社会权力因素的关系——以西安为例[J]．地理学报，1998，65（B12）：175–185.
[114] 魏晓芳，赵万民，孙爱庐，等．山地城镇高密度空间的形成过程与机制研究[J]．城市规划学刊，2015（4）：36–42.
[115] 吴次芳，邵霞珍．土地利用规划的非理性、不确定性和弹性理论研究[J]．浙江大学学报（人文社会科学版），2005，35（4）：98–105.
[116] 吴宏安，蒋建军，张海龙，等．西安地区城镇扩展及其生态环境效应研究[J]．自然资源学报，2006，21（2）：311–318.
[117] 吴良镛，武廷海．从战略规划到行动计划——中国城市规划体制初论[J]．城市规划，2003，27（12）：13–17.
[118] 吴一洲，吴次芳，罗文斌．公共管理视阈下的县市域总体规划理念革新[J]．浙江大学学报（人文社会科学版），2009，39（3）：46–54.
[119] 郗凤明，贺红士，胡远满，等．辽宁中部城市群城市增长时空格局及其驱动力[J]．应用生态学报，2010，21（3）：707–713.
[120] 向岚麟，吕斌．光明城与广亩城的哲学观对照[J]．人文地理，2010（4）：36–40.
[121] 谢国权．从公共政策的价值取向看中国的城市更新政策[J]．党政论坛，2008，10（1）：29–32.
[122] 谢英挺，王伟．从“多规合一”到空间规划体系重构[J]．城市规划学刊，2015（3）：15–21.
[123] 徐涵秋．近30年来福州盆地中心的城市扩展进程[J]．地理科学，2011（3）：351–357.
[124] 徐建华，单宝艳．兰州市城市扩展的空间格局分析[J]．兰州大学学报（社会科学版），1996（4）：62–68.
[125] 徐瑞华．浅谈土地储备业务的风险识别与风险控制[J]．行政事业资产与财务，2010（2）：37–40.
[126] 闫丽洁，杨瑞霞，石忆邵，等．基于GIS与CA的城市扩展研究——以洛阳市为例[J]．地域研究与开发，2010，29（4）：140–144.
[127] 闫梅，黄金川．国内外城市空间扩展研究评析[J]．地理科学进展，2013，32（7）：1039–1050.
[128] 杨保军，靳东晓．快速城镇化进程中的土地问题透视[J]．城市与区域规划研究，2008，1（1）：1–21.
[129] 杨东峰，王静文，殷成志．我国大城市空间增长基本动力的实证研究——经济发展、人口增长与道路交通[J]．中国人口：资源与环境，2008，18（5）：74–78.
[130] 杨东峰，熊国平．我国大城市空间增长机制的实证研究及政策建议——经济发展·人口增长·道路交通·土地资源[J]．城市规划学刊，2008（1）：51–56.
[131] 杨璐璐．中部六省城镇化质量空间格局演变及驱动因素——基于地级及以上城市的分析[J]．经济地理，2015，35（1）：68–75.
[132] 杨龙．新制度主义理论与中国的政治经济学[J]．教学与研究，2005，7（7）：39–45.
[133] 杨青生，黎夏．珠三角中心镇城市化对区域城市空间结构的影响——基于CA的模拟和分析[J]．人

文地理，2007，22（2）：87-91.

[134] 杨雪冬．压力型体制：一个概念的简明史[J]．社会科学，2012（11）：4-12.

[135] 杨杨，吴次芳，韦仕川，等．中国建设用地扩展的空间动态演变格局——基于EBI和EBIi的研究[J]．中国土地科学，2008，22（1）：23-31.

[136] 杨宇振．权力，资本与空间：中国城市化1908—2008年——写在《城镇乡地方自治章程》颁布百年[J]．城市规划学刊，2009（1）：66-77.

[137] 杨宇振．围城的政治经济学——“大学城现象”[J]．香港中文大学21世纪双月刊，2009，111（2）：104-113.

[138] 杨宇振．更更：时空压缩与中国城乡空间极限生产[J]．时代建筑，2011（3）：18-21.

[139] 姚玉龙，刘普幸，陈丽丽，等．近30年来合肥市城市扩展遥感分析[J]．经济地理，2013，33（9）：65-72.

[140] 叶嘉安．以人为本的人行系统城市设计[J]．城市规划，2005（6）：58-63.

[141] 叶耀先．新中国城镇化的回顾和启示[J]．中国人口资源与环境，2006，16（2）：1-7.

[142] 易华，诸大建，刘东华．城市转型：从线性增长到精明增长[J]．价格理论与实践，2006（7）：66-67.

[143] 尹奇，罗育新，宴志谦．城市土地资源配置效率的经济学分析——以住宅用地和非住宅用地为例[J]．四川农业大学学报，2007，25（2）：135-138.

[144] 于涛方．中国城市增长：2000～2010[J]．城市与区域规划研究，2012（2）：62-79.

[145] 张兵，林永新，刘宛，等．“城市开发边界”政策与国家的空间治理[J]．城市规划学刊，2014（3）：20-27.

[146] 张波，谢燮，刘江涛．新经济地理学方法在城市成长管理中的应用[J]．城市规划，2008，250（10）：9-14.

[147] 张晨．“动员—压力—运动治理”体制下后发地区的治理策略与绩效——基于昆明市2008—2011年的发展经验分析[J]．领导科学，2012（4z）：23-27.

[148] 张飞，曲福田．土地市场秩序混乱与地方政府竞争[J]．社会科学，2005（5）：21-26.

[149] 张鸿辉，尹长林，曾永年，等．基于SLEUTH模型的城市增长模拟研究——以长沙市为例[J]．遥感技术与应用，2008，23（6）：618-623.

[150] 张京祥，程大林．发展中国家城市发展与规划的几个主要问题[J]．国际城市规划，2003，18（2）：1-4.

[151] 张京祥，崔功豪．城市空间结构增长原理[J]．人文地理，2000（2）：15-18.

[152] 张京祥，胡毅，赵晨．住房制度变迁驱动下的中国城市住区空间演化[J]．上海城市规划，2013（5）：69-75.

[153] 张京祥，吴佳，殷洁．城市土地储备制度及其空间效应的检讨[J]．城市规划，2007，31（12）：26-30.

[154] 张京祥，殷洁，罗小龙．地方政府企业化主导下的城市空间发展与演化研究[J]．人文地理，2006，21（4）：1-6.

[155] 张京祥，殷洁，罗震东．地域大事件营销效应的城市增长机器分析——以南京奥体新城为例[J]．经济地理，2007，27（3）：452-457.

[156] 张利，雷军，李雪梅，等．1997—2007年中国城市用地扩张特征及其影响因素分析[J]．地理科学进展，2011，30（5）：607-614.

[157] 张清勇．中国地方政府竞争与工业用地出让价格[J]．制度经济学研究，2006（1）：192–207.

[158] 张庭伟．1990年代中国城市空间结构的变化及其动力机制[J]．城市规划，2001，25（7）：7–14.

[159] 张庭伟．中国规划改革面临倒逼：城市发展制度创新的五个机制[J]．城市规划学刊，2014（5）：7–14.

[160] 张维迎，栗树和．地区间竞争与中国国有企业的民营化[J]．经济研究，1998（12）：13–22.

[161] 张显峰．基于CA的城市扩展动态模拟与预测[J]．中国科学院大学学报，2000，17（1）：70–79.

[162] 张晓青．西方城市蔓延和理性增长研究综述[J]．城市发展研究，2006，13（2）：34–38.

[163] 张新生，何建邦．城市空间增长与土地开发时空格局[J]．遥感学报，1997（2）：143–151.

[164] 张新生，王宝山．居住空间行为模拟与城市空间增长[J]．中国图像图形学报，1998，3（2）：134–139.

[165] 张忠国，吕斌．东京空间政策中的成长管理策略研究及其借鉴[J]．城市规划，2006，30（6）：65–68.

[166] 赵晶，陈华根，许惠平．20世纪下半叶上海市居住用地扩展模式、强度及空间分异特征[J]．自然资源学报，2005，20（3）：400–406.

[167] 赵可，张安录，徐卫涛．中国城市建设用地扩张驱动力的时空差异分析[J]．资源科学，2011，33（5）：935–941.

[168] 赵民，柏巍，韦亚平．“都市区化”条件下的空间发展问题及规划对策——基于实证研究的若干讨论[J]．城市规划学刊，2008（1）：37–43.

[169] 赵鹏军，彭建．城市土地高效集约化利用及其评价指标体系[J]．资源科学，2001，23（5）：23–27.

[170] 赵松．工业地价新政的多重影响——《全国工业用地出让最低价标准》解析[J]．中国土地，2007（2）：33–35.

[171] 赵涛，庄大方，冯仁国．1990年代我国新增非农建设用地的空间分异特征[J]．经济地理，2004，24（5）：648–652.

[172] 赵婷婷，张凤荣，安萍莉，等．北京市顺义区建设用地扩展的空间分异[J]．资源科学，2008，30（10）：1517–1524.

[173] 赵万民，魏晓芳．生命周期理论在城乡规划领域中的应用探讨[J]．城市规划学刊，2010（4）：61–65.

[174] 赵万民，朱猛，束方勇．生态水文视角下的山地海绵城市规划方法研究[J]．山地学报，2017，36（1）：68–77.

[175] 赵小汎，徐佳．土地征用制度存在的问题及其对策[J]．沈阳师范大学学报（社会科学版），2009，33（5）：22–25.

[176] 赵亚莉，刘友兆，龙开胜．城市土地开发强度变化的生态环境效应[J]．中国人口：资源与环境，2014，24（7）：23–29.

[177] 赵燕菁．制度经济学视角下的城市规划（上）[J]．城市规划，2005，29（5）：40–47.

[178] 赵燕菁．制度经济学视角下的城市规划（下）[J]．城市规划，2005，29（7）：17–27.

[179] 赵燕菁．城市增长模式与经济学理论[J]．城市规划学刊，2011（6）：12–19.

[180] 赵燕菁．高速发展条件下的城市增长模式[J]．国际城市规划，2011（1）：27–33.

[181] 赵燕菁，庄淑亭．基于税收制度的政府行为解释[J]．城市规划，2008（4）：22–32.

[182] 郑秉文．20世纪西方经济学发展历程回眸[J]．中国社会科学，2001（3）：82–92.

[183] 郑国．地方政府行为变迁与城市战略规划演进[J]．城市规划，2017，41（4）：16–21.

[184] 郑伟元．统筹城乡土地利用的初步研究[J]．中国土地科学，2008，22（6）：4–10.

[185] 郑伟元．土地资源约束条件下的城乡统筹发展研究[J]．城市与区域规划研究，2008，1（1）：22–31.

[186] 周黎安．晋升博弈中政府官员的激励与合作——兼论我国地方保护主义和重复建设问题长期存在的原因[J]．经济研究，2004（6）：33–40.

[187] 周黎安．中国地方官员的晋升锦标赛模式研究[J]．经济研究，2007（7）：36–50.

[188] 周黎安．行政发包制[J]．社会，2014，34（6）：1–38.

[189] 周其仁．中国经济增长的基础[J]．北京大学学报（哲学社会科学版），2010（1）：18–22.

[190] 周叔莲，郭克莎．资源配置与市场经济（上）[J]．管理世界，1993（4）：32–42.

[191] 周亚杰，高世明．中国城市规划60年指导思想和政策体制的变迁及展望[J]．国际城市规划，2016（1）：53–57.

[192] 朱才斌，陈勇．试析土地有偿使用与城市空间扩展[J]．人文地理，1997（3）：47–50.

[193] 朱德举，俞文华，孙宪海．城市扩展与农田保护政策[J]．中国土地科学，1996（6）：36–37.

[194] 诸大建，刘冬华．管理城市成长：精明增长理论及对中国的启示[J]．同济大学学报（社会科学版），2006，17（4）：22–28.

[195] 踪家峰，杨琦．中国城市扩张的财政激励——基于1998～2009年我国省级面板数据的实证分析[J]．城市发展研究，2012，19（8）：89–94.

[196] (日)藤田昌久，(美)保罗・R. 克鲁格曼，（英）安东尼・J. 维纳布尔斯．空间经济学：城市、区域与国际贸易[M]．梁琦，译．北京：中国人民大学出版社，2005.

[197] (英)彼得・霍尔．全球视角下的中国城市增长[J]．罗震东，耿磊，译．国际城市规划，2009，24（1）：9–15.

[198] Li T. Land use dynamics driven by rural industrialization and land finance in the peri–urban areas of China: “The examples of Jiangyin and Shunde” [J]. Land Use Policy, 2015, 45: 117–127.

[199] Wang Y, Ding C, Lin Y, et al. Muth–Mills Model of Urban Spatial Structure: Theory and Implications for Cities in China [J]. China City Planning Review, 2014(1): 60–67.

[200] Wu K Y, Zhang H. Land use dynamics, built–up land expansion patterns, and driving forces analysis of the fast–growing Hangzhou metropolitan area, eastern China (1978—2008) [J]. Applied Geography, 2012, 34(5): 137–145.

[201] XIAO J Y, SHEN Y J, GE J F, et al. Evaluating urban expansion and land use change in Shijiazhuang, China, by using GIS and remote sensing [J]. Landscape and Urban Planning, 2006, 75: 69–80.

[202] Zhang Q, Wallace J, Deng X, et al. Central versus local states: Which matters more in affecting China’s urban growth? [J]. Land Use Policy, 2014, 38: 487–496.

5 报纸中析出的论文

[1] 程维．重庆土地收入：如何从2亿到980亿[N]．第一财经日报，2011–02–18（05）.

[2] 黄奇帆．让广大人民群众“住有所居”——解析重庆市土地及房产管理20条规则[N]．中国国土资源报，2013–02–22（07）.